U0219083

国家出版基金项目
NATIONAL PUBLICATION FOUNDATION

现代农业高新技术成果丛书

害虫对植物次生性物质适应的生物化学和分子机制

——以棉铃虫的解毒代谢适应为例

Insect Adaptation to Plant Allelochemicals Based on Detoxification: *Helicoverpa armigera* as an Example

高希武　主编

中国农业大学出版社
· 北京 ·

内容简介

协同进化(coevolution)是生物界物种间的一种普遍现象,动物在一生当中取食对自身安全的食物是其最基本的本能,对于每一个物种,在形态学、生理学、生态学以及行为学等方面已进化出了许多适合于获取食物和利用食物的特征。动物界中,昆虫显示出了多样性的取食习性,植物次生性物质是决定昆虫能否取食某种植物的主要因子之一。本书从植物次生性物质诱导棉铃虫体内解毒代谢酶系和棉铃虫对外源化合物代谢方面阐述了昆虫对次生性物质适应的生物化学和分子机制。主要内容包括植物次生性物质诱导棉铃虫对杀虫药剂敏感度的变异、取食和气味诱导棉铃虫体内细胞色素P450、谷胱甘肽-S-转移酶、羧酸酯酶活性和基因表达变化以及诱导后对杀虫药剂代谢的影响等。

本书适合从事植物保护领域研究人员以及大专院校师生参考。

图书在版编目(CIP)数据

害虫对植物次生性物质适应的生物化学和分子机制——以棉铃虫的解毒代谢适应为例/高希武主编.—北京:中国农业大学出版社,2012.10

ISBN 978-7-5655-0576-8

Ⅰ.①害… Ⅱ.①高… Ⅲ.①植物害虫-适应性-生物化学②植物害虫-适应性-分子机制 Ⅳ.①S433

中国版本图书馆CIP数据核字(2012)第166870号

书　　名　害虫对植物次生性物质适应的生物化学和分子机制
——以棉铃虫的解毒代谢适应为例
作　　者　高希武　主编

策划编辑　孙　勇　　**责任编辑**　田树君
封面设计　郑　川　　**责任校对**　陈　莹　王晓凤
出版发行　中国农业大学出版社
社　　址　北京市海淀区圆明园西路2号　　**邮政编码**　100193
电　　话　发行部 010-62731190,2620　　读者服务部 010-62732336
编辑部 010-62732617,2618　　出　版　部 010-62733440
网　　址　http://www.cau.edu.cn/caup　　**e-mail**　cbsszs@cau.edu.cn
经　　销　新华书店
印　　刷　涿州市星河印刷有限公司
版　　次　2012年10月第1版　2012年10月第1次印刷
规　　格　787×1092　16开本　14.75印张　360千字　彩插2
定　　价　72.00元

现代农业高新技术成果丛书
编审指导委员会

编 写 人 员

主　　编　高希武

参编人员　(按姓氏拼音排序)

艾国民　陈凤菊　董向丽　郭亭亭　李永丹
梁　沛　刘晓宁　任怡欣　史雪岩　宋敦伦
汤　芳　王　燚　吴少英　于彩虹　张常忠
张　雷

出版说明

瞄准世界农业科技前沿，围绕我国农业发展需求，努力突破关键核心技术，提升我国农业科研实力，加快现代农业发展，是胡锦涛总书记在2009年五四青年节视察中国农业大学时向广大农业科技工作者提出的要求。党和国家一贯高度重视农业领域科技创新和基础理论研究，特别是863计划和973计划实施以来，农业科技投入大幅增长。国家科技支撑计划、863计划和973计划等主体科技计划向农业领域倾斜，极大地促进了农业科技创新发展和现代农业科技进步。

中国农业大学出版社以973计划、863计划和科技支撑计划中农业领域重大研究项目成果为主体，以服务我国农业产业提升的重大需求为目标，在“国家重大出版工程”项目基础上，筛选确定了农业生物技术、良种培育、丰产栽培、疫病防治、防灾减灾、农业资源利用和农业信息化等领域50个重大科技创新成果，作为“现代农业高新技术成果丛书”项目申报了2009年度国家出版基金项目，经国家出版基金管理委员会审批立项。

国家出版基金是我国继自然科学基金、哲学社会科学基金之后设立的第三大基金项目。国家出版基金由国家设立、国家主导，资助体现国家意志、传承中华文明、促进文化繁荣、提高文化软实力的国家级重大项目；受助项目应能够发挥示范引导作用，为国家、为当代、为子孙后代创造先进文化；受助项目应能够成为站在时代前沿、弘扬民族文化、体现国家水准、传之久远的国家级精品力作。

为确保“现代农业高新技术成果丛书”编写出版质量，在教育部、农业部和中国农业大学的指导和支持下，成立了以石元春院士为主任的编审指导委员会；出版社成立了以社长为组长的项目协调组并专门设立了项目运行管理办公室。

“现代农业高新技术成果丛书”始于“十一五”，跨入“十二五”，是中国农业大学出版社“十二五”开局的献礼之作，她的立项和出版标志着我社学术出版进入了一个新的高度，各项工作迈上了新的台阶。出版社将以此为新的起点，为我国现代农业的发展，为出版文化事业的繁荣做出新的更大贡献。

中国农业大学出版社

2010年12月

序　言

在昆虫和植物相互关系的研究中出现频次最高的一个词汇恐怕就是“协同进化”，尽管有些不从事该领域研究的科学家对此有些微词，但是在昆虫—植物相互关系的发展过程中却实实在在地表现出了这种现象。化学关系在昆虫和植物间的共同进化中起着重要的作用。动物在一生当中，取食对自身安全的食物是其最基本的本能，对于每一个物种，在形态学、生理学、生态学以及行为学等方面都已进化出了许多适合于获取食物和利用食物的特征。动物界中，昆虫显示出了多样性的取食习性，植物次生性物质是决定昆虫能否取食某种植物的主要因子之一。如果昆虫在进化过程中能够克服植物次生性物质的不良影响，则该种植物就有可能成为其寄主，这时植物体内所含的这种次生性物质又有可能成为引诱昆虫取食的标记物。例如，十字花科植物所含的芥子苷具有杀虫活性，但是菜粉蝶、小菜蛾等不但不受芥子苷的影响，反而受这种物质的引诱，促进取食或诱导产卵。植物本身也进化出了各种各样的机制影响害虫的取食、行为等。

关于该领域的研究涉及的领域比较多，文献数量也很多，很难在一部著作中论述出来。作者本身尽管对这种协同进化现象具有浓厚的研究兴趣，但是限于作者能力，仅是对昆虫如何提高或改变解毒酶的水平适应植物次生性代谢产物方面进行了有限的研究。本书的主要内容来自于作者近年来的部分研究结果，而且有些并没有以论文形式公开发表，仅供参考。

本书目的不是为了追求全面，也不是为了追求多么高深，宗旨是呈献给读者们一些研究结果。谬误之处在所难免，敬请批评指正。

本书主要包括以下章节：

第 1 章是绪论，主要论述了昆虫和寄主植物共进化的关系；第 2 章是关于植物次生性物质诱导作用对杀虫药剂毒力的影响；第 3 章至第 8 章主要介绍了我们实验室关于植物次生性物质对棉铃虫细胞色素 P450 诱导作用的研究结果；第 9 章是关于 2-十三烷酮诱导棉铃虫抗药性的研究；第 10 章至第 16 章是关于植物次生性物质对棉铃虫 GSTs 诱导作用的研究；第 17 章至第 20 章是植物次生性物质对棉铃虫羧酸酯酶诱导作用的研究；第 21 章是利用家蚕基因芯片对 2-十三烷酮诱导棉铃虫基因表达差异的研究；第 22 章是 2-十三烷酮诱导棉铃虫对虫螨腈、毒死蜱氧化代谢的研究；最后一章是害虫的化学防治与作物抗虫性关系的阐述。

在本书完稿之际，作者要感谢本书引用参考文献的作者，对有遗漏之处请谅解。作者要特别感谢国家出版基金对该书出版的资助以及在研究过程中国家重点基础研究发展规划项目973计划（2012CB114103、2006BAD08A03、2009CB119203）、自然科学基金（30170621、30170621、39970496、30471153、30571232、30871661）和公益性行业（农业）科研专项（201203038 、200903033）的资助。最后作者要感谢本书编辑孙勇和田树君认真的态度、敬业的精神和辛苦劳动。

高希武

2012年初夏于北京

目　录

第1章

绪　论

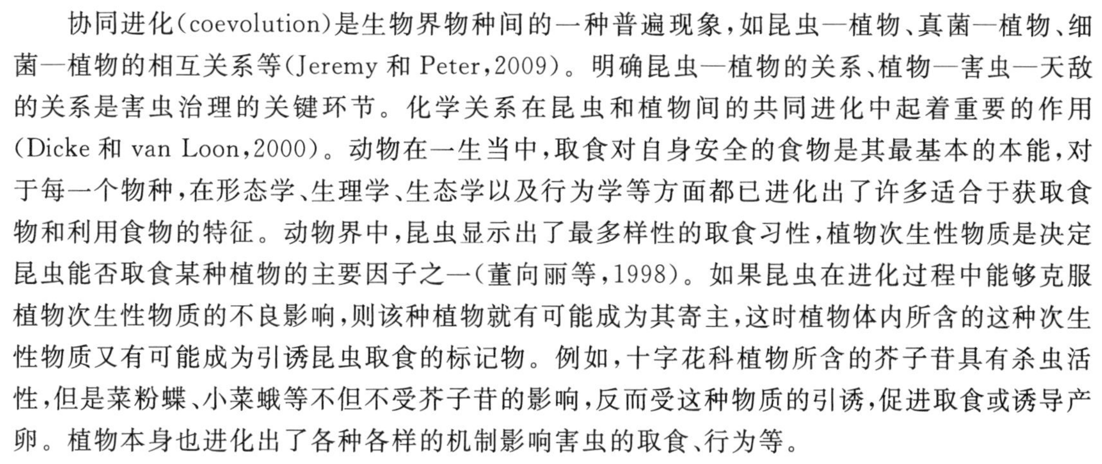

协同进化(coevolution)是生物界物种间的一种普遍现象,如昆虫—植物、真菌—植物、细菌—植物的相互关系等(Jeremy 和 Peter,2009)。明确昆虫—植物的关系、植物—害虫—天敌的关系是害虫治理的关键环节。化学关系在昆虫和植物间的共同进化中起着重要的作用(Dicke 和 van Loon,2000)。动物在一生当中,取食对自身安全的食物是其最基本的本能,对于每一个物种,在形态学、生理学、生态学以及行为学等方面都已进化出了许多适合于获取食物和利用食物的特征。动物界中,昆虫显示出了最多样性的取食习性,植物次生性物质是决定昆虫能否取食某种植物的主要因子之一(董向丽等,1998)。如果昆虫在进化过程中能够克服植物次生性物质的不良影响,则该种植物就有可能成为其寄主,这时植物体内所含的这种次生性物质又有可能成为引诱昆虫取食的标记物。例如,十字花科植物所含的芥子苷具有杀虫活性,但是菜粉蝶、小菜蛾等不但不受芥子苷的影响,反而受这种物质的引诱,促进取食或诱导产卵。植物本身也进化出了各种各样的机制影响害虫的取食、行为等。

植物产生次生性物质是其抵御害虫或病菌为害的主要途径(Paré 和 Tumlinson,1999),这些植物次生性物质有些是基础次生性代谢产物,有些是诱导产生的次生性代谢产物。害虫或病菌为害后除了诱导植物的氧化反应产生坏死斑外,更重要的是激活植物体内的植物次生性物质的合成代谢途径,产生不同类型的植物次生性物质干扰昆虫的取食、行为、降低食物质量等。例如,害虫的取食可以通过顺-9,12,15-十八碳-三烯酸(亚麻酸)的脂氧合作用(LOX)启动植物体内的拟十八碳烯(octadecanoid)途径产生茉莉(酮)酸(jasmonic acid,JA)。

茉莉(酮)酸是植物体内许多化合物表达的信号,产生用于抵御害虫、病菌为害的次生性物质或酶等(Liechti 和 Farmer,2002;刘新和张蜀秋,2000)。茉莉(酮)酸类物质是近年来植物生理学领域研究比较多的一类信号传导物质,对于植物的抗逆性具有重要的作用(Zhang 和 Turner,2008;Chehab 等,2008)。在植物抵御害虫为害方面,茉莉(酮)酸可以诱导植物产生释放到植物体外和内源性的两类植物次生性物质,前者可以引诱害虫的天敌或使同种的其他植物个体产生内源性的植物次生性物质抵御害虫为害;后者在自身植物体内产生用于抵御害虫的植物次生性物质和酶类等(张长河等,2000),例如蛋白酶抑制剂(proteinase inhibitor,PI-

NII)、多酚氧化酶(polyphenol oxidase)、甾糖生物碱(steriod glycolalkaloids)等。

害虫为害后诱导植物抗性的最终结果是使害虫在寄主植物上的适应性降低(Pieterse 等,2001)。这种现象是普遍存在的,到目前为止至少报道了近 30 个科 100 多种植物中具有该现象。次生性代谢产物的形成是植物对害虫为害反应的主要形式。例如,植食性昆虫唾液中有一种脂肪酸—氨基酸共轭物,即 N-(17-羟基十八碳烯)-*L*-谷氨酸盐(volicitin)可以诱导寄主植物产生大量的次生性物质,这些植物次生性物质能够抵御害虫对其为害。在昆虫唾液中具有类似作用的另一类物质是蛋白质或肽类,如 b-葡萄糖苷酶(b-glucosidase)。植物体内产生的次生性物质按其生物合成起源主要分为三大类,即萜类(terpenoid)、生物碱类(alkaloid)和苯丙烷类化合物(phenylpropanoid)。萜类化合物都是相同的五碳前体——异戊烯焦磷酸(isopentenylpyrophosphate)的衍生物、生物碱是鸟氨酸(orithine)和赖氨酸(lysine)的衍生物,而苯基丙烷类化合物是苯基丙氨酸、酪氨酸等芳香氨基酸的衍生物(极少数为乙酸酯途径),该类化合物主要是酚类。现在发现萜类次生性物质大约 25 000 种、生物碱类约 12 000 种、酚类约 8 000 种。次生性物质的合成主要依赖于由初级代谢产物形成的建筑板块(building block)来完成,通常是通过酶对建筑板块的修饰或组合形成不同类型的次生性物质。害虫为害植物后会诱导茉莉(酮)酸的信号表达系统,激活有关的酶系对建筑板块加工合成相关的次生性产物,每一个合成路径中都有其关键的酶系,即限速酶系。萜合酶是萜类化合物生物合成中的一个关键酶系(限速酶)(Degenhardt 和 Gershenzon,2000),该类酶系的表达主要是基于转录水平的调控(Shen 等,2001;Bohlmann 等,2000)。在玉米中,通常萜合酶基因 *tpsl* 的 mRNA 水平是稳态的,埃及棉叶虫取食后可以使玉米中的 *tpsl* 转录浓度提高 8 倍(Schnee 等,2002),而机械损伤几乎不能使之增加,但是将植食性昆虫的唾液或 N-(17-羟基亚麻基)-*L*-谷氨酰胺放到机械伤处可以增加其转录浓度。编码该酶的 *tps* 基因的转录水平是由植食性害虫取食调控的。*tps* 基因家族在高等植物中可以分成 6 个亚族,编码 3 类萜合酶,即单萜、半萜和双萜合酶。该酶基因序列上的亲缘关系与其催化的多样性的生物化学效应并不完全符合。尽管萜类化合物的诱导合成在玉米上有一些研究(Degenhardt 等,2000),但是还存在许多问题,例如,寄主植物对不同害虫的为害是如何识别的?害虫唾液中存在哪些诱导物质?该酶是否受其他化学因子(如杀虫药剂)直接或间接的影响?关于该方面的研究在棉花等其他作物中还未见直接相关的报道。

蛋白酶抑制剂是植物受害后表达的另外一类重要化学物质(Jongsma 和 Beekwilder,2011;Gatehouse,2011;Lawrence,2002;卢晓风等,1997)。一般情况下,植物受伤或害虫为害后会表达 PINII,真菌或细菌感染后会表达 P4。但是近年研究表明,在这两个主要的植物反应途径中具有重叠性。大戟长管蚜(*Macrosiphum euphorbiae*)取食番茄(*Lycopersicon esculentum*)后,诱导 P4,而不是 PINII;*Pseudomonas syringe* pv. *Tomato*(*Pst*)感染后对 P4 和 PINII 都有诱导作用。植物蛋白酶抑制剂在抵御害虫和病菌中的作用研究可以追溯到 1947 年(王琛柱和钦俊德,1997),当时 Mickel 和 Standish 发现有些昆虫不能在豆类上发育。后来证明在大豆中存在胰蛋白酶抑制剂,对杂拟谷盗(*Tribolium confusum*)幼虫是有毒的。通过离体和活体都证明植物蛋白酶抑制剂对许多昆虫是有活性的。植物中蛋白酶抑制剂研究得比较多的主要有 3 个科,豆科(Leguminosae)、茄科(Solanaceae)和禾本科(Gramineae)。通过对植物的基因改造可以把一种植物中的蛋白酶抑制基因转移到另外一种植物中使其表达蛋白酶抑制剂。过去一直认为植物蛋白酶抑制剂的积累是其对受伤的一种反应。早期对番茄抑制剂的研究发现了蛋白酶抑制剂启动因子(protease inhibitor initiation factor,PIIF)。现在的证据表明蛋白酶抑制剂的产生是通过拟十八碳烯途径，将亚麻酸断裂形成茉莉（酮）酸诱导蛋白酶抑制剂基因表达（Koiwa 等，1997）。在植物中有系统素（systemin）、脱落酸（abscisic acid，ABA）、水压信号（hydraulic signal）和电信号（electrical signal）4 种系统信号负责受伤反应沿韧皮部或木质部的传递。其中系统素是由 18 个氨基酸残基组成的多肽，对蛋白质抑制剂基因的表达具有非常强的诱导作用。表达原系统素反义 cDNA（prosystemin antisense cDNA）转基因植物显示出蛋白酶抑制剂合成的系统诱导性明显降低，降低了对害虫的抗性。在番茄中系统素调控 20 多种对害虫和病菌防御基因的表达。系统素激活一个基于脂质的信号转导（lipid-based signal transduction）途径，亚麻酸从植物膜上释放，转换成一个脂氧信号分子（oxylipin signaling molecule）即茉莉（酮）酸。具有不同作用模式的蛋白酶抑制剂的基因已经克隆，有些基因已经转入到农作物中。目前在水稻、烟草、马铃薯、樱桃、棉花、小麦、豌豆、油菜等植物中都取得了成功，有些已经商业化种植。尽管蛋白酶抑制剂基因研究已经取得了很多有用的结果，但是还存在许多问题。例如，昆虫唾液中的哪些物质对植物中蛋白酶抑制剂基因有诱导表达作用？害虫为害后诱导的时空规律如何？就蛋白质抑制剂基因诱导表达来讲，转蛋白酶抑制剂基因和不转蛋白酶抑制剂基因的植物有何区别？这些问题都是利用蛋白酶抑制剂基因表达控制害虫中至关重要的问题。

虽然害虫为害后，可以诱导寄主植物产生各种各样的防御反应。但是昆虫自身也会进化出各种各样的抵御机制（Yu 和 An，2000）。例如，植物产生的次生性物质可以诱导昆虫体内的解毒系统、昆虫可以改变消化道中蛋白酶的结构，使蛋白酶抑制剂失去作用。

害虫体内解毒系统的进化是其适应植物防御机制的主要途径（Nelson 和 Kursar，1991）。在植食性昆虫体内有近 20 种不同的酶系统与寄主植物产生的各种类型的植物次生性物质的代谢解毒以及杀虫药剂的解毒有关，许多植物次生性物质能够对昆虫的解毒酶系统产生诱导作用（于彩虹等，2002；Li 等，2000；Waller 和 Johnson，1984），使酶活性提高，加强了昆虫的自身保护作用，免受植物次生性物质和杀虫药剂的为害。昆虫体内主要的解毒酶系统有细胞色素 P450 酶（又称多功能氧化酶）、谷胱甘肽-S-转移酶和酯酶。

多功能氧化酶系统（MFO）是昆虫体内最重要的解毒代谢酶系，由于其主要组成部分细胞色素 P450 的多样性，使其具有底物多样性（Feyereisen，1991）。该酶的活性可以通过许多化合物诱导增加（Stevens 等，2000），其诱导合成不是对已存在酶的活化，也不是阻止该酶的失活，而是酶蛋白的全程合成过程。一种化合物可以诱导该酶不同类型的同工酶，这些同工酶可以降解不同于诱导化合物（即诱导剂）类型的化合物，也就是说，植物次生性物质诱导的 MFO 的同工酶可以降解杀虫药剂，杀虫药剂诱导的 MFO 的同工酶也可以降解植物次生性物质（Schuler，1996）。前者加强了害虫的抗药性，后者使品种的抗性降低或丧失。Brattsten 等（1980）首先发现了当饲料中含有（+）-α-蒎烯、黑芥子硫苷酸钾、反-2-己醛时，可以诱导亚热带黏虫（*Spodoptera eridania*）中肠 MFO 的活性增加。杂色地老虎（*Peridroma saucia*）幼虫中肠的 MFO 活性可以因单萜类化合物的存在使 MFO 的艾氏剂环氧化活性增加 24 倍，细胞色素 P450 含量增加 6 倍。薄荷叶片中含有高浓度的单萜类化合物，取食薄荷叶片的幼虫 MFO 活性比取食其他饲料的高 45 倍。寄主植物对昆虫体内的解毒酶系的影响，主要是由于寄主植物体内含有的次生性物质造成的。不同寄主植物或不同品种由于含有的植物次生性物质的种类和数量不同，对昆虫的影响也有所不同。Mahdavi 等（1991）用专一性的抑制剂间接地证明了植物次生性物质诱导马铃薯甲虫（*Leptinotarsa decemlineata*）对二氯苯醚菊酯和氰戊菊酯的敏感度降低是由于对细胞色素 P450 酶系(Cyt-P450)的诱导引起的。Snyder 等(1995)证明了烟碱对烟草天蛾(*Manduca sexta*)没有毒性主要是由于烟碱对中肠 Cyt-P450 的诱导所致。取食野生番茄叶片的烟芽夜蛾(*Helicoverpa virescens*)的幼虫比取食人工饲料的幼虫对二嗪哝的耐药性提高 4 倍,解毒速率也明显提高。研究证明,野生番茄叶片中 2-十三烷酮是诱导烟芽夜蛾幼虫解毒酶活性提高的主要因子。关于棉铃虫(*Helicoverpa armigera*)Cyt-P450 同工酶仅见于 Pittendrigh 等(1997)的研究,认为在不同的抗性品系中表达不同的 Cyt-P450。

谷胱甘肽-S-转移酶(GSTs)是昆虫体内植物次生性物质的主要代谢酶系,该酶可以被多种植物次生性物质诱导合成。植物次生性物质对植食性昆虫 GSTs 的诱导已有许多报道(高希武和郑炳宗,1999)。如 Yu(1999)试验表明,用 0.1%的花椒毒素诱导草地黏虫,诱导引起黏虫中肠、脂肪体和马氏管 GSTs 对 DCNB 的活性大幅度提高,分别比对照提高 76、59 和 32 倍,花椒毒素在脂肪体中诱导出两种新的同工酶,用含 0.01%的芸香苷、2-十三烷酮和槲皮素的人工饲料饲养棉铃虫 1～4 代后,GSTs 的活性提高 4～18 倍(高希武等,1997)。寄主植物及其次生性物质对昆虫体内 GSTs 也具有明显的诱导作用(Feng 等,2001)。吲哚-3-甲醇、吲哚-3-乙腈、黄酮和黑芥子硫苷酸钾对亚热带黏虫幼虫 GSTs 有明显的诱导作用,但是,单萜类化合物对 GSTs 却无诱导作用,尽管这类化合物是 MFO 的诱导剂。寄主植物及其次生性物质对 GSTs 的诱导作用与 MFO 不同,不同诱导剂诱导产生的 GSTs 对模式底物的专一性没有明显的改变。

酯酶是昆虫体内一类重要的解毒酶系,该酶具有代谢解毒和作为结合蛋白解毒的双重功能。羧酸酯酶是酯酶的一种,也是杀虫药剂代谢的主要酶系之一(高希武等,1998)。对它的诱导和 Cyt-P450 一样,也是酶蛋白的全程合成过程。有研究证明大豆抗性品种叶片的抽提液可以诱导粉纹夜蛾幼虫体内的羧酸酯酶活性提高,但是使大豆尺夜蛾(*Pseudoplusia includens*)幼虫体内羧酸酯酶活性降低。寄主植物的不同,可以使二点叶螨体内的羧酸酯酶活性相差 2.4 倍。单萜类化合物以及倍半萜烯山道年内酯可以使酯酶活性增加 35%～65%;吲哚-3-甲醇、吲哚-3-乙腈、类黄酮、β-萘黄酮和金鸡纳碱使酯酶增加 35%～114%。不同寄主植物对棉蚜体内羧酸酯酶的活性也有明显的影响,取食茄子和马铃薯的棉蚜具有比较低的酯酶活性,而取食西瓜的种群酯酶活性则比较高。不同棉花品种对棉蚜羧酸酯酶也具有明显的影响,在试验的 7 个棉花品种中,取食中棉 12 的种群酯酶活性是取食泾阳鸡脚棉的 6 倍,对棉蚜羧酸酯酶的底物专一性也具有明显的影响。

蛋白酶(protease)包括内肽酶(endopeptidase)和外肽酶(exopeptidase)。昆虫体内的蛋白酶具有较大的多样性,大体上可以分成三大类,即丝氨酸蛋白酶(serine proteinase)、半胱氨酸蛋白酶(cysteine proteinase)和天冬氨酸和金属—蛋白酶(aspartic and metallo-proteinase)。蛋白酶敏感度的降低会使相应的转基因植物失去抗虫作用,也会使诱导出的蛋白酶抑制剂失去作用(Solomon 等,1999)。

近年来关于植物次生性物质诱导昆虫体内解毒酶系的研究比较多,大部分是限于对其活性的测定(Underwood 等,2002),极少数涉及相关基因的克隆。关于植物次生性物质诱导昆虫解毒酶的分子机制及其调控还没有报道。

实际上,对于任意一种植物,不能取食它的昆虫种群要比能取食的多得多。同样,任意一种昆虫不能取食的植物要比能取食的多得多。说明一种昆虫只能够克服少数植物的防御,使之作为食物。这种昆虫与植物间的特殊的组合也正是农作物与害虫间的关系,抗虫育种的目的就是打破这种关系。例如,可以通过育种使野生品种中的能够控制产生影响昆虫行为、感觉生理、代谢或内分泌的植物次生性物质的基因转移到栽培品种上,使之对昆虫具有抵抗能力。

寄主植物及其次生性物质诱导的解毒酶系与杀虫药剂的代谢酶系相同或相近,使得取食含有高浓度次生性物质植物的昆虫对杀虫药剂的解毒代谢增加,从而使耐药性或抗药性增加(Kessler 和 Baldwin,2001;Gao Xiwu 等,2001)。抗虫育种往往是使一些对昆虫有影响的植物次生性物质的基因集中,从而导致对昆虫的抗性增加。因此,抗虫品种对害虫耐药性或抗药性也会由此产生影响。

针对植物对害虫防御,害虫对植物反防御中存在的问题,该项目以棉花和棉铃虫为对象,研究害虫为害后寄主植物产生用于抵御害虫为害的内源性次生性物质的生理生化过程关键酶的调控机制和害虫对寄主植物次生性物质适应的分子机制。该项目完成对于揭示寄主植物和害虫间的生物化学适应关系,开辟害虫新的防治途径以及协调抗虫品种和化学防治具有重要的理论意义和实践价值。我们现在的研究已经证明棉铃虫为了适应植物次生性物质,其体内的一些代谢酶系可以被诱导(郭予元,1998);植物受到害虫为害或使用农药后,植物体内一些相关的酶系会有明显的改变。

参考文献

[1]董向丽,高希武,郑炳宗.植物次生性物质诱导作用对杀虫药剂毒力影响的研究.昆虫学报,1998,41:111-116.

[2]高希武,董向丽,郑炳宗,陈青.棉铃虫谷胱甘肽-S-转移酶(GSTs):杀虫药剂和植物次生性物质的诱导作用与 GSTs 对杀虫药剂的代谢.昆虫学报,1997,40:122-127.

[3]高希武,赵颖,王旭,董向丽,郑炳宗.杀虫药剂和植物次生性物质对棉铃虫羧酸酯酶的诱导作用.昆虫学报,1998,41(增刊):5-11.

[4]高希武,郑炳宗.槲皮素对棉铃虫羧酸酯酶、谷胱甘肽转移酶和乙酰胆碱酯酶的诱导作用.农药学报,1999,1:56-60.

[5]郭予元.棉铃虫的研究.北京:中国农业出版社,1998.

[6]刘新,张蜀秋.茉莉酸类在伤信号转导中的作用机制.植物生理学通讯,2000,36:76-81.

[7]卢晓风,夏玉先,裴炎.植物蛋白抑制剂在植物抗虫与抗病中的作用.生物化学与生物物理进展.2000,25:328-333.

[8]王琛柱,钦俊德.植物蛋白酶抑制素抗虫作用的研究进展.昆虫学报,1997,40:212-218.

[9]于彩虹,高希武,郑炳宗.2-十三烷酮对棉铃虫细胞色素 P450 的诱导作用.昆虫学报,2002,45:1-7.

[10]张长河,梅兴国,余龙江.茉莉酸与植物抗性相关基因的表达.生命的化学,2000,20:118-120.

[11]Brattsten L B, Price S L and Gunderson C A. Microsomal oxidases in midgut and fatbody tissues of a broadly herbivorous insect larva, Spodoptera eridania Cramer (Noctuidae). Comp. Biochem. Physiol. ,1980,66C:231-237.

[12]Bohlmann J, Martin D, Oldham N J and Gershenzon J. Terpenoid secondary metabolism in *Arabidopsis thaliana*: cDNA cloning, characterization, and functional expression of a

myrcene/(*E*)-*β*-ocimene synthase. Archives of Biochemistry and Biophysics, 2000, 375: 261-269.

[13]Chehab E W, Kaspi R, Savchenko T, Rowe H, Negre-Zakharov F, Kliebenstein D, Dehesh K. Distinct roles of jasmonates and aldehydes in plant-defense responses. PLoS One, 2008, 3: e1904.

[14]Degenhardt J & Gershenzon J. Demonstration and characterizeation of (E)-nerolidol synthase from maize: a herbivorey-inducible terpene synthase participating in (3E)-4,8-dimethyl-1,3,7-nonatriene biosynthesis. Planta, 2000, 210: 815～822.

[15]Dicke M and van Loon J J A. Multitrophic effects of herbivore-induced plant volatiles in an evolutionary context. Entomologia Experimentalis et Applicata, 2000, 97: 237-249.

[16]Feng qi-Li, Davey KG, Pang ASD, et al. Developmental expression and stress induction of glutathione S-transferases in the spruce budworm, *Choristoneura fumiferana*. Journal of insect physiology, 2001, 47: 1-10.

[17]Feyereisen R. Insect P450 enzymes. Annu. Rev. Entomol, 1991, 44: 507-533.

[18]Gao Xiwu, Zhou Xuguo and Zheng Bingzong. A Comparison of sensitivity to inhibitor among acetylcholinesterase (AChE) molecular forms of resistant and susceptible strains in *Helicoverpa armigera*. Entomologia Sinica, 2001, 8, 49-54.

[19]Gatehouse J A. Prospects for using proteinase inhibitors to protect transgenic plants against attack by herbivorous insects. Curr Protein Pept Sci., 2011, 12(5): 409-416.

[20]Jeremy J Burdon and Peter H Thrall. Coevolution of Plants and Their Pathogens in Natural Habitats. Science, 2009, 324: 755-756.

[21]Jongsma M A, Beekwilder J. Co-evolution of insect proteases and plant protease inhibitors. Curr Protein Pept Sci., 2011, 12(5): 437-447.

[22]Kessler A and Baldwin I T. Defensive function of herbivore-induced plant volatile emissions in nature. Science, 2001, 291: 2141-2144.

[23]Koiwa H, Bressan, R A and Hasegawa P M. Regulation of protease inhibitors and plant defense. Trends in Plant Science, 1997, 2: 379-384.

[24]Lawrence P K. Plant protease inhibitors in control of phytophagous insects. Electronic Journal of Biotechnology, 2002, 5: 93-109.

[25]Li X C, Berenbaum M R, Schuler M A. Molecular cloning and expression of *CYP6B8*: a xanthotoxin inducible cytochrome P450 cDNA from *Helicoverpa zea*. Insect Biochemistry and Molecular, 2000, 30: 75-84.

[26]Liechti R and Farmer E E. The jasmonate pathway. Scinece, 2002, 296: 1649-1650.

[27]Mahadavi A, K R Solomon and J J Hubert. Effect of Solanaceous hosts on toxicity and synergism of permethrin and fenvalerate in Colorado potato beetle (Coleoptera: Chrysomelidae) larvae. Environ Entomol, 1991, 20: 427-432.

[28]Nelson A C and Kursar T A. Interactions among plant defense compounds: a method for analysis. Chemoecology, 1991, 9: 81-92.

[29]Paré P W and Tumlinson J H. Plant volatiles as a defense against insect herbivores. Plant

Physiology,1999,121:325-331.

[30]Pieterse M J,Ton J and Van Loon L C. Cross-talk between plant defence signalling pathways:boost or burden? AgBiotechNet,2001,3:1-8.

[31]*Pittendrigh B,Aronstein K,Zinkovsky E,Andreev O,Campbell B,Daly J,Trowell S. Ffrench-Constant R H. Cytochrome P450 genes from* Helicoverpa armigera:*Expression in a pyrethroid-susceptible and-resistant strain. Insect Biochemistry and Molecular Biology*,1997,27:507-512.

[32]Schnee C,Kollner T G,Gershenzon J and Degenhardt J. The Maize gene *terpene synthase* 1 encodes a sesquiterpene synthase catalyzing the formation of (*E*)-β-farnesene,(*E*)-nerolidol, and (*E*, *E*)-farnesol after herbivore damage. Plant Physiology, 2002, 130: 2049-2060.

[33]Schuler M A. The role of cytochrome P450 monooxygenases in plant-insect interactions. Plant Physiol. ,1996,112:1411-1419.

[34]Shen B,Zheng Z and Dooner H K. A maize sesquiterpene cyclase gene induced by insect herbivory and volicitin: characterizeation of wild-type and mutant alleles. Pro. Natl. Acad. Sci. USA, 2001,97:14801-14806.

[35]Solomon M,Belenghi B,Delledonne M,Menachem E and Levine A. The involvemen of cysteine proteases and protease inhibitor genes in the regulation of programmed cell death in plants,The Plant Cell,1999,11:431-443.

[36]Stevens J L,Snyder M J,Koener J F and Feyereisen R. Inducible P450s of the CYP9 family from larval Manduca sexta midgut. Insect Biochemistry and Molecular Biology, 2000,30:559-568.

[37]Snyder M J,Stevens J L,Andersen J F and Feyereisen R. Expression of Cytochrome P450 Genes of the *CYP4* Family in Midgut and Fat Body of the Tobacco Hornworm, *Manduca sexta*. Archives of Biochemistry and Biophysics,1995,321:13-034.

[38]Underwood N,Rausher M and Cook W. Bioassay versus chemical assay:measuring the impact of induced and constitutive resistance on herbivores in the field. Plant Animal Interactions,2002,131:211-219.

[39]Waller G R and Johnson R D. Metabolism of nepetalactone and related compounds in *Nepeta cataria L*. and components of Its bound essential Oil. Proc. Okla. Acad. Sci. , 1984,64:49-56.

[40]Yu G H and An G. Regulatory roles of benzyl adenine and sucrose during wound response of the ribosomal protein gene, *rpL34*. Plant, Cell and Environment, 2000, 23: 1363-1371.

[41]Yu S J. Induction of new glutathione S-transferase isozymes by allelochemicals in the fall armyworm. Pesticide Biochemistry and Physiology,1999,63:163-171.

[42]Zhang Y and Turner J G. Wound-induced endogenous jasmonates stunt plant growth by inhibiting mitosis. PLoS ONE,2008,3:e3699.

第2章

植物次生性物质诱导作用对杀虫药剂毒力的影响

昆虫与其所取食的寄主植物有一种协同进化的关系（Howe 和 Jander，2008）。寄主体内的次生性物质能够抵御取食昆虫的侵害，同时对昆虫体内解毒机制具有诱导作用，这种诱导变化使昆虫减轻或免受食料中次生性物质的影响，同时也增强了对其他外来化合物的解毒作用（Oitea 等，1981；Wen 等，2011；Castañeda 等，2010）。昆虫对其取食的寄主植物适应力很强（Subramanian 和 Mohankumar，2006），通常一种抗虫品种的抗虫性只能维持几年，如目前的 Bt 抗虫植物品种，由于其抗虫基因单一，在生产上只能应用 8～10 年，目前世界上不少地区已发现对 Bt 抗虫植物产生抗性的害虫（丰嵘等，1996）。害虫取食不同的寄主植物后体内解毒酶的活性会发生变化，导致对其他外来化合物的敏感性发生变化（Kennedy 等，1987）。棉铃虫 *Helicoverpa armigera*（Hübner）对不良环境的适应能力很强，能很快适应所取食的寄主植物。据报道，取食不同棉花品种的棉铃虫体内羧酸酯酶、谷胱甘肽-S-转移酶（GSTs）和乙酰胆碱酯酶（AChE）的活性不同，取食高抗品种的比活力比取食感性品种的比活力大（汤德良和王武刚，1996）。取食不同寄主植物的棉铃虫幼虫对溴氰菊酯的敏感性不同（谭维嘉和赵焕香，1990）。取食木豆叶片的幼虫对硫丹、久效磷、溴氰菊酯和灭多威的耐药性增强（Loganathan 和 Gopalan，1985）。棉铃虫的抗药性与其所取食的寄主植物有很大关系（Sharma 等，2006；Rutto 等，2011），但寄主植物中究竟是哪一种物质起作用，到目前为止还不十分清楚。本研究将寄主植物中的次生性物质作为棉铃虫抗药性产生的因子加以考虑，选择了具有抗生作用的植物次生性物质通过培养基混药法饲喂棉铃虫，连续饲养 4 代，测定了其 F1 至 F4 代对杀虫剂的耐药性变化，从中找出植物次生性物质对棉铃虫耐药性影响的规律，为制定棉铃虫抗药性治理对策或综合治理决策提供理论依据。

2.1 芸香苷诱导作用对杀虫药剂毒力的影响

用甲基对硫磷对芸香苷处理后的 F1、F3 和 F4 代种群的毒力测定表明，LD_{50}分别为95.24 μg/g、

62.91 μg/g、61.37 μg/g，而对照种群的 LD_{50} 为32.36 μg/g。F1 代种群的耐药性较对照提高了 3 倍，F3、F4 代提高 2 倍。F3、F4 代种群对甲基对硫磷的耐药性趋于稳定。用低剂量的甲基对硫磷测定时，诱导种群与对照种群的死亡率差异较大，而用高剂量测定时，诱导种群与对照种群的死亡率差异较小(表 2.1)。表明高剂量甲基对硫磷可以部分消除芸香苷诱导的耐药性。用剂量为0.32 μg/g 的溴氰菊酯点滴芸香苷 F1 代，死亡率为 8.43%，而剂量与之相近(0.27 μg/g)的对照种群的死亡率则为 26.92%，对照种群的敏感性是芸香苷 F1 代的 3 倍多。芸香苷 F2 代与对照种群对溴氰菊酯的敏感性随取食时间的变化而有所不同。芸香苷诱导的 F1 代敏感性降低，随着诱导时间的延长敏感性又逐渐升高，F4 代对溴氰菊酯的敏感性已超过了对照种群(表 2.1)。这可能与芸香苷诱导或抑制溴氰菊酯的代谢酶系有关。对灭多威的毒力测定表明，芸香苷 F1、F2、F3 代种群对灭多威的耐药性高于对照种群，说明芸香苷也能够诱导棉铃虫对灭多威耐药性的提高(表 2.1)。

表 2.1　芸香苷的诱导作用对杀虫药剂毒力的影响

种群	甲基对硫磷			灭多威			溴氰菊酯		
	剂量/(μg/g)	处理虫数	死亡率/%	剂量/(μg/g)	处理虫数	死亡率/%	剂量/(μg/g)	处理虫数	死亡率/%
对照	14.58	138	16.15±6.05	9.04	24	25.00±0.00	0.27	26	26.92±0.00
F1 代	17.31	90	3.33±2.36	10.70	106	3.11±1.64	0.32	86	8.43±2.46
F1 代	95.50	57	57.78±7.66	145.3	90	23.30±5.62	3.33	39	60.13±5.25
F1 代	180.66	39	70.70±6.67	469.44	89	40.80±7.41	1.821	48	23.11±6.43
对照	78.28	65	82.41±6.07	426.77	66	58.72±8.03	3.46	69	57.47±4.05
F2 代	86.11	85	59.48±4.45	469.44	80	40.00±5.67	3.81	90	53.33±5.27
对照	102.85	193	71.70±5.00	576.07	61	56.96±10.5	4.61	75	62.22±7.69
F3 代	97.66	164	67.19±6.14	645.80	98	23.11±5.56	3.98	69	32.54±9.18
对照	112.90	97	81.87±4.44	182.69	85	54.20±5.18	4.96	75	87.15±4.18
F4 代	138.52	40	72.50±4.79	145.30	75	64.00±5.29	4.46	66	88.68±4.35

2.2　槲皮素诱导作用对杀虫药剂毒力的影响

用甲基对硫磷对槲皮素 F2 代种群毒力测定结果表明，对照种群的 LD_{50} 是 36.253 μg/g；而处理组 F2 代种群的死亡率却不随浓度的升高而升高，在使对照种群死亡率 20%～80%的剂量范围内，槲皮素 F2 代种群的死亡率都在 50%左右，死亡率与药剂浓度无关(图 2.1)。上述结果表明，棉铃虫经槲皮素饲喂诱导后，50%左右的个体对甲基对硫磷敏感性提高了，较低剂量的药剂即可使其致死；另外 50%的个体敏感性降低了，在试验的剂量下不能致死。单一浓度测定时，灭多威对槲皮素 F1 代种群的死亡率与对照种群看不出差别。槲皮素诱导 F2 代种群的死亡率明显得高于对照，说明槲皮素 F2 代种群对灭多威的敏感性提高了(表 2.2)，可能与槲皮素对某些解毒酶的抑制作用强，而诱导作用弱有关。而单一浓度溴氰菊酯对槲皮素

F2 代种群的死亡率测定结果与对照无显著差异(表 2.2)。

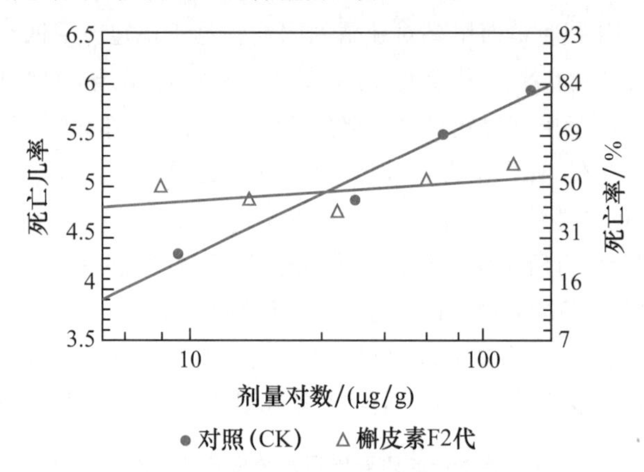

图 2.1 槲皮素诱导作用对甲基对硫磷 LD-P 线的影响

表 2.2 槲皮素和 2-十三烷酮的诱导作用对杀虫药剂毒力的影响

种群	甲基对硫磷			灭多威			溴氰菊酯		
	剂量/(μg/g)	处理虫数	死亡率/%	剂量/(μg/g)	处理虫数	死亡率/%	剂量/(μg/g)	处理虫数	死亡率/%
对照	112.9	97	91.78±4.44	182.90	93	54.20±5.18	4.96	75	87.15±4.18
槲皮素 F1 代	94.52	88	46.91±4.13	151.13	35	51.85±8.65			
2-十三烷酮 F1 代	79.69	77	80.29±5.85	62.73	75	59.86±8.70	4.10	96	73.6±5.96
对照	72.31	96	71.91±5.21	120.19	69	31.33±8.02	3.56	79	62.07±8.78
槲皮素 F2 代	80.00	74	59.32±5.51	147.90	94	63.17±5.1	4.38	79	84.5±6.48
2-十三烷酮 F2 代	80.88	75	58.48±3.54	155.56	71	37.99±4.14	4.61	97	59.47±7.55

2.3 2-十三烷酮诱导作用对杀虫药剂毒力的影响

用甲基对硫磷对 2-十三烷酮 F2 代种群毒力测定,LD_{50} 为36.235 μg/g,与对照无显著差异,毒力线也无显著差异。说明 2-十三烷酮诱导的棉铃虫种群,对甲基对硫磷的毒力及 LD-P 线没有明显的影响(图 2.2)。用单一浓度的灭多威对 2-十三烷酮 F1 代种群死亡率的测定表明,处理种群死亡率比对照种群高,而 F2 代种群的死亡率却与正常种群基本相同,说明 2-十三烷酮 F2 代对灭多威的敏感性降低了。这一结果表明,随着诱导时间的延长,2-十三烷酮诱导的对灭多威的敏感性逐渐消失(表 2.2)。

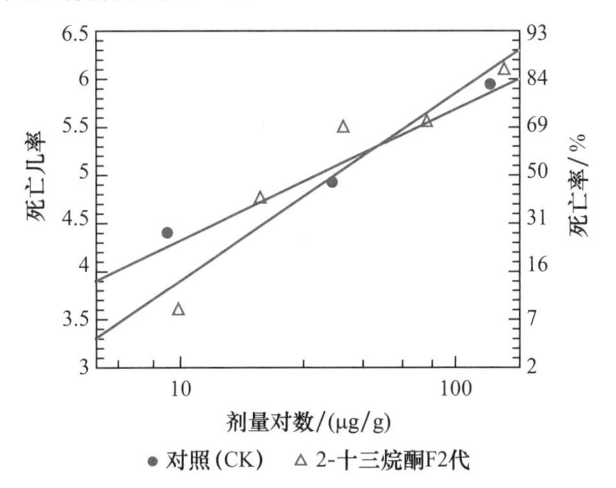

图 2.2 2-十三烷酮诱导作用对甲基对硫磷 LD-P 线的影响

单一浓度溴氰菊酯对 2-十三烷酮 F1、F2 代种群的死亡率测定结果都比对照低,F2 代的死亡率又比 F1 代的低。说明 2-十三烷酮可以诱导棉铃虫对溴氰菊酯的耐药性提高(表 2.2)。

2.4 讨论

上述研究结果表明,在诱导的初期阶段(F1、F2 代),3 种次生性物质诱导作用对杀虫剂毒力的影响各不相同,且差异较大。有的表现为毒力升高,有的表现为毒力降低。植物次生性物质进入昆虫体内后,一方面可能导致解毒酶活性增强,表现为杀虫药剂毒力降低;另一方面与杀虫剂竞争作用位点,表现为杀虫药剂毒力提高。在诱导的初期,某些植物次生性物质与某些杀虫药剂竞争作用位点,可能会导致杀虫药剂毒力提高,但随诱导时间的延长,最终结果是解毒酶的量提高,杀虫药剂的毒力降低。可见棉铃虫取食植物次生性物质后,经过次生性物质的长期诱导,其耐药性可能增强。这种作用已在其他许多寄主植物和害虫的关系中得到证明,如草地夜蛾 *Spodoptera frugiperda*(Yu,1982)、血黑蝗 *Melanoplus sanguinipes*(Hinks 和 Spurt,1989)等。棉铃虫是一种寄主谱广的害虫,对各种植物次生性物质的适应性强。在棉区,棉铃虫从第三代到第五代是在棉花上寄生的。在棉花中,尤其是抗虫棉花品种中的次生性物质的诱导作用,能够使棉铃虫的耐药性增强,杀虫剂的防治效果下降,引起防治失败。抗虫作物的应用能够影响化学防治的效果,如何协调好两方面的矛盾,是值得进一步探讨的问题。

参考文献

[1]丰嵘,张宝红,郭香墨. 外源 Bt 基因对棉花产量性状及抗虫性的影响. 中国棉花,1996,8(1):30-32.
[2]汤德良,王武刚. 棉花品种对棉铃虫体内酶活性的影响. 中国棉花,1996,8(1):36-39.
[3]谭维嘉,赵焕香. 取食不同寄主植物的棉铃虫对溴氰菊酯敏感性的变化. 昆虫学报,1990,

33(2):155-160.

[4]Castañeda L E,Figueroa C C,Nespolo R F. Do insect pests perform better on highly defended plants? Costs and benefits of induced detoxification defences in the aphid Sitobion avenae. J Evol Biol,2010,23(11):2474-2483.

[5]Hinks C F,Spurt D T. Effect of food plants on the susceptibility of the migratory grasshopper (Orthoptera:Acrididae) to deltamethrin and dimethoate. J. Econ. Entomol. ,1989, 82:721-726.

[6]Howe G A,Jander G. Plant immunity to insect herbivores. Annu Rev Plant Biol 2008,59: 41-66.

[7]Kennedy G G,Farrar R R,Riskallah M R. Induced tolarance of neonate *Heliothis Zea* to host plant allelochemicals and carbaryl following incubation of eggs on foliage of *Lycopersicon hirsutum f . glabratum*. Oecologia,1987,73(4):615-620.

[8]Loganathan M,Gopalan M. Effect of host plants on the susceptibility of *Heliothis armigera* to insecticides. Indian Journal of Plant Protection,1985,13(1):1-4.

[9]Oitea J A, et al. Induction of glutathione-S-trasferase by phenobartital in the housefly. Pestic Biochem & Physiol,1981,15:10.

[10]Rutto D,Kimurto P K,Gahole L,Ngode L,Mulwa R M S,Towett B K,Cheruiyot E K, Rao N V P R G,Silim S N. Screening for host plant resistance to Helicoverpa armigera in selected chickpea (Cicer arietinum L)genotypes in Kenya. In:6th Egerton University International Conference:Research and Expo-Transformative Research for Sustainable Development. 2011,21-23. September.

[11]Sharma,H C and Pampapathy G and Wani S P. Influence of host plant resistance on biocontrol of Helicoverpa armigera in pigeonpea. Indian Journal of Plant Protection,2006, 34:129-131.

[12]Subramanian S,Mohankumar S. Genetic variability of the bollworm,*Helicoverpa armigera* ,occurring on different host plants. J Insect Sci,2006,6:1-8.

[13]Xie W,Wang S,Wu Q,Feng Y,Pan H,Jiao X,Zhou L,Yang X,Fu W,Teng H,Xu B and Zhang Y. Induction effects of host plants on insecticide susceptibility and detoxification enzymes of *Bemisia tabaci* (Hemiptera: Aleyrodidae). Pest Manag Sci,2011,67: 87-93.

[14] Yu S J . Host plant induction of glutathione S-transferase in the fall armyworm. Pestic. Biochem. & Physiol. ,1982,18:101-106.

第3章

细胞色素P450光谱特征的研究

多功能氧化酶(又称单加氧酶)系统是生物体内脂肪酸、生物碱、激素等内源化合物以及药物、植物毒素、杀虫药剂等外源性化合物的重要氧化代谢系统(冷欣夫等,1998;Feyereisen,2006;Poupardin 等,2008)。细胞色素 P450 酶系(Cyt-P450)是多功能氧化酶系统中的末端氧化酶,具有活化氧分子和与底物结合的双重功能(Stegeman 和 Livingstone,1998)。一般来讲,害虫抗性品系体内 Cyt P450 的含量高于敏感品系(Hodgson,1985;Scott,1999;Djouaka 等,2008;Karunker 等,2008)。一般认为昆虫体内 Cyt P450 对杀虫剂代谢能力的增强是由于 Cyt P450 表达水平的提高引起的(唐振华和吴士雄,2000),如家蝇(Tomita 等,1995)、棉铃虫(Ranasinghe 等,1996;吴俊等,1999)、美洲烟夜蛾(Rose 等,1997)、Culex quinquefasciatus (Kasai 等,2000)和不吉按蚊 *Anopheles funestus*(Matambo 等,2010)等害虫。昆虫体内 Cyt P450 含量的变化常常作为衡量害虫抗药性的指标之一。

通过高速和超速两步离心制备昆虫中肠组织微粒体,还原型的细胞色素 P450(Cyt-P450)与 CO 结合在 450 nm 附近出现最大吸收峰,依据在 450～490 nm 间的吸光度之差和摩尔吸光系数[91/(mmol・cm)]计算 Cyt-P450 含量是目前普遍采用的方法(Omura 和 Sato,1964a)。但是,细胞色素 P450 与 CO 的结合是否需要一定的时间很少有人考虑,在测量 CO 含量的过程中,多数在方法中没有提到通入 CO 后多长时间进行 P450 CO 差光谱的测定。本研究发现无论是棉铃虫中肠和脂肪体高速离心制备的细胞色素 P450 酶液(线粒体上清液)还是超速离心制备的微粒体细胞色素 P450 酶液在进行 CO 差光谱测定时,通入 CO 后的不同时间进行测量,其细胞色素 P450 的含量的差别程度很大。本研究以棉铃虫为研究对象,采用两步离心的方法测定中肠和脂肪体线粒体上清液和微粒体中 Cyt-P450 的 CO 差光谱以及影响 P450 含量的因子,旨在寻找一种简便、准确的测定方法。

测定了棉铃虫中肠和脂肪体的 10 000 *g* 离心 20 min 的酶液(线粒体上清液)和 100 000 *g* 离心 1 h 的微粒体中细胞色素 P450(Cyt-P450)的 CO 差光谱,粗酶液的 P450 的 CO 差光谱光滑,而且 420 nm 处没有吸收。并且通过对棉铃虫中肠和脂肪体 10 000 *g* 离心的粗酶液和 100 000 *g*离心 1 h 微粒体 Cyt-P450 含量的多次测定发现,通入 CO 后间隔不同的时间进行扫描，计算出的含量存在着1～16倍的差异。通过对多次连续扫描结果分析表明OD(450～490)与通入CO后到扫描的时间间隔在一段时间内呈钟形曲线，说明CO与Cyt-P450的结合需要一定的时间，以OD(450～490)最大值计算Cyt-P450含量最为准确。

3.1 棉铃虫P450 CO差光谱测定

3.1.1 棉铃虫中肠和脂肪体不同亚细胞结构的P450 CO差光谱

图3.1中A至D分别为棉铃虫中肠和脂肪体两步离心和一步离心上清液Cyt-P450酶液的CO差光谱图。A中两步离心所测得棉铃虫中肠微粒体的CO差光谱在420 nm附近有吸收，说明部分P450处于失活状态。而C和D中一步离心测得的棉铃虫中肠和脂肪体的CO差光谱仅在450 nm处存在吸收峰，并且光谱图比较光滑。

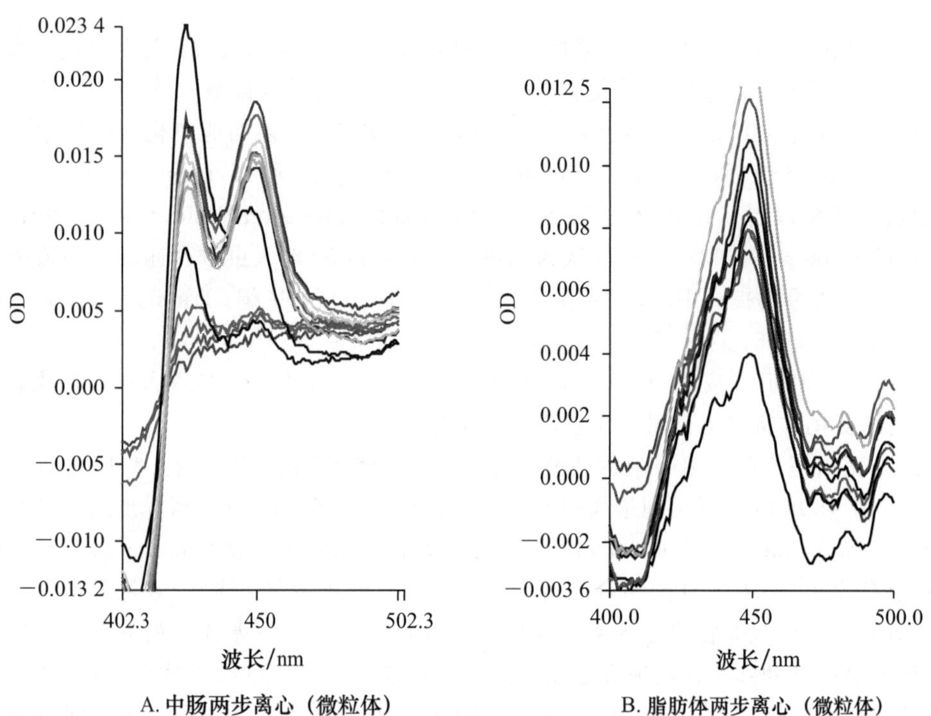

A. 中肠两步离心（微粒体）　　B. 脂肪体两步离心（微粒体）

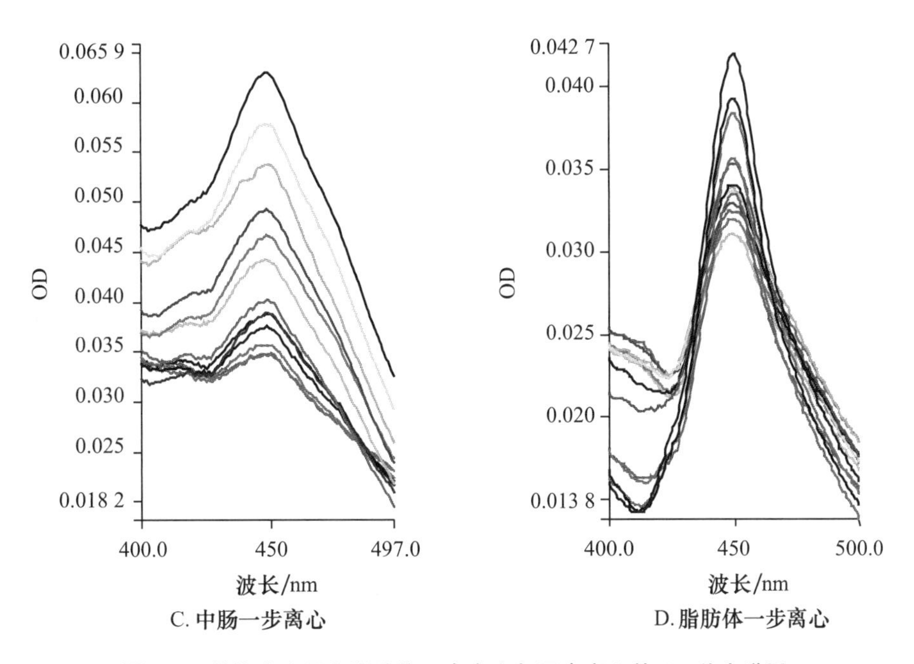

图 3.1 棉铃虫中肠和脂肪体一步离心与两步离心的 CO 差光谱图

3.1.2 通入 CO 的时间对细胞色素 P450 含量的影响

以棉铃虫中肠和脂肪体的 Cyt-P450 酶液为材料研究表明，OD(450～490)与通入 CO 后的时间间隔呈钟形曲线(图 3.2)，通入 CO 后第 5 分钟 OD(450～490)的值为0.002 084，第 15 分钟左右达到最大值，为 0.033 281，相差 16 倍。说明 CO 与 Cyt-P450 的结合需要一定的时间达到最大值，但是随时间的延长 Cyt-P450 会逐渐失活，导致了含量的下降。

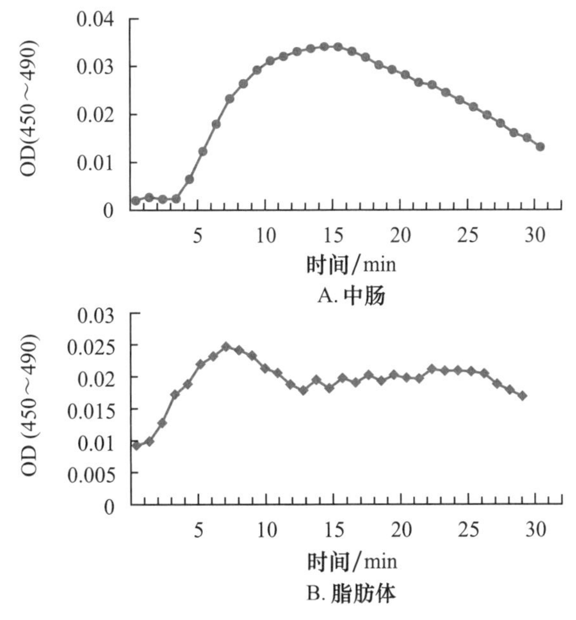

图 3.2 棉铃虫细胞色素 P450 CO 差光谱测定过程中不同时间 OD(450～490)的变化情况

3.1.3 光谱特征的变化

从连续扫描测的 Cyt-P450 CO 差光谱(图 3.3)可以看出,在最初的几次扫描中,光谱除在 450 nm附近有吸收峰外(图 3.3),下面几个光谱为前几次扫描得到的 CO 差光谱,中间位置的光谱为后几次扫描得到的光谱,在 420 nm 出现吸收峰,其他位置没有任何吸收峰,随时间的延长,在 417 nm 附近开始出现吸收峰,最后在 420 nm 出现吸收峰,在 417 nm 处的吸收峰降低,并且伴随着在 450 nm 处吸收峰的降低。说明细胞色素在从 P450 转变到 P420 的过程中可能经过一个在 417 nm 附近存在吸收峰的过渡态,该过渡态可能与 Cyt-P450 中血红素铁的 3d 电子吸收能量由稳态转换为高自旋态有关。从有生物活性的 Cyt-P450 转变为无生物活性的 P420 是由于蛋白质底物结合位点发生了改变从而使 Cyt-P450 丧失了活性还是其他方面的原因,还有待于更深入的研究。

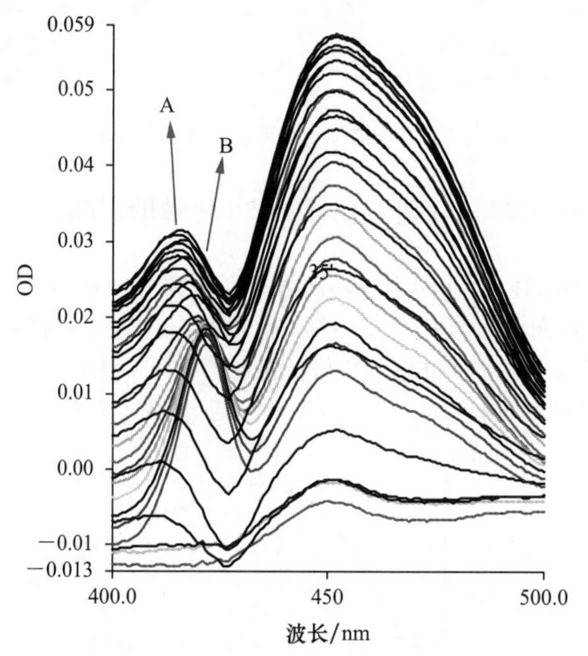

图 3.3 不同时间 CO 差光谱图

A. 417 nm; B. 420 nm

3.1.4 讨论

存在于生物体细胞内质网上的细胞色素 P450,通过两步差数离心,即先在 10 000 *g* 下离心 20 min 取上清液,在 100 000 *g* 下离心 1 h 取沉淀得到微粒体。两步离心的优点是可以除去更多的杂蛋白,测得的比含量高。缺点是首先对离心机的要求比较严格,需要超速离心机;其次,酶液长时间离心容易导致 Cyt-P450 的失活,得到的光谱往往在 420 nm 出现吸收峰,从而导致测得的 Cyt-P450 含量比实际值低;虽然 Cyt-P450 主要集中于微粒体制备液中(即两步离心的沉淀),但我们研究中发现在二次离心的上清液中也存在着一部分 Cyt-P450,一步离心获得的上清液基本包括了样品中所有的 Cyt-P450。因此，通过过滤采用一步离心法得到的光谱要优于两步离心法，而且酶液不易失活，节约了时间也增加了结果的准确度。

还原型 Cyt-P450 与 CO 结合在 450 nm 附近有吸收峰，根据波长在 450～490 nm 间的吸光度之差和摩尔吸光系数[91/(mmol · cm)]来计算细胞色素 P450 的含量，OD(450～490)的准确度直接影响到 P450 的含量。我们在研究植物次生性物质对棉铃虫中肠和脂肪体 Cyt-P450含量的影响中发现，样品结果重复性差，不同处理样品结果规律性不好，在其他实验条件都很严格的条件下，也未取得理想的结果。因此，我们详细地分析了影响决定 Cyt-P450 含量的 OD(450～490)值的因子(包括酶液的放置时间、研磨的方式等)，结果发现Cyt-P450含量测定过程中通入 CO 后不同时间测定的结果有着一至十几倍的差异，而在以往的多数文献中没有考虑到这一点，通过对样品的连续多次扫描结合分析光谱质量和计算出 Cyt-P450 含量，发现当 OD(450～490)值达到最大值时，其对应的光谱较好，在 450 nm 附近的吸光高。并且 OD(450～490)和通入 CO 后到扫描的时间间隔呈钟形曲线。在钟形曲线的下降阶段，在 420 nm 附近开始出现吸收峰，并逐渐加大，在 450 nm 附近的峰逐渐降低。说明 Cyt-P450 与 CO 的完全结合需要一定的时间，但时间过长，Cyt-P450 酶会失活，在光谱上表现在 420 nm 附近出现吸收峰。由此可以看出，在测定 Cyt-P450 含量的过程中，仅仅根据一次扫描得到的结果计算 Cyt-P450 的含量是不准确的，尤其是在比较多个样品的 Cyt-P450 含量时，通入 CO 后与扫描间的时间间隔可以达到几倍的差异。在昆虫的抗性品系和敏感品系间抗性差异达到几百倍时，其体内的 Cyt-P450 仅有几倍的差异，因此仅依据一次扫描结果是不可靠的，最好是通过多次扫描取 OD(450～490)与时间钟形曲线的最大值作为 Cyt-P450 含量的测定结果，减少了人为的测定误差，增加了结果的准确度。

众所周知，Cyt-P450 极容易失活，失活的 Cyt-P450 CO 光谱特征是在 420 nm 附近出现吸收峰。在实验中发现，从 Cyt-P450 到 P420 的转变过程中，细胞色素 P450 究竟发生了什么样的变化使其丧失了生物活性，对于这方面的研究资料比较少。通过连续扫描监测 Cyt-P450 CO 差光谱的变化可以看出，在最初的几次扫描中，光谱除 450 nm 附近有吸收峰外，其他位置没有吸收峰，随后光谱在 417 nm 附近开始出现吸收峰，最后在 420 nm 出现吸收峰，这一过程伴随着 450 nm 处吸收峰的降低。由此推测 Cyt-P450 转变到 P420 时，中间可能存在一种在 417 nm附近有吸收峰的过渡态，可能是由于在扫描过程中 Cyt-P450 中血红素铁的 3d 电子吸收能量后处于高自旋状态造成的结果。从有生物活性的 Cyt-P450 转变为无生物活性的 P420 的过程发生了什么变化还有待于更深入的研究。

3.2　环境温度对 Cyt-P450 和 CO 结合的影响

采用 CO 差光谱的方法测定昆虫组织中的 Cyt-P450 的含量，测量时环境中的温度对 CO 同 Cyt-P450 的结合有着较大的影响。本文研究了温度对棉铃虫中肠和脂肪体线粒体上清液、微粒体以及脂肪体微粒体上清液中的 Cyt-P450 与 CO 结合的影响。在一定的温度范围内，温度越低，Cyt-P450 与 CO 的完全结合需要的时间[即 OD(450～490)值达到最大值的时间]越长，而且 maxA(450～490)与 minA(450～490)的值差别也越大。在环境温度为 21℃时，中肠和脂肪体微粒体以及脂肪体线粒体上清液中的 Cyt-P450 含量达到最大值的时间分别为 24、

14、27.5 min，最大值与最小值的差异在 2～20 倍；当环境温度为 25℃，中肠中的 Cyt-P450 在 14 min 时测定结果达到最大值，脂肪体是在 15 min；脂肪体中 Cyt-P450 是在 32 min 左右；而当环境温度为 17℃，中肠和脂肪体在 43 min 时均未达到最大值。

研究结果表明，通入 CO 后的间隔时间大大影响了 Cyt-P450 的测定结果，Cyt-P450 同 CO 的完全结合需要一定的时间。实验过程中我们还发现，测量过程中的环境温度对 Cyt-P450与 CO 的完全结合有一定的影响，并且环境温度越低，Cyt-P450 与 CO 的完全结合需要的时间越长。本研究比较了在 17℃、21℃、25℃的环境温度下，棉铃虫中肠和脂肪体的线粒体上清液中、微粒体以及脂肪体微粒体上清液中的 Cyt-P450 与 CO 的完全结合需要的时间，以及在测定过程中 OD(450～490)的最大值与最小值的差异倍数，以期能更加准确地采用差光谱测定 Cyt-P450 含量。

3.2.1 不同环境温度对线粒体上清液 Cyt-P450 与 CO 结合的影响

在环境温度为 25℃、21℃和 17℃的情况下，研究了温度对 Cyt-P450 与 CO 完全结合的影响。结果表明，在一定的温度范围内，温度越高 Cyt-P450 与 CO 完全结合所需要的时间越短。以线粒体上清液为研究对象，当环境温度为 25℃，中肠中的 Cyt-P450 在14 min时测定结果达到最大值，脂肪体是在 15 min；环境温度为 21℃，中肠 Cyt-P450 在通入 CO 后 24 min 时，二者完全结合；脂肪体中 Cyt-P450 是在 32 min 左右；而当环境温度为 17℃，中肠和脂肪体在 43 min时均未达到最大值(图 3.4)。

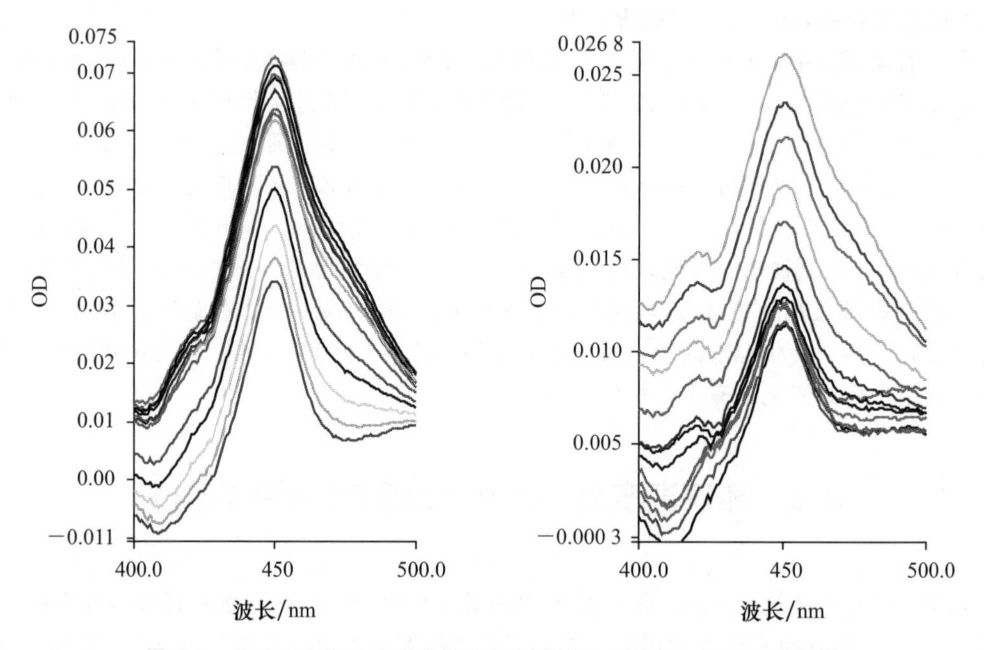

图 3.4 棉铃虫中肠和脂肪体线粒体上清液中 Cyt-P450 CO 差光谱图

环境温度越低，不同的测定时间对 Cyt-P450 的测定结果影响也越大。在 17℃时，不同时间测定的 Cyt-P450 的含量不论是脂肪体还是中肠，最大值与最小值的测定结果的差异均在 4.7 倍以上。在 21℃时，通入 CO 后，不同时间测定的 Cyt-P450 的含量差异，中肠最大值与最小值差异接近2倍,脂肪体接近4倍。在25℃时,中肠和脂肪体中的差异均为1.5倍(图3.5和表3.1)。

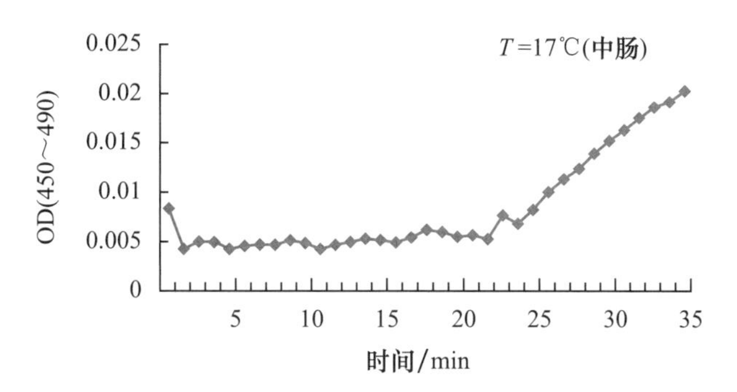

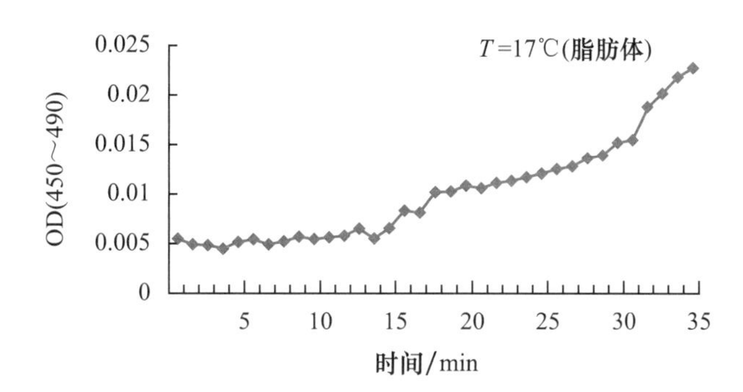

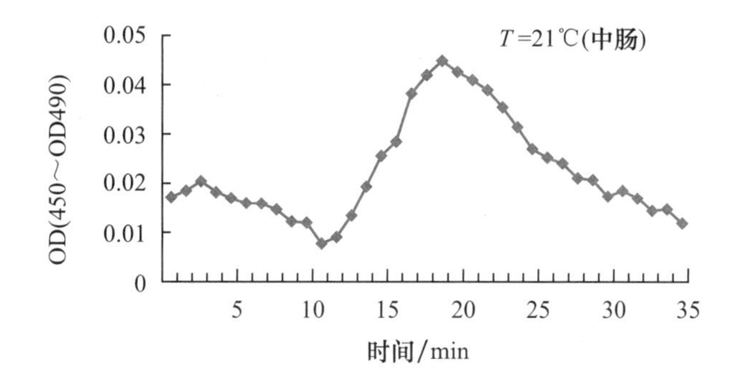

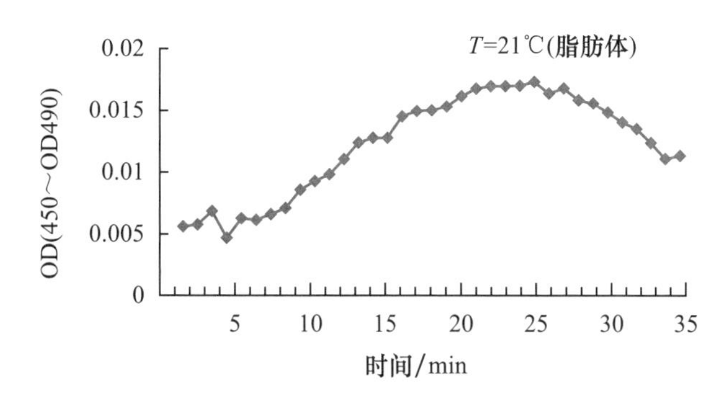

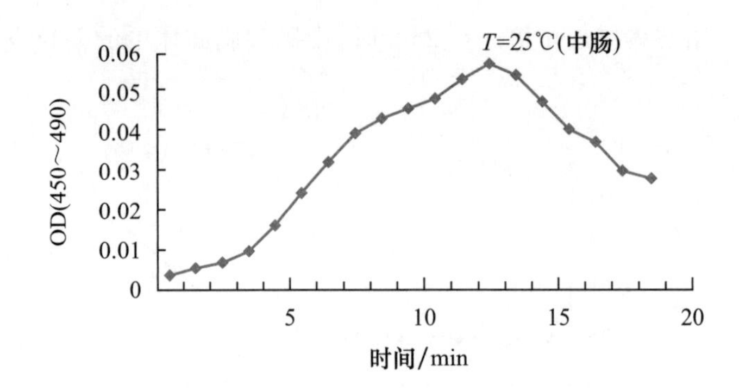

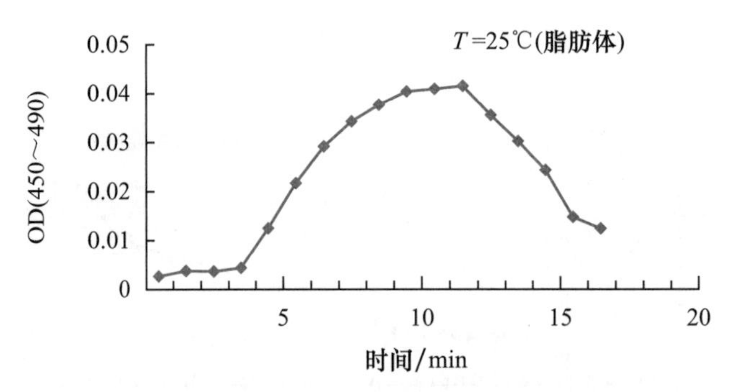

图 3.5　环境温度对棉铃虫中肠和脂肪体线粒体上清液中细胞色素 P450 与 CO 完全结合时间的影响

表 3.1　温度对棉铃虫中肠和脂肪体线粒体上清液中 Cyt-P450 影响的一些参数

温度/℃	中肠					脂肪体				
	T^{a}_{max} / min	OD_{max}	T^{b}_{min} / min	OD_{min}	OD_{max}/OD_{min}	T_{max} / min	OD_{max}	T_{min} / min	OD_{min}	OD_{max}/OD_{min}
17	>43	>0.023 1	4	0.004 8	>4.81	>43	>0.020 3	5	0.004 3	>4.72
21	24	0.047	14	0.025	1.88	32	0.017 22	5	0.004 669	3.69
25	14	0.041 9	1	0.028	1.50	15	0.057	1	0.038	1.5

注：T^{a}_{max}：OD(450～490)达到最大值的时间；T^{b}_{min}：OD(450～490)达到最小值的时间。

3.2.2　不同环境温度对微粒体中 Cyt-P450 与 CO 结合的影响

我们还研究了环境温度对中肠和脂肪体微粒体以及脂肪体线粒体上清液中的 Cyt-P450 含量的影响。在环境温度为 21℃时，不同时间测得的 Cyt-P450 含量达到最大值的时间分别为 24 min、14 min、27.5 min，最大值与最小值的差异在 2～20 倍(图 3.6，表 3.2 和图 3.7)。

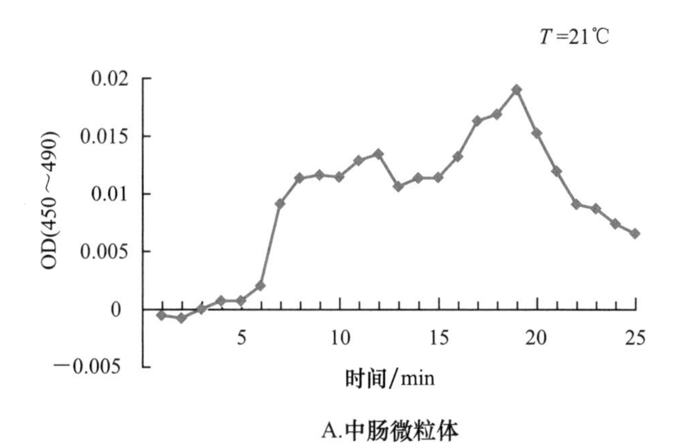

A.中肠微粒体

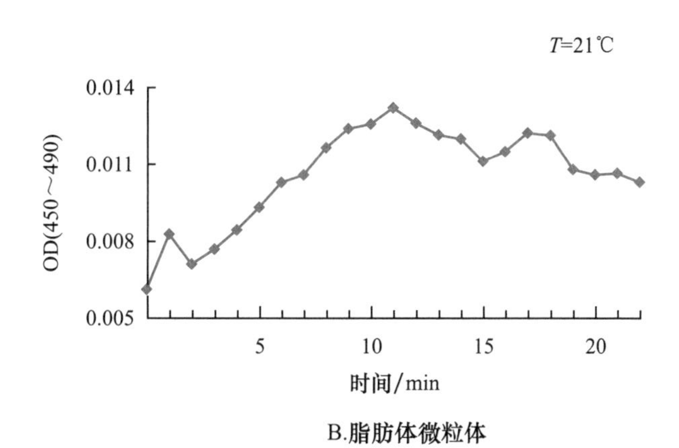

B.脂肪体微粒体

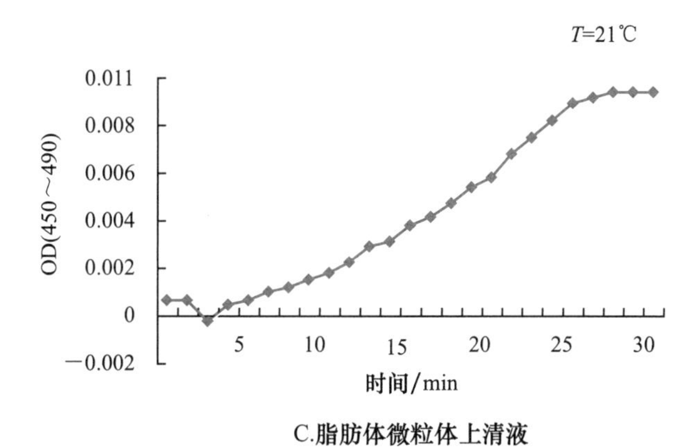

C.脂肪体微粒体上清液

图 3.6 环境温度对棉铃虫中肠和脂肪体微粒体和脂肪体微粒体上清液中 Cyt-P450 与 CO 完全结合时间的影响

表 3.2　温度对棉铃虫中肠和脂肪体微粒体以及脂肪体微粒体上清液中 Cyt-P450 影响的一些参数

参数	中肠微粒体	脂肪体微粒体	脂肪体微粒体上清液
T^{a}_{max}/min	24	14	27.5
A_{max}(450～490)	0.018 9	0.013 183	0.009 284
T^{b}_{min}/min	2.5	1	2.5
A_{min}(450～490)	−0.000 63	0.006 068	−0.029

注：T^{a}_{max}：OD(450～490)达到最大值的时间；T^{b}_{min}：OD(450～490)达到最小值的时间。

3.2.3　讨论

CO 同 NO、氰化物 CN^-、异氰化物 EtNC 一样属于 Cyt-P450 的竞争性抑制剂(Lewis 等，1998)，可与分子氧竞争与血红素铁结合，本研究表明，温度影响着 CO 与血红素铁的结合速率。不同时间测得的 Cyt-P450 的含量差异接近 20 倍，而且环境温度越低，表现出的影响就越大。当环境温度为 17℃时，在室温情况下放置 40 min 以上，CO 与血红素铁还未达到完全结合。另外从本研究结果上可以看出，无论是中肠还是脂肪体中的 Cyt-P450、线粒体上清液、微粒体还是微粒体上清液的 Cyt-P450 都表现出相似的结果，因此我们在从事这方面的研究中，要考虑到影响 CO 与 Cyt-P450 血红素铁的结合，才能得到最为准确的结果。

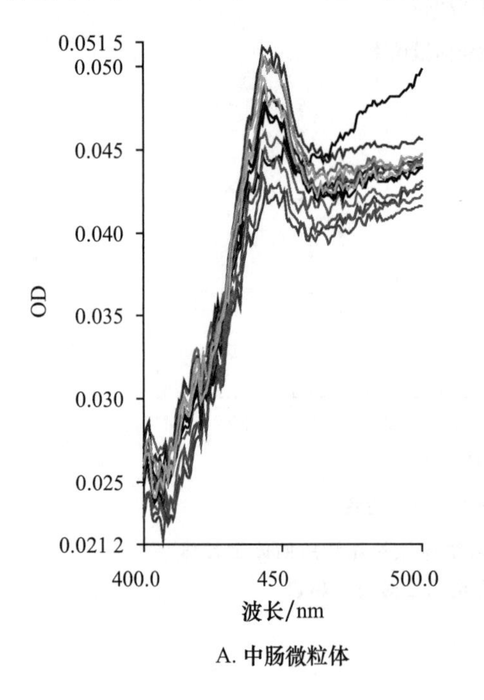

A. 中肠微粒体

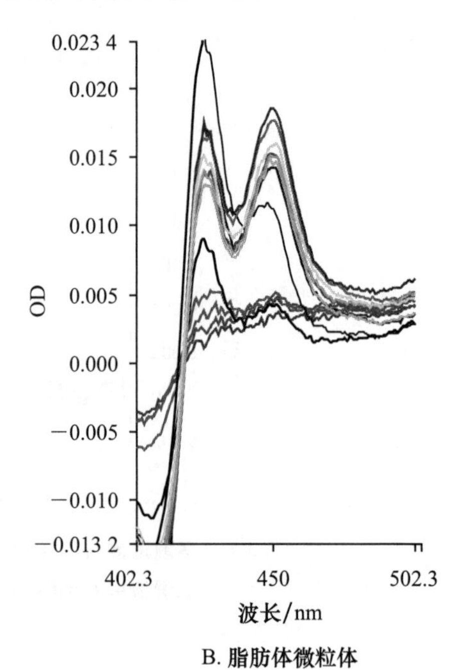

B. 脂肪体微粒体

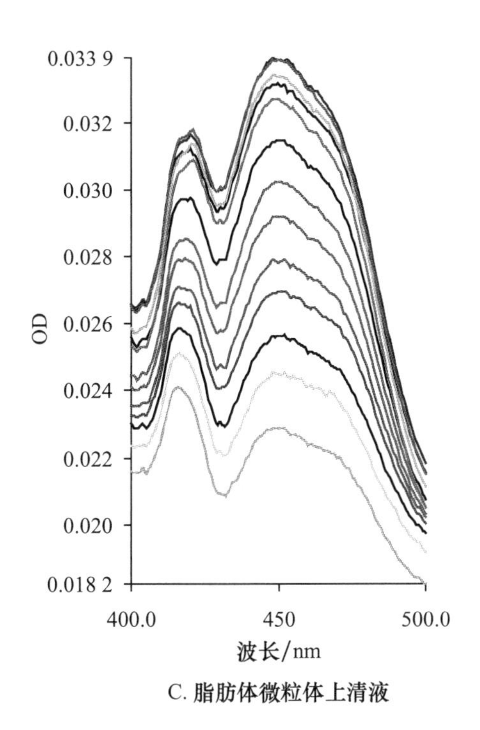

C. 脂肪体微粒体上清液

图 3.7 棉铃虫中肠和脂肪体微粒体以及脂肪体微粒体上清液中 Cyt-P450 CO 差光谱图

3.3 棉铃虫中肠细胞色素 P450 失活的研究

1958 年，Garfinke 和 Klingenberg 在肝脏微粒体中分别独立发现一氧化碳结合色素并在 450 nm 处存在最大吸收峰，被公认为 P450 的发现者。后来，Omura 和 Sato 证实了该色素属于 b 型血红蛋白色素，并且他们根据其 CO 复合体的最大吸收波长将其首次命名为细胞色素 P450(Omura 和 Sato，1964a，b)。还原型的 Cyt P450 与 CO 结合在 450 nm 附近出现吸收峰是 Cyt P450 的定性、定量的重要特性。

随后研究工作者证实底物和酶的结合(Schenkman 等，1967a，b；Schenkman，1970)或者用去垢剂处理(Omura 和 Sato，1962)可以引起索端光谱特征的改变；后来研究还发现，细胞色素 P450 转化为无活性的成分后与 CO 结合在 420 nm 出现最大吸收峰。

金属离子以及非低温的保存会促使 P450 向不具备生物活性的 P420 的转换。镉可以促使细胞色素 P450 向 P420 的转变，有可能其与血红素结合位点的临近位置的硫醇基或羧酸基结合，从而改变了 P450 蛋白的构象。在非低温条件下，有可能也是破坏了 P450 的构象而导致了活性的丧失。本研究在室温条件下，观察了还原型的细胞色素 P450 的 CO 差光谱的最大吸收从 450 nm 向 420 nm 的转变过程中 Cyt-P450 和 Cyt-P450 CO 差光谱以及含量的变化情况。

以棉铃虫六龄幼虫中肠为研究对象，研究了细胞色素 P450 差光谱向细胞色素 P450 CO 差光谱转变过程中的光谱特征的改变，以及 P450 和 P420 量的变化情况。结果表明，P450 在向 P420 转变的过程中，P450 的含量逐渐降低并伴随着 P420 含量的增加，但 P450 减少的量与 P420 增加的量只是在一定的时间上才能重合。从 CO 差光谱上看，在 P450 失活到一定程度后，光谱呈“W”形，虽然，450 nm 处有明显的吸收，但由于 490 nm 处的吸收增加得较快，而导致 P450 的含量计算不出来，相比之下，CO 差光谱在 465 nm 附近的吸收比较稳定。制备的 P450 酶液在 4℃下放置 7 h，其 CO 差光谱在 400～420 nm 之间依次出现吸收峰，而后在 420 nm 出现失活峰，这可能是 Cyt-P450 转变成了衰变形式。

3.3.1 棉铃虫中肠的 Cyt-P450 CO 差光谱及 P420 CO 差光谱的测定

将棉铃虫中肠取出，制备酶液后直接进行 CO 差光谱测定，所得到的光谱在 450 nm 附近出现吸收峰，在 420 nm 没有吸收峰(图 3.8A)。若将该酶液在室温下放置 4 h，重新测定其 CO 差光谱，则在 420 nm 处出现一个明显的吸收(图 3.8B)，这说明 P450 全部转化为不具备生物活性、不可逆的 P420 形式。

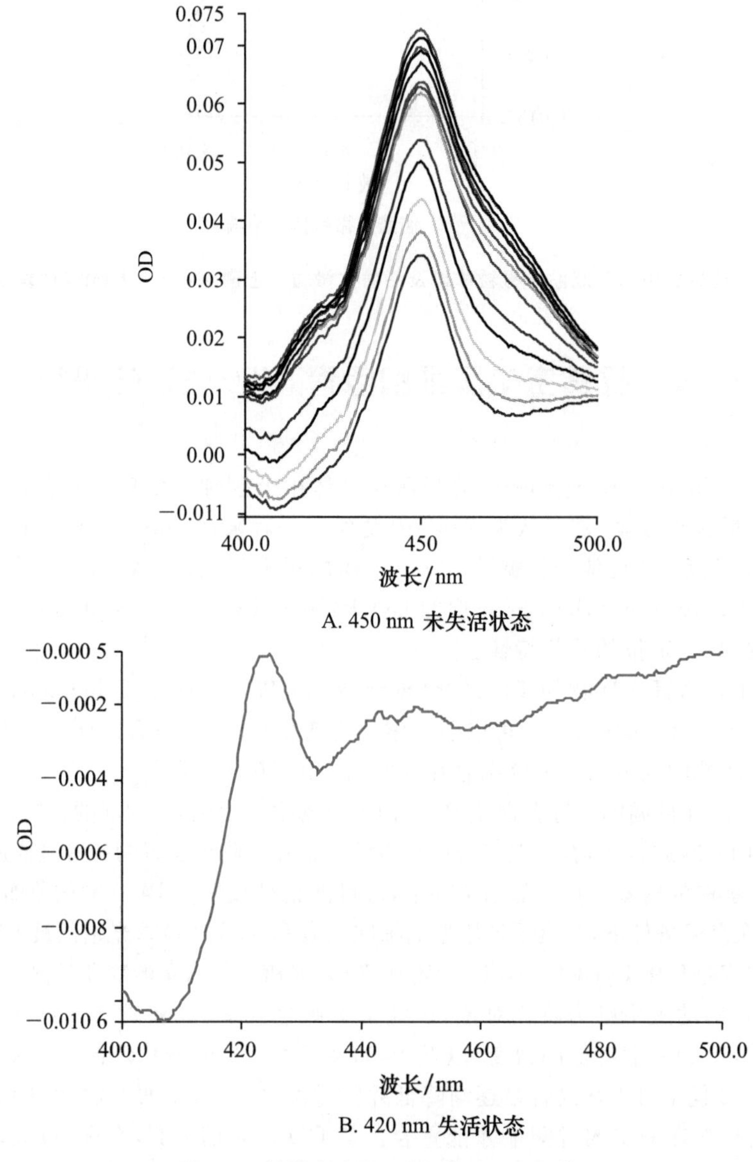

图 3.8 棉铃虫中肠 P450 的 CO 差光谱

3.3.2 棉铃虫中肠的 P450 CO 差光谱向 P420 CO 差光谱转变的研究

3.3.2.1 P450 从完全不失活向部分失活转变光谱特征的变化

将棉铃虫中肠制备液用硫代硫酸钠还原后，通入 CO 直接进行测定，发现测得的 P450 含量是逐渐增加的，到通入 CO 后 28 min 左右 P450 的含量达到最大值(图 3.9 和图 3.10)，以后，随着 P450 即 OD(450～490)值的逐渐降低。而 OD(420～490)的变化趋势则是同 OD(450～490)的变化相反，当 OD(450～490)在 28 min 达到最大值时，OD(420～490)值却最低，这也说明有可能 P420 与 P450 是同一种物质两种光谱表现形式。

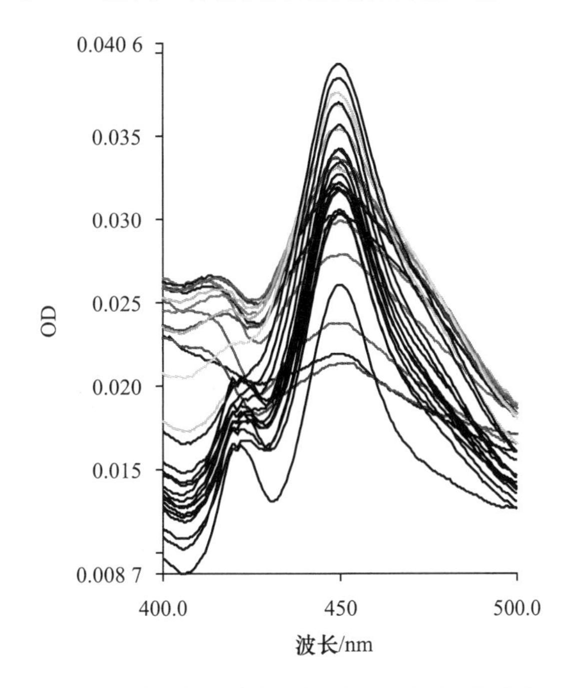

图 3.9 棉铃虫中肠部分失活 P450 的 CO 差光谱

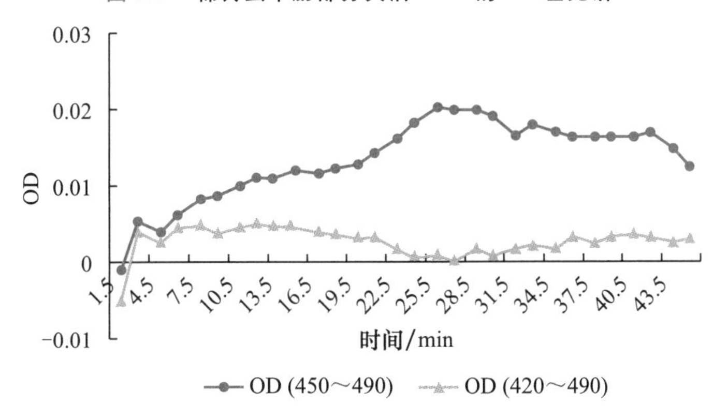

图 3.10 P450 从活化形式到部分失活形式转变过程中 OD(450～490)、OD(420～490)值的相应变化情况

为了进一步研究 P450 向 P420 转变的光谱表现形式，我们又分析了从第 28 分钟后，P450

量的降低和 P420 量的增加程度。按照在 450～490 nm 间的吸光度之差和摩尔吸光系数[91/(mmol · cm)]计算细胞色素 P450 的含量;按照 420～490 nm 间的吸光度之差和摩尔吸光系数[110/(mmol · cm)]计算细胞色素 P420 的含量。从图 3.11 可以看出,除了在 40 min 左右,OD(450～490)/消光系数的减少值二者与 DO(420～490)/消光系数的增加值并不是完全相符,但变化趋势是一致的,这有可能是测量过程中的误差或测量方法本身原因引起的。

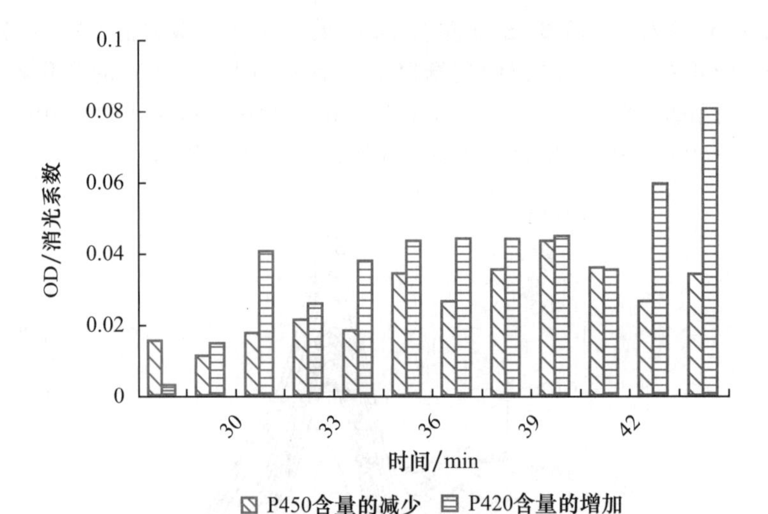

图 3.11　**P450 与 P420 含量的变化**

3.3.2.2　P450 从部分失活向完全失活转变光谱特征的变化

将棉铃虫中肠取出,制备酶液后在冰箱中放置 2 h,在室温条件下连续测定 45 min,由图 3.12 可以看出,随着在室温下放置时间的延长,CO 差光谱在 450 nm 处的吸收逐渐降低,而 420 nm 处的吸收则在逐渐增加。除此之外,490 nm 处的吸收在达到一定时间后也在增加。在 420 nm 以后的光谱呈现出“W”形,图 3.12 为两次实验得到的类似光谱。

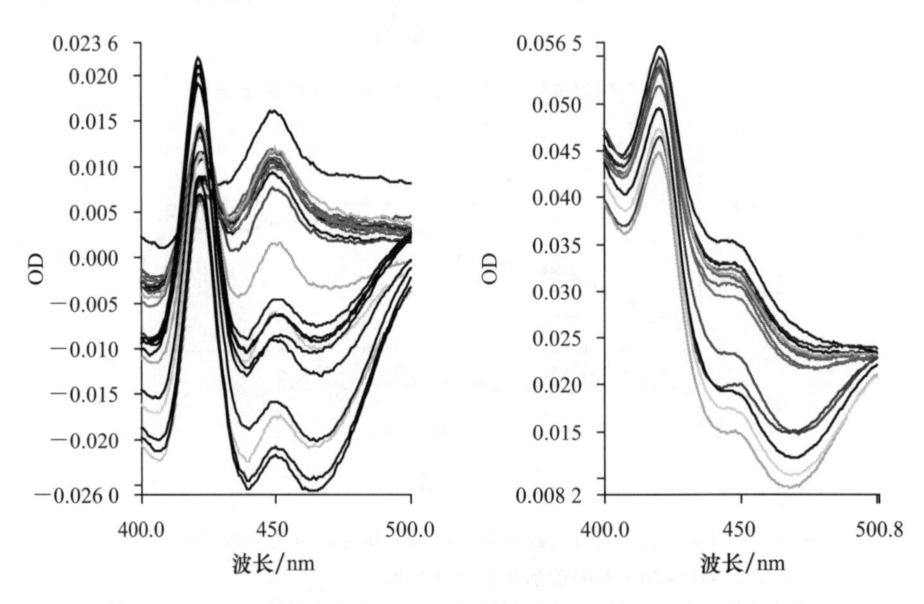

图 3.12　**P450 由部分失活向全部失活转变过程中的 CO 差光谱的变化**

图 3.13 为 P450 从部分失活转变到完全失活过程中,P450 含量和 P420 含量的变化情况。由图 3.13 可以看出,在测量的过程中,P420 的量是一直增加的,这可能是 P450 在向 P420 转变导致的。然而,按照 Omura 和 Sato(1964b)的方法 P450 的含量在测量的第 21 分钟左右,已经为 0,P420 的含量应该达到最大值,这可能是由于这种计算方法在一定时间后计算不出 P450 含量的结果。

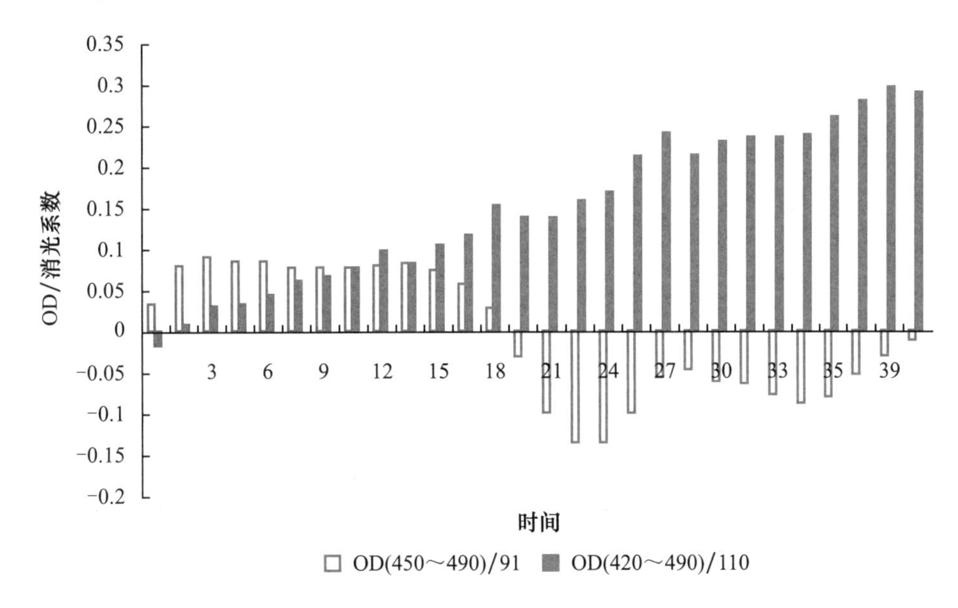

图 3.13 P450 从部分失活到全部失活过程中 P450 和 P420 含量的变化

3.3.3 4℃长时间保存对 P450 光谱的影响

上面是在室温下放置 4 h 对 P450 差光谱的影响,实验过程中我们还发现,在 4℃的条件下保存酶液 7 h,其 P450 差光谱也表现出比较有意思的现象,就是在 P420 出现吸收峰之前,在小于 420 nm 的位置上随通入 CO 后不同的测量时间还依次出现几次吸收峰(图 3.14)

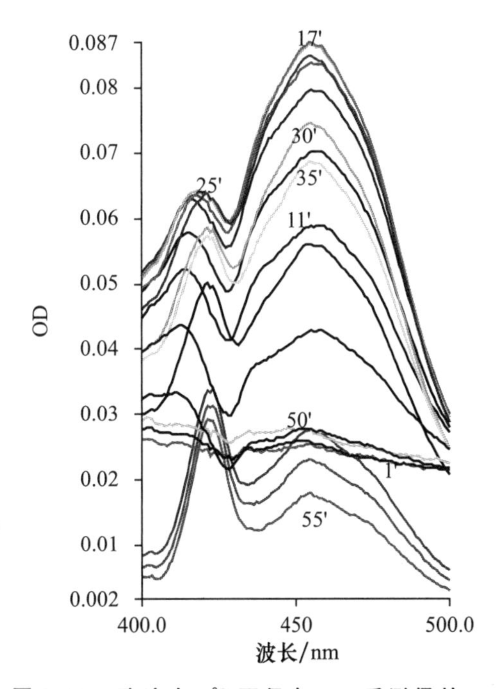

图 3.14 酶液在 4℃下保存 7 h 后测得的 P450 CO 差光谱图

3.3.4 讨论

从图 3.13 可以看出,在 P450 失活以前 OD(450～490)值是一直增加的,对应的光谱上也未出现 P420 的吸收峰,当达到 28 min 左右测得 P450 含量达到最大值,OD(450～490)值开始有所下降,而伴随着 OD(420～490)值的升高,但 OD(450～490)值的减少量是否与 OD(420～490)值的增加量一致，为此，我们又比较了 28 min 的 OD(450～490)值与 28 min 之后的 OD(420～490)值之差与 28 min 之后的 OD(420～490)值与 28 min 时的 OD(420～490)值之差，结果发现二者的变化趋势相似，但未完全重合，这可能与测量的误差有关。

一般来讲，细胞色素 P450 向 P420 转变的过程中，只是一种物质的两种形式之间的转换，不会引起总数量的改变。当根据波长在 450～490 nm 间的吸光度之差 A OD(450～490)和摩尔吸光系数[91/(mmol·cm)]来计算细胞色素 P450 的含量，在测定的第 20 分钟时，P450 的含量为 0(OD450～OD420＝0)，这时，P420 的含量应达到最大值(图 3.13)。但结果不是这样的，P420 的含量还在增加。而且从图 3.12 可以看出，450 nm 处一直有一个明显的吸收，只是由于 490 nm 处的吸收增加才导致 P450 含量测不出，而 465 nm 处的吸收随时间 P450 向 P420 的转变过程中变化不大。

在棘皮动物中，波罗地海海星(*Asterias rubens*)和海胆(*Echinus esculentus*)的幽门盲囊的胞质溶胶和微粒体部分以及其他无脊椎动物中(软体动物、甲壳类动物)的 CO 差光谱在 418 nm 还存在一个吸收峰，并且有人认为该物质可能并不是 P450 而是一种衰变物质，而且是由于在恶劣环境中蛋白质降解的产物(Livingstone，1991；Besten 等，1990)。本研究在 4℃下保存酶液 7 h 后测定 CO 差光谱发现，在小于 420 nm 处还出现一个吸收峰，而后在 420 nm 开始出现吸收，而在后面研究的 2-十三烷酮处理后的棉铃虫也出现类似的情况，确切的原因还需要进一步的研究。

从 P450 转变成 P420，一种合理的解释就是由于半胱氨酸的硫(—S—)配基通过质子化作用转变成了—SH(Hill 等，1970)。另外一种不同的解释是这种非活化形式的 P450 的形成是由于邻近残基的作用而导致血红素的连接，如组氨酸、精氨酸等(Pratt 等，1995)。金属镉离子可以促进 P450 向 P420 的形式转变，有可能是镉参与结合到血红素结合位点邻近的硫醇或羧酸基团，从而影响了蛋白质的构象(Lewis，1996)。研究 P450 向 P420 转变的机制，一方面有助于筛选 P450 的抑制剂；另一方面也有助于加深对 P450 生化特征的了解。

3.4 棉铃虫细胞色素 P450 的不同组织以及亚细胞分布

细胞色素 P450 是广泛存在于各种生物体内的单加氧酶系，真核生物中负责解毒代谢的单加氧酶系主要存在细胞的内质网上，主要成分是细胞色素 P450 蛋白、NADPH 细胞色素 P450 还原酶作为电子供体，有时依照参与催化反应的类型也需要细胞色素 b5 的参与提供电子(Scott，1999)。细胞色素 P450 单加氧酶系主要参与 I 相代谢反应，可以降低内源和外源化合物的脂/水分配系数而更易排出。化合物的分子质量可以是小到 36 u 的乙醇、平面的芳香多环碳烃化合物如苯并芘(252 u)以及向红霉素等大环内酯化合物(734 u)(Stoilovl 等，2001)。各种动物器官中的单加氧酶系主要分布于外源化合物进入体内的主要入口的组织。例如在哺乳动物中，细胞色素 P450 最丰富的器官是氧化作用的主要场所——肝脏，其次肺、鼻腔黏膜、皮肤、肠道中血小板的含量都很高(夏世钧和吴中亮，2001)。在鱼中也是如此，主要分布于肝、肾和鳃。现一般认为昆虫经口进入的外源化合物(包括毒剂)主要对透表皮的接触毒剂进行解毒。细胞色素 P450 单加氧酶系的微妙分布可以最有利于发挥其功能。

触杀性杀虫剂要经过表皮、脂肪体等部位才能进入昆虫体内，而肠则是昆虫代谢经口进入昆虫体内的有毒化合物的主要部位。研究棉铃虫不同组织部位 Cyt-P450 及其光谱特征的分布对于指导农药的研制和使用具有一定的意义。

以棉铃虫六龄幼虫为对象，研究了头、体壁、中肠和脂肪体等部位的亚细胞（线粒体上清液、微粒体、微粒体上清液）分布情况。结果表明头、中肠、脂肪体、体壁都有细胞色素 P450 的分布，并且 P450 比含量从大到小的排列次序为：中肠＞脂肪体＞体壁＞头。头中线粒体上清液中测到了细胞色素 P450 的含量，微粒体和微粒体上清液中没有得到典型的 CO 差光谱图。不同组织中，体壁和脂肪体的线粒体上清液、微粒体、微粒体上清液中都测到了细胞色素 P450 的含量，中肠微粒体上清液没有测到 P450 含量。并且各个组织中微粒体中细胞色素 P450 的比含量最高。

3.4.1 不同组织部位不同亚细胞结构的 CO 差光谱图

3.4.1.1 中肠部位不同亚细胞部位的 CO 差光谱

图 3.15 可见，棉铃虫中肠部位的线粒体上清液、微粒体的 CO 差光谱在 450 nm 都有一个典型的吸收峰，而微粒体上清液的 CO 差光谱图在 450 nm 处也有吸收，但在 490 nm 处的吸收要更高一些，按照 450 nm 与 490 nm 之间的摩尔消光系数计算不出 P450 的含量。

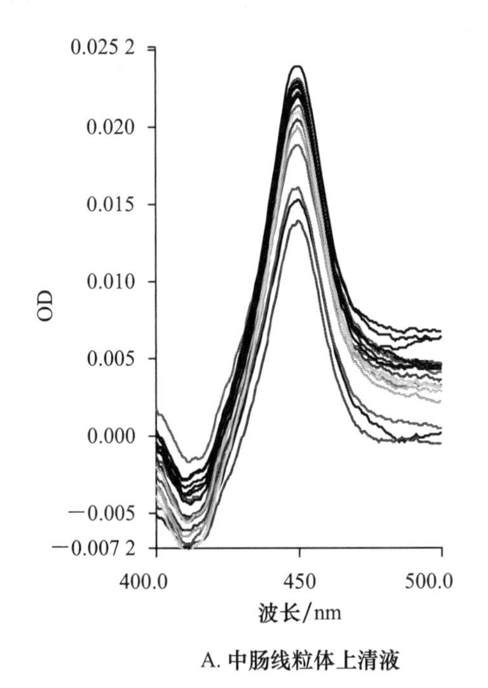

A. 中肠线粒体上清液

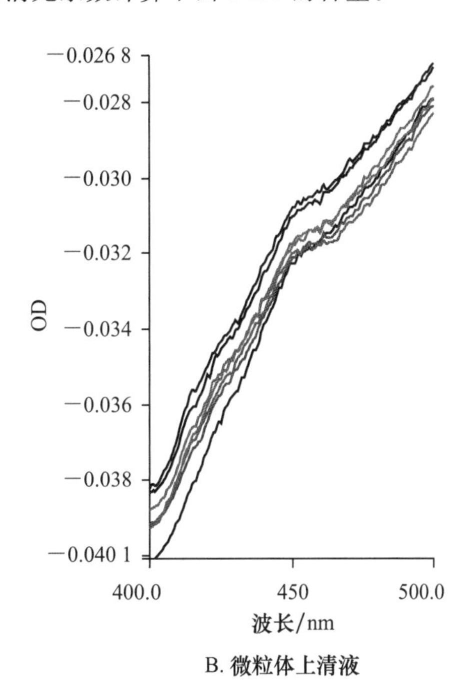

B. 微粒体上清液

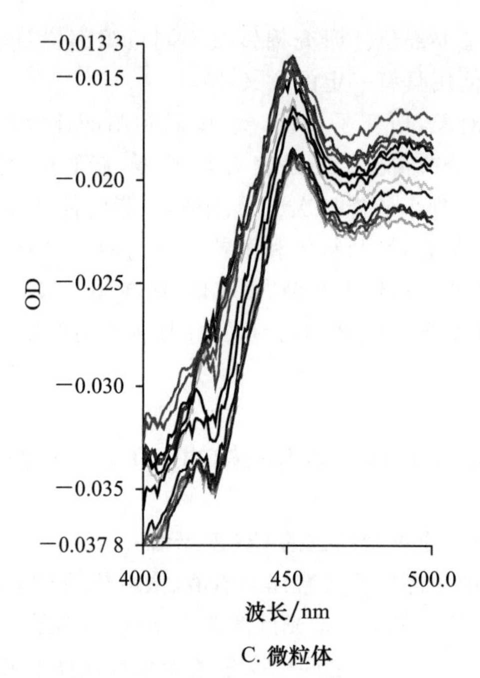

C. 微粒体

图 3.15 棉铃虫六龄幼虫中肠不同亚细胞部位的 CO 差光谱

3.4.1.2 脂肪体部位不同亚细胞部位的 CO 差光谱(图 3.16)

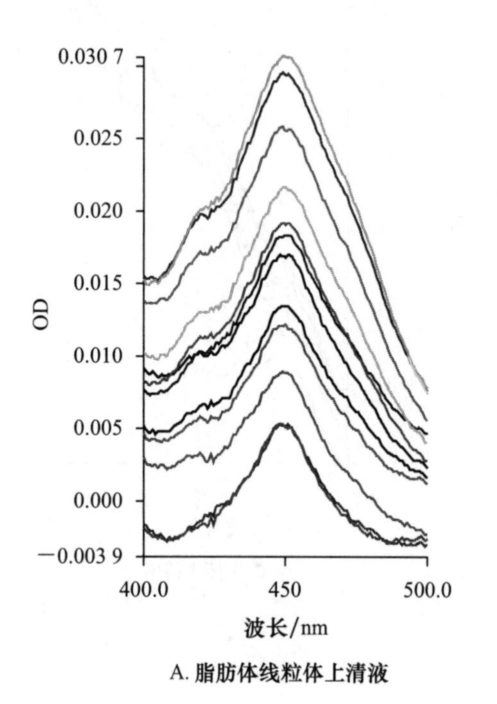

A. 脂肪体线粒体上清液

0.059 1
0.055
0.050
0.045
0.040
0.035
0.030
0.026 6
OD
400.0
450
500.0
波长/nm

B. 微粒体上清液

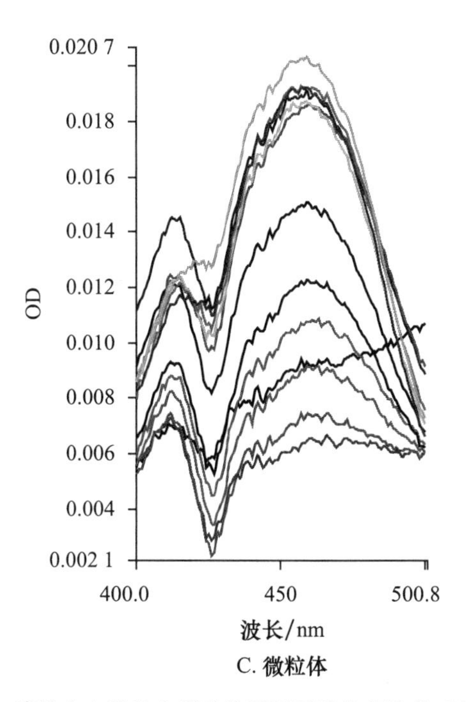

C. 微粒体

图 3.16 棉铃虫六龄幼虫脂肪体不同亚细胞部位的 CO 差光谱

3.4.1.3 棉铃虫六龄幼虫头和体壁线粒体上清液细胞色素 P450 CO 差光谱

由图 3.17 可以看出，棉铃虫六龄幼虫头和体壁中线粒体上清液 CO 差光谱，在 450 nm 处都有一个吸收，但是体壁的光谱图在 414 nm 处还有一个吸收。通过进一步离心，头部的微粒体和微粒体上清液没有出现 P450 CO 差光谱的典型光谱图。

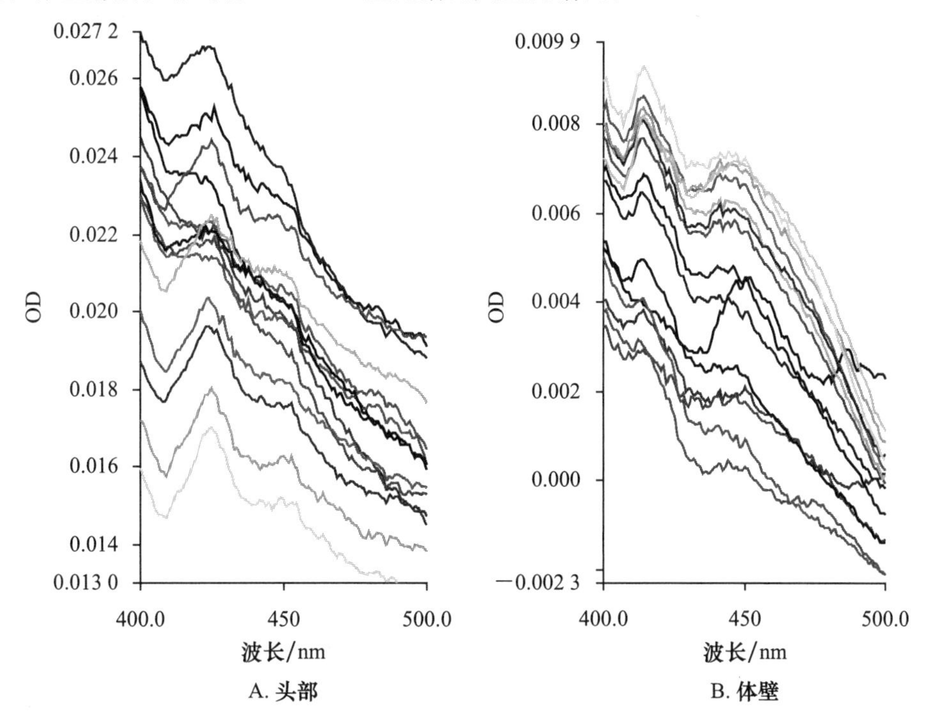

图 3.17 棉铃虫六龄幼虫和体壁中线粒体上清液细胞色素 P450 CO 差光谱图

3.4.2 不同组织部位细胞色素 P450 的含量

表 3.3 可见，棉铃虫六龄幼虫细胞色素 P450 的比含量在不同的组织部位差异比较大，在线粒体上清液中，中肠＞脂肪体＞体壁＞头，在微粒体中，中肠＞脂肪体＞体壁。值得注意的是在微粒体上清液中脂肪体和体壁中测到了 P450 的存在，而在中肠和头部中并没有得到典型的 CO 差光谱图。

表 3.3 棉铃虫六龄幼虫细胞色素 P450 不同组织的比含量及其亚细胞分布 nmol/g 蛋白

组织与部位	线粒体上清液	微粒体		微粒体上清液	
		比含量	分布/%	比含量	分布/%
中肠(含马氏管)	76.85(7.8)	186.42(6.5)	100	N.D.	0
脂肪体(含体液)	27.36(3.35)	80.57(10.43)	84.07	15.27(2.63)	15.93
体壁	10.55(1.63)	11.32(2.38)	57.20	9.47(2.25)	42.80
头	5.36	N.D.		N.D.	

注：N.D.：not detected，本实验室条件下未能检测到活性。

表 3.4 结果为每头棉铃虫六龄幼虫中肠和脂肪体线粒体上清液中的细胞色素 P450 的含量，中肠为 64.76，而脂肪体中的高于中肠中，这主要是由于每头棉铃虫中的脂肪体的生物量要高于中肠的生物量。

表 3.4 每头棉铃虫六龄幼虫中肠和脂肪体的细胞色素 P450 含量

组织部位	细胞色素 P450 含量/(nmol/头)(±SEM)	倍数
中肠	64.76(5.37)	1
脂肪体	80.93(7.56)	1.25

3.4.3 讨论

细胞色素 P450 是生物代谢外来化合物最重要的酶系之一，由本研究可见，棉铃虫中肠中高 Cyt-P450 比含量是有利于昆虫代谢经口进入体内有毒化合物，而体壁和脂肪体中的 Cyt-P450 则有利于代谢经体壁进入体内的有毒物质，虽然本研究表明棉铃虫中肠中的 Cyt-P450 比含量[线粒体上清液(76.85±7.8)和微粒体上清液(186.4±0.16)pmol/g 蛋白]高于脂肪体[线粒体上清液(27.36±3.35)和微粒体上清液(80.5±10.43)pmol/g 蛋白]，但由于棉铃虫脂肪体中总蛋白的含量远远高于中肠(未发表结果)，要比较中肠和脂肪体中 Cyt-P450 的含量，从比含量上的差异不能反映真实情况，以每头棉铃虫中的 Cyt-P450 量更好。脂肪体中的生物量比较大，体积是中肠的 2～3 倍，而且每头脂肪体中蛋白质的含量为中肠的 2～3 倍，虽然脂肪体中细胞色素 P450 的比含量低于中肠，但是总含量要高于中肠，表明其在代谢中也发挥着重要的作用。因此，脂肪体中 Cyt-P450 的绝对含量并不低，一些触杀性杀虫剂进入体内达到作用靶标之前要通过体壁和脂肪体的双层阻隔。生物活性高的农药加工过程中也应选用好的助渗剂才能到达害虫的作用靶标。

昆虫的不同组织具有不同的生理功能，细胞色素 P450 单加氧酶系是昆虫体内的重要解毒酶系。在昆虫中，中肠、脂肪体和马氏管，这些组织都是以食料进入体内或由表皮透入体内的化合物的第一道防线。本研究也证实棉铃虫六龄幼虫中肠(含马氏管)、脂肪体和体壁中均有细胞色素 P450 的分布。而且，中肠中的比含量最高，这也可能因为，肠道是昆虫食物消化的主要场所，食物中除了含有一些昆虫维持正常的生长发育和代谢所需要的营养物质外，还含有一些对昆虫生长发育的有毒物质。肠道中高含量的细胞色素 P450 的存在有利于对这些有毒物质的快速有效的代谢。脂肪体微粒体上清液含有一部分 P450，而中肠微粒体上清液中则测不到，是否是由于脂肪体含有大量的体液。

据邱星辉(2000)的报道，棉铃虫六龄幼虫对对-硝基苯甲醚 O-脱甲基酶的活性以中肠和脂肪体中较高，而在前肠、后肠和马氏管等组织中相对较高，在体壁中存在一定的艾氏剂环氧化酶活性而没有 O-脱甲基活性。这同本研究结果基本一致。除此之外，本研究发现棉铃虫的头部也含有少量的细胞色素 P450。

昆虫中的单加氧酶在昆虫许多组织中均可发现。中肠、脂肪体、马氏管中具有较高的活性(Hodson，1983)，但个别 P450s 的表达是变化的(Scott 等，1998)。例如 CYP6D1 在整个家蝇中均可发现(Korytko 和 Scott，1998；Scott 和 Lee，1993)，而果蝇中的 *Cyp6A2* 却最优先表达于中肠中，其次是脂肪体和马氏管(Brun 等，1996)。

单加氧酶活性水平和 P450 水平在大部分昆虫的发育中都有较大的变化。一般来讲，在卵中检测不到 P450 的活性，在每一龄中有上升和降低的现象，蛹中未发现，在成虫较高(Agosin，1985)。P450 的表达在生活阶段之内或之间都有变化(Cohen 和 Feyereisen，1995；Scott 等，1998，1996；Snyder 等，1995)。P450 还原酶和细胞色素 b5 在整个生活阶段都可表达。

3.5　棉铃虫田间种群和室内种群细胞色素 P450 与配体结合光谱研究

多功能氧化酶(又称单加氧酶)系统是生物体内脂肪酸、生物碱、激素等内源化合物以及药物、植物毒素、杀虫药剂等外源性化合物的重要代谢系统。细胞色素 P450 是多功能氧化酶系统中的末端氧化酶，具有活化氧分子和与底物结合的双重功能(Stegeman 和 Livingstone，1998)。不同的 P450s 具有不同的底物谱。例如，CYP1A1 可以代谢超过 20 种底物，而 CYP7A1 只有一种已知的底物。但是，不同的 P450s 间具有明显的底物重叠性，因此一种底物可以被多种 P450s 所代谢。不同的 P450s 对同一底物的代谢产物种类和数量也有可能不同(Rendic 和 Carlo，1997)。

P450 与配体结合光谱的变异常作为生物体内 P450 定性的指标之一。在一些昆虫中发现，杀虫药剂、植物次生性物质等外源性化合物可以诱导 P450 与配体结合光谱的变化。P450 活性的改变也是害虫产生抗药性的主要机制。本研究以棉铃虫实验室种群和田间种群为对象，比较研究了棉铃虫中肠和脂肪体细胞色素 P450 的含量及其与几种标准配体(底物)形成的结合光谱，为进一步研究棉铃虫细胞色素 P450 功能以及如何通过调控 P450 表达，治理棉铃虫的抗药性、协调化学防治和抗虫品种提供依据。

以实验室和田间棉铃虫种群为对象，比较研究了中肠和脂肪体中细胞色素 P450 的含量以及与标准配体正丁醇、吡啶、苯胺、环己烷形成的氧化型结合光谱。田间种群中肠 P450 与 CO 结合光谱的最大吸收峰为(450.0±0.07) nm，脂肪体 P450 与 CO 结合光谱的最大吸收峰在(450.5±0.12) nm；实验室种群中肠 P450 的 CO 结合光谱最大吸收峰在(449.2±0.15) nm，脂肪体 P450 的 CO 结合光谱的最大吸收峰在(449.04±0.05) nm；田间棉铃虫种群的中肠和脂肪体 P450 与吡啶、苯胺形成Ⅱ型光谱，与环己烷形成Ⅰ型光谱，中肠 P450 与正丁醇形成双峰双谷的光谱，脂肪体与正丁醇形成的光谱最大吸收峰在 407 nm，波谷在 425 nm。实验室棉铃虫中肠 P450 与吡啶、苯胺形成Ⅱ型光谱，与环己烷不形成典型的Ⅰ型光谱，仅在422 nm处形成一波谷；脂肪体 P450 与吡啶仅形成Ⅱ型光谱。

3.5.1 棉铃虫田间种群和实验室种群对 3 种药剂的敏感度

采用叶片药膜法测定了两个棉铃虫品系对溴氰菊酯、辛硫磷、灭多威 3 种不同类型的杀虫剂。表 3.5 显示，两个棉铃虫种群对 3 种类型的药剂的敏感度差异不大，倍数在 1～2 倍。

表 3.5 两个棉铃虫种群对 3 种杀虫药剂的敏感度

药剂名称	试虫数	种群	致死中浓度 LC_{50}/(mg/L)	95%置信区间	斜率
溴氰菊酯	420	田间	231.1	124.2～505.2	1.434±0.215
	420	室内	167.6	121.7～244.9	1.580±0.277
辛硫磷	360	田间	975.8	723.2～1 331.9	1.620±0.227
	420	室内	574.09	443.2～757.0	1.945±0.250
灭多威	420	田间	325.3	228.4～510.4	1.315±0.215
	420	室内	307.0	227.9～424.9	1.744±0.286

3.5.2 细胞色素 P450 含量测定

表 3.6 显示出河北邯郸田间棉铃虫种群和实验室种群中肠细胞色素 P450 每毫克蛋白的含量分别为0.064 nmol和 0.063 nmol，明显高于脂肪体细胞色素 P450 的含量(分别为 0.020 nmol 和 0.012 nmol)。田间棉铃虫种群脂肪体 P450 含量是实验室种群的 1.67 倍，中肠细胞色素 P450 的含量相同。可能与田间种群比实验室种群接触到更多的外源性物质有关。

表 3.6 两个棉铃虫种群中肠和脂肪体细胞色素 P450 含量比较

种群	细胞色素 P450 中肠	倍数	细胞色素 P450 脂肪体	倍数*
实验室种群	0.063 3±0.015	1	0.012 4±0.003 5	1
田间种群	0.063 8±0.020 3	1.01	0.019 5±0.005	1.57

注：* 倍数＝棉铃虫田间种群细胞色素 P450 的含量/棉铃虫实验室种群细胞色素 P450 的含量。

3.5.3　棉铃虫中肠和脂肪体细胞色素 P450 CO 结合光谱

通过多次扫描测得河北邯郸田间棉铃虫种群中肠细胞色素 P450 还原型与 CO 的结合光谱最大吸收为(450.0±0.07) nm,脂肪体 P450 与 CO 结合光谱的最大吸收峰在(450.5±0.12) nm(表 3.7);实验室种群中肠 P450 的 CO 结合光谱最大吸收峰在(449.2±0.15) nm,脂肪体 P450 的 CO 结合光谱的最大吸收峰在(449.04±0.05) nm;图 3.18 中 A 和 B 分别为实验室种群中肠和脂肪体氧化型细胞色素 P450 通入 CO 后的第 1、6、11、16、21、26、31、36 次的扫描图。

表 3.7　棉铃虫 CO 差光谱的最大吸收 λ_{max}

组织	最大吸收 λ_{max}/ nm	
	田间种群	实验室种群
中肠	450.0±0.07	449.2±0.15
脂肪体	450.5±0.12	449.04±0.05

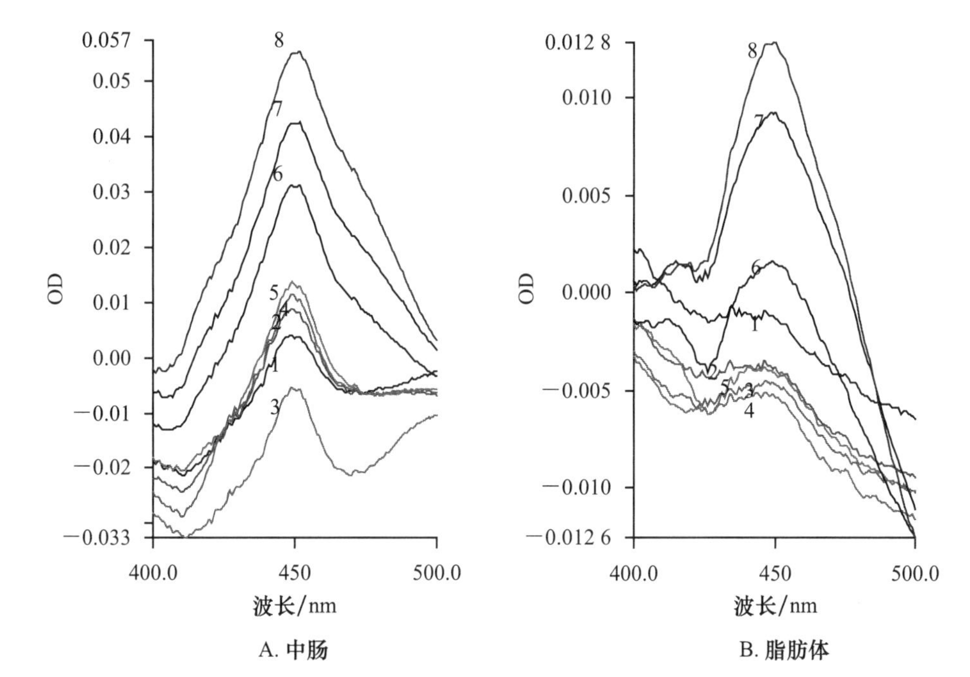

图 3.18　实验室种群棉铃虫六龄幼虫中肠细胞色素 P450 还原型与 CO 结合光谱

图中的数字表示通入 CO 后,每隔 5 min 的扫描图。

3.5.4　棉铃虫中肠和脂肪体氧化型细胞色素 P450 与配体的结合光谱

河北邯郸田间棉铃虫种群中肠和脂肪体氧化型细胞色素 P450 与吡啶、苯胺形成典型的Ⅱ型光谱,与环己烷形成典型的Ⅰ型光谱,中肠 P450 与正丁醇形成双峰双谷的光谱,除了在 383 nm 和 398 nm 存在一个吸收峰和吸收谷以外,在 413 nm 和 423 nm 还分别存在一个吸收峰和吸收谷(图 3.19),而脂肪体与正丁醇形成的光谱仅存在一个波峰和一个波谷,分别在

407 nm和425 nm附近(图3.20)。实验室棉铃虫中肠P450与吡啶、苯胺形成Ⅱ型光谱,与环己烷不形成典型的Ⅰ型光谱,仅在422 nm处形成波谷;脂肪体P450仅与吡啶形成Ⅱ型光谱,与其他3种底物没有形成特征光谱。

表3.8显示出两个棉铃虫种群中肠和脂肪体的P450与底物形成的特征光谱的特征峰和特征谷的位置有所不同,同一棉铃虫种群的中肠和脂肪体部位的配体光谱的最大吸收峰和最小吸收峰的位置也有所差异,可能与不同部位的P450存在不同的活化位点有关。

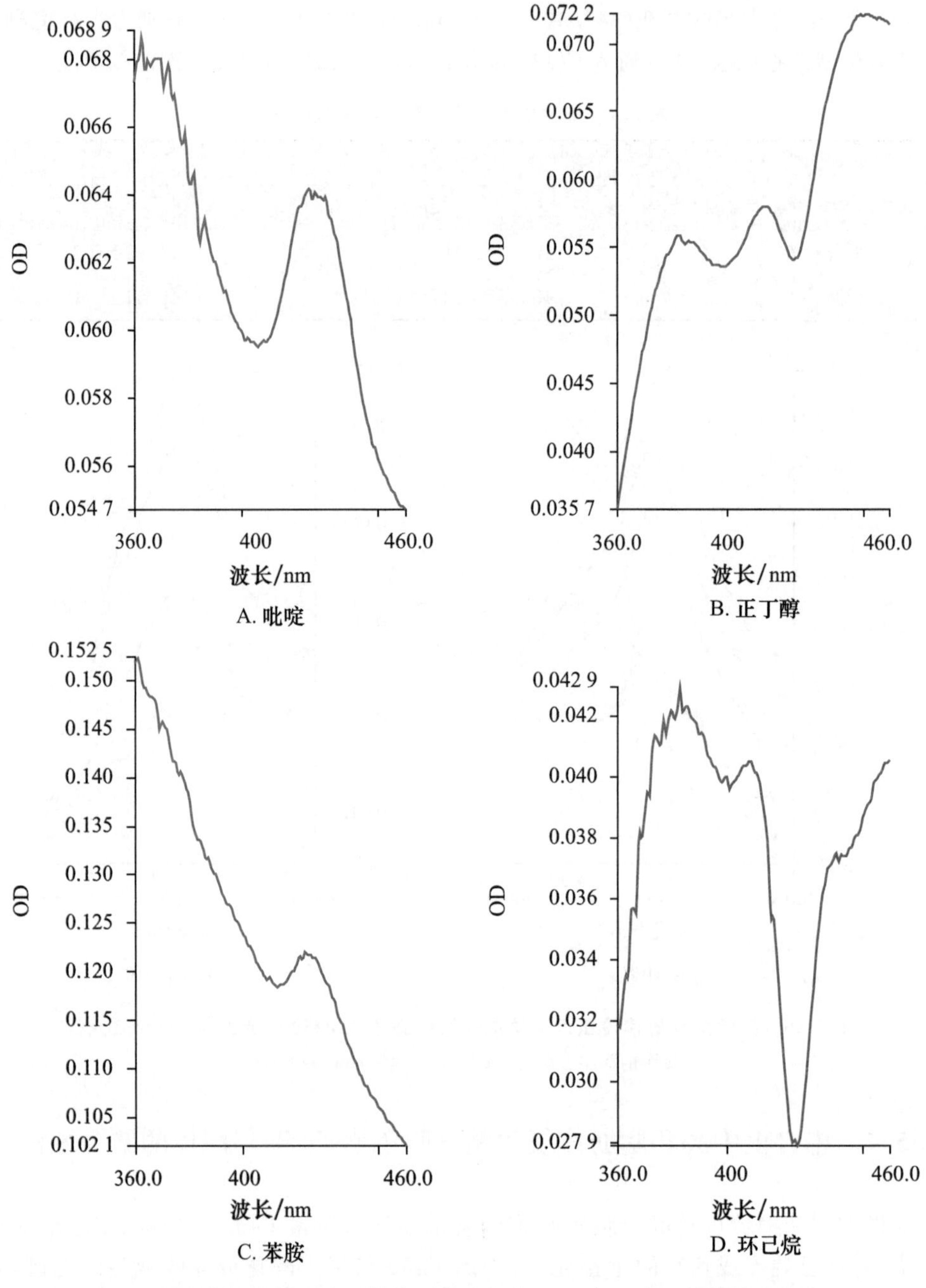

图3.19 棉铃虫田间种群中肠氧化型细胞色素P450与4种配基的结合光谱

除了吡啶在加入到酶液后3 min开始测量外,其余的3种6 min开始测量。

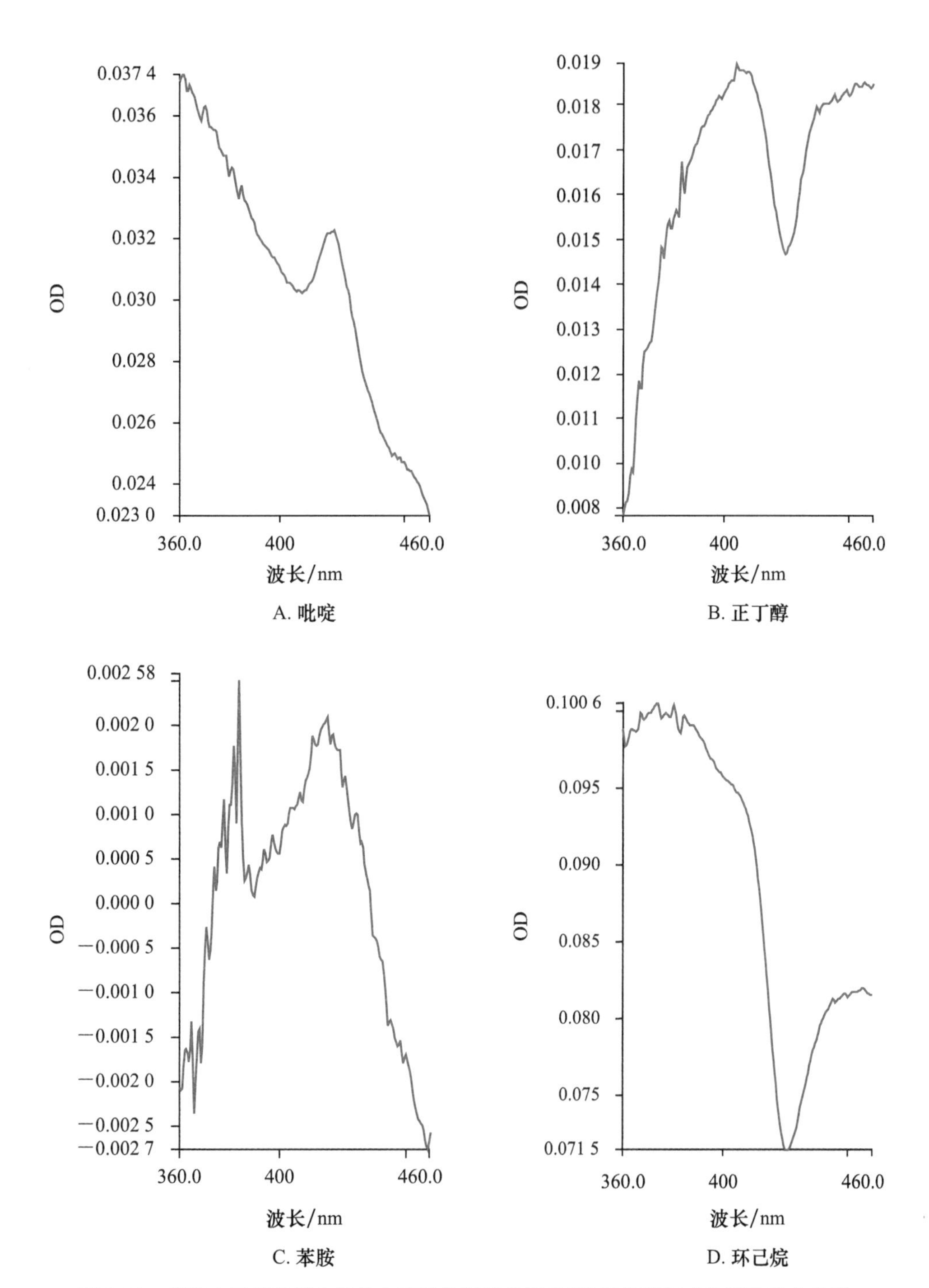

图 3.20 棉铃虫田间种群六龄幼虫脂肪体细胞色素 P450 氧化型与 4 种配体结合光谱

除了吡啶在加入到酶液后 3 min 开始测量外，其余的 3 种 6 min 开始测量。

表 3.8 棉铃虫中肠和脂肪体与 4 种配体的差光谱参数 nm

配体	实验种群						田间种群					
	中肠			脂肪体			中肠			脂肪体		
	类型	λ_{max}	λ_{min}	类型	λ_{max}	λ_{min}	类型	λ_{max}	λ_{min}	类型	λ_{max}	λ_{min}
正丁醇		4	42	N. D.				38	39		40	42
		16	5					3	8		7	5
								41	42			
								3	3			
吡啶	Ⅱ	4	40	Ⅱ	40	42	Ⅱ	42	40	Ⅱ	41	40
		26	1		4	7		7	4		8	5
环己烷			42	N. D.			Ⅰ	38	42	Ⅰ	43	42
			2					3	6		3	6
								43				
								8				
苯胺	Ⅱ	4	41	N. D.			Ⅱ	41	42	Ⅱ	38	44
		23	3					2	5		4	4

3.5.5 讨论

田间棉铃虫中肠 CO 差光谱的最大吸收值(450.0±0.07) nm 与实验室种群中肠的 CO 差光谱的最大吸收值(449.2±0.15) nm,相差 1 nm 左右。在对抗性家蝇和敏感家蝇的比较研究中也发现了类似的现象,抗性家蝇品系 P450 与 CO 差光谱的最大吸收峰在 449 nm,敏感品系的最大吸收峰在 451 nm(Hodgson 和 Jate,1976)。

田间种群和实验室种群的中肠和脂肪体的底物结合光谱则有较大的差异。底物与细胞色素 P450 的相互作用伴随着光谱特征的改变,这可用来指示底物与酶的结合特性和所谓的配体结合类型,配体和细胞色素 P450 结合后引起的光谱特征的改变可以作为区分不同 P450 种类的活化作用位点的方法(David,1995)。细胞色素 P450 的重要特性之一就是多样性,在生物体内是一个超基因家族,据估计在黄猩猩体内拥有 80 种 P450 基因。棉铃虫 P450 与不同配体的结合光谱表明,田间种群和室内饲养种群体内的 P450 有可能具有不同的活化位点,从而形成了不同的底物结合光谱。中肠和脂肪体中 P450 与底物形成的光谱也有所不同,不同的组织部位,细胞色素 P450 的表达也可能有所差异。

田间棉铃虫种群除了接触杀虫剂外,也会通过取食吸收不同类型的植物次生性物质,它们会诱导不同 P450s 的表达,造成底物结合光谱的改变或活性的改变,研究表明:在棉铃虫人工饲料中加入植物次生性物质 2-十三烷酮可以诱导棉铃虫中肠和脂肪体的底物结合光谱发生改变(于彩虹等,2002)。因此,研究不同的植物次生性物质对田间害虫的 P450s 的诱导作用,对于协调抗虫品种和化学防治具有重要的理论和实践价值。

参考文献

[1]冷欣夫,唐振华,王荫长．杀虫药剂分子毒理学及昆虫抗药性．北京:农业出版社,1998,9-15.

[2]邱星辉,冷欣夫．棉铃虫幼虫单加氧酶活性的组织分布．生态学报,2000,20(2):299-303.

[3]唐振华,吴士雄．昆虫抗药性的遗传与进化．上海:上海科学技术文献出版社,2000.

[4]唐振华．昆虫中细胞色素 P-450 及其特性．昆虫知识,1990,27(1):52-55.

[5]吴俊,庄佩君,唐振华,等．中国棉铃虫 P450 家族的 CYP6B2 基因与抗药性的关系．生物化学与生物物理学报,1999,31(1):101-103.

[6]夏世钧,吴中亮．分子毒理学基础．武汉:湖北科学技术出版社,2001.

[7]于彩虹,高希武,郑炳宗．2-十三烷酮对棉铃虫细胞色素 P450 光谱诱导作用的研究．昆虫学报,2002,45(1):1-7.

[8]Agosin M. Role of microsomal oxidations in insecticide degradation in Comprehensive Insect Physiology,Biochemistry,and Physiology. Oxford,UKL Pergamn eds by Kerkut G A and Gilbert L I,1985,12:647-712.

[9]Besten P J,et al. Cytochrome P-450 monooxygenase system and benzo[a]pyrene metabolism in echinoderms. Mar. Biol. ,1990,107:171-177.

[10]Brun A,Cuany A,LeMouel T,Berge T and Amichot M. Inducibility of *Drosophila melanogaster* cytochrome P450 gene,CYP6A2,by phenobarbital in insecticide susceptible or resistant strains. Insect Biochem. Molec. Biol. ,1996,26:697-703.

[11]Cohen M,Feyereisen R. A cluster of cytochrome P450 genes of the CYP6 family in the house fly. DNA Cell Biol,1995,14:73-82.

[12]David F V Lewis. Cytochrome P450 structure,function and mechanism. London,1995:14-19.

[13]Djouaka R F,Bakare A A,Coulibaly O N,Akogbeto M C,Ranson H,et al. Expression of the cytochrome P450s,*CYP6P3* and *CYP6M2* are significantly elevated in multiple pyrethroid resistant populations of *Anopheles gambiae s. s.* from Southern Benin and Nigeria. BMC Genomics,2008,9:538.

[14]Feyereisen R. Evolution of insect P450. Biochemical Society Transactions,2006,34,part 6:1252-1255.

[15]Hill H A O,Röder A and Williams R J P. Cytochrome P450:suggestion as to the structure and mechanism of action. Naturwissenschaften,1970,57:69-72.

[16]Hodgson E and Jate L G. Cytochrome P-450 interactions. Insecticide Biochemistry and Physiology. Wilkinson C F ed. New York:Plenum Press,1976:115-148.

[17]Hodgson E. The significance of cytochrome P-450 in insects. Insect Biochem,1983,13:237-246.

[18] Hodgson E. Microsomal mono-oxygenases, in Comprehensive Insect Physiology Biochemistry and Pharmacology,Kerkut GA and Gilbert L C ed. Oxford:Pergamon Press,

1985,11:647-712.

[19]Karunker I,Benting J,Lueke B,Ponge T,Nauen R,et al. Over-expression of cytochrome P450 *CYP6CM1* is associated with high resistance to imidacloprid in the B and Q biotypes of *Bemisia tabaci* (Hemiptera: Aleyrodidae). Insect Biochem Mol Biol,2008,38: 634-644.

[20]Kasai S, Weerashinghe I S, Shono T, et al. Molecular cloning, nucleotide sequence and gene expression of a cytochrome P450 (CYP6F1) from the *Culex quinquefasciatus* Say. Insect Biochem. Molec. Biol,2000,30:163-171.

[21]Korytko P J,Scott J G. CYP6D1 protects thoracic ganglia of house flies from the neurotoxic insecticide cypermethrin. Arch Insect Biochem Physiol,1998,37:57-63.

[22]Lewis D F V. Cytochrome P450 :Structure,Function and Mechanism. Taylor & Francis, 1996.

[23]Lewis D F, Watson E, Lake B G. Evolution of the cytochrome P450 superfamily: sequence alignments and pharmacogenetics. Mutat Res,1998,410(3):245-270.

[24]Livingstone D R. Organic xenobiotic metabolism in marine invertebrates. Adv Comp Environ Physiol,1991,7:1037-1040.

[25]Matambo T S,Paine M J I,Coetzee M and Koekemoer L L. Sequence characterization of cytochrome P450 CYP6P9 in pyrethroid resistant and susceptible *Anopheles funestus* (Diptera:Culicidae). Genetics and Molecular Research,2010,9(1):554-564.

[26]Omura T and Sato R. The carbon monoxide-binding pigment of liver microsomes. Ⅰ. Evidence for its hemoprotein nature, Journal of Biological Chemistry, 1964a, 239: 2370-2378.

[27]Omura T and Sato R. The carbon monoxide-binding pigment of liver microsomes. Ⅱ. Solubilization,purification and properties,Journal of Biological Chemistry,1964b,239: 2378-2385.

[28] Omura T and Sato R. A new cytochrome in liver microsomes. Journal of Biological Chemistry,1962,237:1375-1376.

[29]Pratt J M,Ridd T I,Gibson G G and King L J. Proximal-distal ligand interactions in P450. Biochemical Journal,1995.

[30]Poupardin R,Reynaud S,Strode C,Ranson H,Vontas J,David J P. Cross-induction of detoxification genes by environmental xenobiotics and insecticides in the mosquito Aedes aegypti:Impact on larval tolerance to chemical insecticides. Insect Biochemistry and Molecular Biology,2008,38:540-551.

[31] Ranasinghe C,Campbell B and Hobbs A A. Over-expression of cytochrome P450 CYP6B7 mRNA and pyrethroid resistance in Australian population of Helicoverpa armigera (Hübner). Pestic. Sci. ,1996,54:195-202.

[32]Rendic S,Di Carlo F J. Human cytochrome P450 enzymes:a status report summarizing their reactions,substrates,inducers,and inhibitors. Durg Metab Rev,1997,29:413-420.

[33]Rose R L,Goh D,Thompson D M,et al. Cytochrome P450 (CYP)9A1 in Heliothis vires-

cens:the first member of a new CYP family. Insect Biochem Molec Biol,1997,27(6):605-615.

[34]Schenkman J B,Remmer H and Estabrook R W. Spectral strdies of dryg interaction with hepatic microsomal cytochrome. Molecular Pharmacology,1967a,3:113-123.

[35]Schenkman J B,Frey I, Remmer H and Estabrook R W. Sec difference in drug metabolism by rat liver microsomes. Mokecular Pharmacology,1967b,3:516-525.

[36]Schenkman J B. Studies on the nature of the type Ⅰ and type Ⅱ spectral changes in liver microsomes. Biochemi,1970,9:2081-2091.

[37]Scott J G. Cytochromes P450 and insecticide resistance Insect Biochem. Molec Biol,1999,29:757-777.

[38]Scott J G,Liu N,wen Z. Insect cytochromes P450:Diversity,insecticide resistance and tolerance to plant toxins. Comp Biochem Physiol,1998,121C:147-155.

[39]Scott J G and Lee SST. Tissue distribution of microsomal cytochrome P450 monooxygenases and their inducibility by phenobarbital in the insecticide resistant LPR strain of house fly,Musca domesticl L. Arch. Insect Biochem. Physiol,1993,23:729-738.

[40] Scott J G, Sridhar P, Liu N. Adult specific expression and induction of cytochrome P450lpr in house flies. Arch Insect Biochem Physiol,1996,31:313-323.

[41]Snyder M J,Stevens J L,Andersen J F,Feyereisen R. Expression of cytochrome P450 genes of the CYP4 family in midgut and fat body of tobacco hornworm,*Manduca sexta*. Arch Biochem Biophys,1995,321:12-20.

[42]Stegeman J J,Livingstone D R,Forms and functions of cytochrome P450. Comp Biochem Physiol,1998,212C:1-15.

[43]Stoilovl I,Jansson I,Sarfarazil M,Schenkman J B. Roles of cytochrome P450 in development. Drug metab. Drug Interact,2001,18:34-55.

[44]Tomita T,Liu N,Smith F F,Sridhar P,et al. Molecular mechanisms involved in increased expression of a cytochrome P450 responsible for pyrethroid resistance in the housefly,*Musca domestica*. Insect Molec Biology,1995,4(3):135-140.

第4章

棉铃虫对2-十三烷酮和槲皮素的适应性

在植食性昆虫和高等植物长期进化的过程中，植物通过次生代谢产生次生性物质形成植物的主要化学防御体系，从而以保护其免受害虫为害（Schulerg 等，2011）。但这也导致植食性害虫产生相应的适应性，如习性、生理过程及生化机制发生改变等（Lindroth，1991；Despres 等，2007）。利用解毒酶对次生性物质的代谢和排泄是很多昆虫对植物次生性物质的适应机制。细胞色素 P450s 是一类在昆虫体内参与异生物质代谢极为重要的酶，在昆虫的中肠、脂肪体和马氏管等组织中均有分布（Nielsen 和 Moller，2005），同时其底物也十分广泛，几乎任何杀虫剂或自然毒素物质均能成为其作用底物。正是由于细胞色素 P450s 的可诱导性与底物的多样性（Li 等，2007；Zeng 等，2007），为昆虫防御其周围环境中不可知或可知毒素提供了主要的代谢机制，如鳞翅目害虫中的杂豆角夜蛾、草地黏虫、银纹夜蛾和烟草夜蛾等取食薄荷、玉米或野生番茄后对不同类型杀虫剂的耐药性增强，均与这些植物中某些次生性物质诱导害虫细胞色素 P450s 的含量增加和活性提高有关（Abd-Elghafar 等，1989；Famsworth 等，1981；Riskallah 等，1986；Yu 等，1982）。

尽管细胞色素 P450s 对维持生物体正常生命活动是不可缺少的而备受国内外学者的广泛重视，但是对昆虫细胞色素 P450s 的研究往往是一种次生性物质的作用，或是植物的某个部分中所有成分的共同作用，两种或两种以上不同类型的次生性物质对其共同作用的研究比较少。本章节用两种植物次生性物质（2-十三烷酮和槲皮素）处理棉铃虫六龄幼虫，测定了二者对其中肠和脂肪体中细胞色素 P450s 含量和活性的影响，以及 2-十三烷酮和槲皮素对 P450s 活性诱导的时间和剂量效应，进而为细胞色素 P450s 在害虫产生抗药性中的作用提供理论依据。

4.1 2-十三烷酮和槲皮素诱导对棉铃虫P450s比含量的影响

4.1.1 2-十三烷酮和槲皮素诱导对棉铃虫脂肪体细胞色素P450s比含量的影响

表4.1为2-十三烷酮和槲皮素诱导对棉铃虫脂肪体细胞色素P450s比含量的影响。由表4.1显示出:棉铃虫取食这两种植物次生性物质后,脂肪体的细胞色素P450s比含量变化的趋势是随浓度的增加比含量先增加后降低。组合诱导也得出相似的结论。但也有例外,当槲皮素浓度为0.02 g/100 mL和2-十三烷酮浓度为0.01 g/100 mL时,脂肪体细胞色素P450s的比含量相对总体趋势高;但当两种植物次生性物质的浓度均为0.015 g/100 mL时,脂肪体细胞色素P450s的比含量却比相对总体趋势要低。

表4.1 2-十三烷酮和槲皮素对棉铃虫脂肪体细胞色素P450s比含量的影响 nmol/mg蛋白

2-十三烷酮浓度/(g/100mL)	槲皮素浓度/(g/100 mL)			
	0	0.01	0.015	0.02
0	34.52±4.4	55.08±18.7	26.99±10.9	24.49±1.6
0.01	41.05±2.7	54.19±5.8	48.4±4.9	60.49±23.5
0.015	27.14±13.9	41.37±7.3	26.13±15.7	31.67±14.7
0.02	29.22±2.2	31.67±14.1	47.48±14.6	45.21±22.3

注:表中各值为3个重复的平均值±标准误。

4.1.2 2-十三烷酮和槲皮素诱导对棉铃虫中肠细胞色素P450s比含量的影响

由表4.2显示出:棉铃虫取食这两种植物次生性物质后,中肠细胞色素P450s比含量变化的趋势也是随浓度的增加比含量先增加后降低。组合诱导也得出相似的结论。

表4.2 2-十三烷酮和槲皮素对棉铃虫中肠细胞色素P450s比含量的影响 nmol/mg蛋白

2-十三烷酮浓度/(g/100mL)	槲皮素浓度/(g/100 mL)			
	0	0.01	0.015	0.02
0	22.3±2.6	51.89±1.9	31.41±7.4	40.15±6.1
0.01	40.46±4.5	48.09±4.6	41.03±18.7	45.19±1.32
0.015	53.38±29.6	50.88±13.8	26.55±9.3	44.93±12.7
0.02	33.75±9.6	38.2±10.3	28.36±8.4	31.67±9.3

注:表中各值为3个重复的平均值±标准误。

4.1.3 讨论

细胞色素 P450s 是一类在昆虫体内参与异生物质代谢的极为重要的酶系，在昆虫中肠、脂肪体和马氏管等组织中均有分布。其代谢底物十分广泛，几乎任何杀虫剂或自然毒性物质均能成为其作用底物。细胞色素 P450s 的可诱导性、作用类型及其底物的多样性，为昆虫防御其周围环境中不可知毒物提供了主要的代谢机制。用 2-十三烷酮和槲皮素处理棉铃虫六龄幼虫 48 h后，其中肠和脂肪体的细胞色的 P450s 含量随植物次生性物质浓度的增加是先增加后降低，存在诱导的剂量效应，低浓度可诱导酶量或活性的增高，高浓度则表现为抑制作用(姚洪渭，2002)。但当槲皮素浓度为 0.02 g/100 mL 和 2-十三烷酮浓度为 0.01 g/100 mL 时，中肠和脂肪体细胞色素 P450s 的含量高于 2-十三烷酮浓度为 0.01 g/100 mL 和槲皮素浓度为 0.015 g/100 mL时的含量；还有当两种植物次生性物质的浓度均为 0.015 g/100 mL 时，中肠和脂肪体细胞色素 P450s 的含量相对总体趋势要低。出现这种现象的可能原因是：在 48 h 的处理过程中，棉铃虫六龄幼虫的取食时间存在差异。棉铃虫幼虫只要取食含有一定浓度植物次生性物质的人工饲料，细胞色素 P450s 酶量或活性就增高。若棉铃虫再继续取食，该植物次生性物质就会在昆虫体内积累，进而刺激诱导昆虫产生大量的解毒酶；相反昆虫体内的解毒酶就会降低。当然也不排除实验误差造成这种结果。

4.2 棉铃虫细胞色素 P450s O-脱甲基活性的测定

细胞色素 P450s 在生物体内广泛存在，它们在不同昆虫、甚至同种昆虫不同部位的表达都可能有差异。细胞色素 P450s 还可以被外源有毒物质所诱导，如杀虫药剂、植物次生性物质等。在研究中，这些表达变化在生化水平主要通过酶比活力的变化来反映。因此 P450s 比活力的准确测定对研究酶的诱导表达非常重要。

细胞色素 P450 酶系(Cytochrome P450 systems)是位于内质网上的一种氧化酶系，在昆虫体内参与多种外源性物质(如杀虫药剂、植物次生性物质等)和内源性物质(如昆虫激素、脂肪酸等)的代谢。细胞色素 P450s 具有多种同工酶(Adams MD 等，2000)，据报道在果蝇(*Drosophila melanogaster*)体内存在 90 多种同工酶，在冈比亚按蚊(*Anppheles gambiae*)中则有 111 种(Tijet N 等，2001)，因此使得细胞色素 P450s 的底物具有很高的广谱性。大量研究表明细胞色素 P450s 活性或含量的增加是害虫对杀虫药剂敏感性降低的主要原因之一(Tan W J，1996；Ven den Berg J 等，1994)。细胞色素 P450s 活性的测定有多种方法，20 世纪中后期常用的方法有 3 种：一是通过气相色谱法检测艾氏剂在细胞色素 P450s 环氧化作用下生成的狄氏剂的量来测定细胞色素 P450s 的活性(Yu S J，1982)；二是利用荧光分光光度计检测细胞色素 P450s 对 7-乙氧基香豆素的脱乙基活性(郑宗炳，高希武等，1989)；三是利用对硝基苯甲醚在细胞色素 P450s 的 O-脱甲基作用下生成对硝基苯酚(PNP)，据 PNP 在碱性条件下于 412 nm 有吸收峰的特点，用分光光度计检测(Fredand G 和 Hodgson E，1980)。分光光度法检测对硝基苯酚的灵敏度比较低，且前处理也较繁琐。本研究探讨了用毛细管气相色谱法检测对硝基苯甲醚在细胞色素 P450s 作用下 O-脱甲基后生成的对硝基苯酚的量来测定棉铃虫细胞色素 P450s 的 O-脱甲基活性的方法，具有灵敏度高、样品用量少、分辨率高的特点。

4.2.1　气相色谱法检测对硝基苯酚

图 4.1 为用气相色谱检测对硝基苯酚的色谱图，其中 A 为标准物，B、C 分别为对硝基苯甲醚在棉铃虫幼虫的中肠和脂肪体细胞色素 P450s O-脱甲基作用下的产物对硝基苯酚的色谱图。在该气相色谱条件下，标准物对硝基苯酚的保留时间为 10.362 min，棉铃虫中肠和脂肪体反应体系中的待测样品的保留时间分别为 10.362 min 和 10.379 min。在细胞色素 P450s O-脱甲基活性反应体系中，由于添加多种保护剂，因此在待测样品色谱图上显示出多个峰。但是在对硝基苯酚峰附近没有干扰峰。

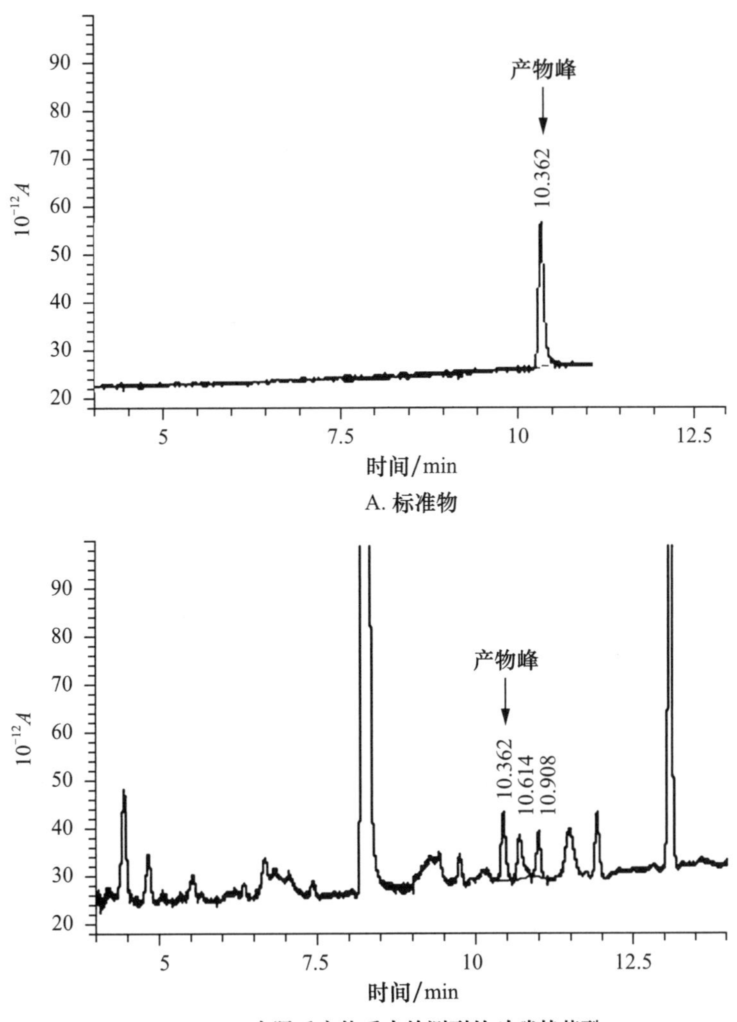

A. 标准物

B. 中肠反应体系中检测到的对硝基苯酚

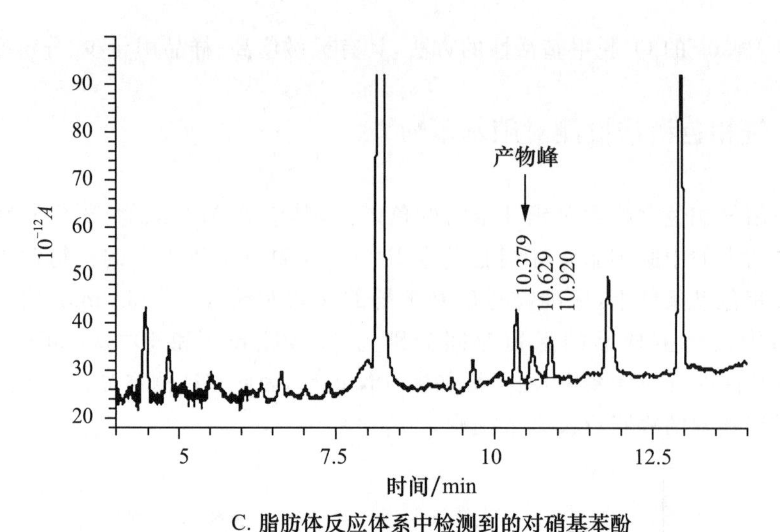

C. 脂肪体反应体系中检测到的对硝基苯酚

图 4.1　气相色谱法检测对硝基苯酚(PNP)的色谱图

4.2.2　酶量和温度对细胞色素 P450s O-脱甲基活性的影响

4.2.2.1　酶量对细胞色素 P450s O-脱甲基活性的影响

图 4.2 显示出细胞色素 P450s 的比活力随着参与反应的酶液中蛋白质含量的增加而增加，当达到一定量时细胞色素 P450s 的比活力趋于平衡。酶液蛋白质含量为 2.08 mg 和 4.16 mg 时细胞色素 P450s 的比活力在 0.05 水平上不存在差异，但是酶液蛋白质的量为 1.56 mg 时细胞色素 P450s 的比活力均与前两者存在显著差异($p<0.05$)。说明在该反应条件下，参与反应的酶液蛋白质含量适合的范围为 2.08～4.16 mg。结合所加的其他成分(0.1 mol/L，pH 7.8 的 Tris-HCl 缓冲溶液，0.5 μmol NADPH，7.5 μmol $MgCl_2$，0.085% BSA，0.157 mmol 对硝基苯甲醚)的量，因此，建议用毛细管气相色谱法测定细胞色素 P450s O-脱甲基活性的反应体系为 875 μL。

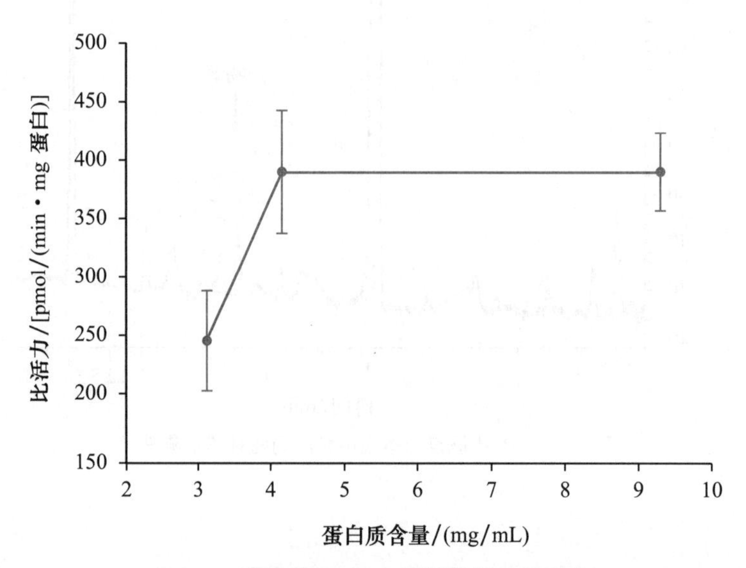

图 4.2　酶量对 P450s O-脱甲基活性的影响

4.2.2.2 温度对细胞色素 P450s O-脱甲基活性的影响

图 4.3 显示出温度对细胞色素 P450s 脱甲基活性的影响。当温度为 30℃时细胞色素 P450s 的比活力为 434.96 pmol PNP/(min·mg 蛋白),与 25℃[比活力为 202.7 pmol PNP/(min·mg 蛋白)]时的比活力在 0.01 水平上存在显著差异,而与 34℃[比活力为 302.9 pmol PNP/(min·mg 蛋白)]的比活力值相比在 0.05 水平存在差异,说明反应温度在 30℃时比较合适。

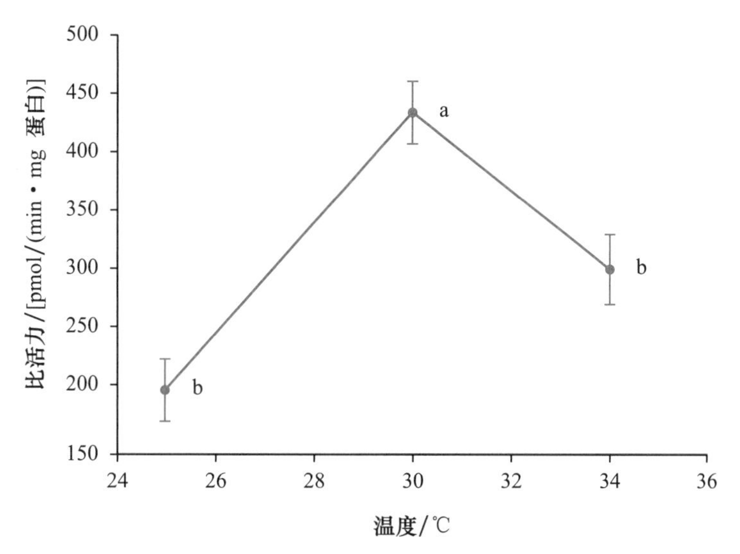

图 4.3 温度对细胞色素 P450s O-脱甲基作用的影响

图中字母不同表示差异显著($p<0.05$)。

4.2.3 讨论

用高分辨毛细管气相色谱法检测细胞色素 P450s 对对硝基苯甲醚的脱甲基活性具有灵敏度高,样品用量少,分辨率高的特点。而通常所采用分光光度法灵敏度低,且需要较大的反应体系(一般在 1.6~5 mL)(Müller H 和 Schweizer B,1996;Riskallah MR 等,1986;Sheppard CA 和 Friedman S,1989)。同时在用分光光度法测定时,反应体系中的其他物质特别是细胞色素 P450s 的保护剂也干扰测定。毛细管气相色谱法是一种高效、灵敏的分离分析方法,可通过选择合适的色谱柱和色谱条件将所要检测的对硝基苯酚与其他物质分开,再使用标准物对其进行定性、定量分析,可以准确测定待测反应体系中产生的对硝基苯酚的量来评价细胞色素 P450s 的活性。

由于活性成分一般在生物体内含量较低,为了得到足够的量以供活性测定,需要从昆虫中提取大量酶液,因而杂质亦同时被大量提取出来。与此同时反应体系的其他成分也会干扰产物峰的检测。在实验过程中,为保证所检测峰的准确性,在相同的色谱条件下,通过在欲测体系中加标准物后目标峰面积是否增大的方法来确定所检测的峰和标准物是否为同一物质,这是最简单的保留值定性的方法(汪正范,2002),同时也可在对照体系中加标样进一步确定所检测的目的峰。

本研究建立了一个体积较小的反应体系(875 μL),用气相色谱法直接测定其氧化产物——对硝基苯酚，不仅灵敏度高，而且重复性较好。对于进一步深入研究棉铃虫及其他昆虫细胞色素 P450s 的生物化学性质具有重要意义。

4.3 2-十三烷酮和槲皮素诱导对棉铃虫 P450s 活性的影响

4.3.1 2-十三烷酮和槲皮素对棉铃虫中肠细胞色素 P450s 的 O-脱甲基活性的影响

表 4.3 显示 2-十三烷酮和槲皮素诱导的棉铃虫六龄幼虫中肠细胞色素 P450s 的 O-脱甲基活性。不同浓度的 2-十三烷酮和槲皮素对棉铃虫中肠 P450s O-脱甲基活性的诱导都很明显（$p<0.05$）。其中两种次生性物质对中肠 P450s 活性的诱导分别为对照的 1.21～1.68 倍和1.05～1.8 倍。组合诱导也得到相似的结果。当两种植物次生性物质浓度为最大时，对中肠的 P450s O-脱甲基活性诱导倍数达到最大，为对照的 2.63 倍。虽然两种植物次生性物质诱导下 P450s 的 O-脱甲基活性之间不存在互作关系（$p>0.05$），但是随浓度增加其活性有增加的趋势。

表 4.3　2-十三烷酮和槲皮素诱导的棉铃虫六龄幼虫中肠 P450s 的 O-脱甲基活性和诱导倍数

槲皮素浓度/(g/100 mL)	2-十三烷酮的浓度/(g/100 mL)		
	0	0.01	0.05
0	197.3±4.88	238.0±29.9	329.2±51.6
	1	1.21	1.68
0.01	207.1±14.9	258.8±44.5	406.9±4.07
	1.05	1.31	2.06
0.05	358.5±37.3	447.9±29.3	519.5±55.5
	1.82	2.27	2.63

注：用植物次生性物质棉龄虫处理六龄幼虫 48 h，表中各值为 3 个重复的平均值±标准误。

4.3.2 2-十三烷酮和槲皮素对棉铃虫脂肪体细胞色素 P450s 的 O-脱甲基活性的影响

从表 4.4 可以看出：2-十三烷酮和槲皮素对棉铃虫六龄幼虫脂肪体细胞色素 P450s O-脱甲基的影响趋势和中肠一样，组合诱导和单一次生性物质均能明显地诱导细胞色素 P450s 的活性增加（$p<0.05$）。而且对脂肪体的诱导要高于中肠，分别为对照的 1.7～2.44 倍和1.49～2.06倍。当两种植物次生性物质浓度为最大时，对脂肪体的 P450s O-脱甲基活性诱导倍数达到最大，为对照的 3.88 倍。

表 4.4 2-十三烷酮和槲皮素诱导的棉铃虫六龄幼虫脂肪体 P450s 的 O-脱甲基活性和诱导倍数

槲皮素浓度/(g/100 mL)	2-十三烷酮的浓度/(g/100 mL)		
	0	0.01	0.05
0	127.8±10.4	215.2±42.6	309.3±10.5
	1	1.7	2.44
0.01	189.8±24.7	288.5±56.5	359.9±54.5
	1.49	2.28	2.84
0.05	261.3±25.9	412.4±64.4	491.9±29.3
	2.06	3.25	3.88

注:用植物次生性物质处理棉龄虫六龄幼虫 48 h,表中各值为 3 个重复的平均值±标准误。

4.3.3 讨论

植物次生性物质对解毒酶的作用主要包括两个方面:一是诱导解毒酶活性增高,从而增加对其自身或其他异源有毒物质的代谢,另一方面是抑制昆虫对有毒物质的代谢,这就使植物次生性物质和杀虫药剂在较低的剂量下就有很高的毒性。因此植物次生性物质作用后对昆虫体内酶的活性可能既有诱导作用,又有抑制作用。本实验室的研究证实植物次生性物质不同剂量处理后,对棉铃虫 P450 的含量或酶活性往往表现诱导和抑制的现象。

现在人们普遍认为植食性昆虫高水平的 P450s 活性与其取食的寄主植物体内高浓度的有毒次生代谢物有关(Brattsten,1992)。多种不同植物黄酮类物质均可影响 P450s 的表达(Mitchell 等,1993)。2-十三烷酮和槲皮素都属于黄酮类。槲皮素是其寄主棉花、蔬菜等农作物体内的一种次生性物质;2-十三烷酮广泛存在于茄科植物当中,其中在野生番茄中含量为最高。曾有文献报道烟草夜蛾[*Heliothis virescens* (F.)]取食野生番茄或添加 2-十三烷酮的人工饲料后,烟草夜蛾的细胞色素 P450s 对二嗪哝的代谢增加(Riskallah 等,1986)。我们的实验结果丰富了前人研究,即不同的植食性害虫取食寄主植物或添加植物次生性物质的人工饲料以后都可诱导 P450s 酶量或活性增加(Brattsten 等,1977;Brattsten,1979)。正如表 4-3 和表 4-4 所示,棉铃虫六龄幼虫取食 2-十三烷酮和槲皮素以后,中肠和脂肪体的 P450s 酶活性明显增加,而且两种植物次生性物质对活性的诱导存在差异性,其中 2-十三烷酮的诱导效应要高于槲皮素的。在组合浓度为最大时,中肠和脂肪体 P450s O-脱甲基活性最高,与对照相比较其诱导倍数分别为 2.63 和 3.88 倍。1982 年 Yu 的实验结果表明黏虫(fall armyworm)在取食寄主植物大豆、马铃薯、甘薯以及玉米的叶片后,其中肠 P450s O-脱甲基活性分别是对照的 0.8,1.4,2.8 和 4.6 倍。与我们的结果基本一致,差异可能源于害虫种类以及活性测定方法不同造成的。总之,棉铃虫取食添加 2-十三烷酮和槲皮素的人工饲料后均可诱导中肠和脂肪体 P450s O-脱甲基活性的增加。

4.4 棉铃虫 P450s 活性诱导的时间和剂量效应

4.4.1 2-十三烷酮和槲皮素诱导的时间和剂量效应

图 4.4 为 2-十三烷酮和槲皮素作为诱导剂时(图 4.4 A,B),对棉铃虫中肠和脂肪体 P450s O-脱甲基活性诱导的时间和剂量效应。对于诱导过程的时间效应,诱导的活性随处理时间的延长而增强,均在 48 h 达到最大,然后又随时间变化而降低。在处理时间为 4 h、处理浓度为 0.01%时,诱导的 P450s O-脱甲基活性明显高于对照($p<0.01$),说明棉铃虫对外界的化学刺激能及时做出应对措施。48 h 以后活性开始降低,次生性物质对活性的诱导基本表现为诱导抑制。

对于诱导过程的剂量效应,当槲皮素为诱导剂时,中肠和脂肪体的 P450s O-脱甲基活性随浓度变化基本一致。在前 48 h,低浓度处理的活性高于高浓度的,并随时间的推移低浓度的活性在降低,而高浓度却在增加一直到 48 h,高浓度的活性明显高于低浓度的($p<0.01$)。48 h以后活性的剂量效应变化规律性不明显。2-十三烷酮为诱导剂时(图 4.4 C,D),对中肠细胞色素 P450s O-脱甲基活性诱导的剂量效应基本同上述的,而对脂肪体 P450s O-脱甲基活性的诱导不存在剂量效应($p>0.05$)。

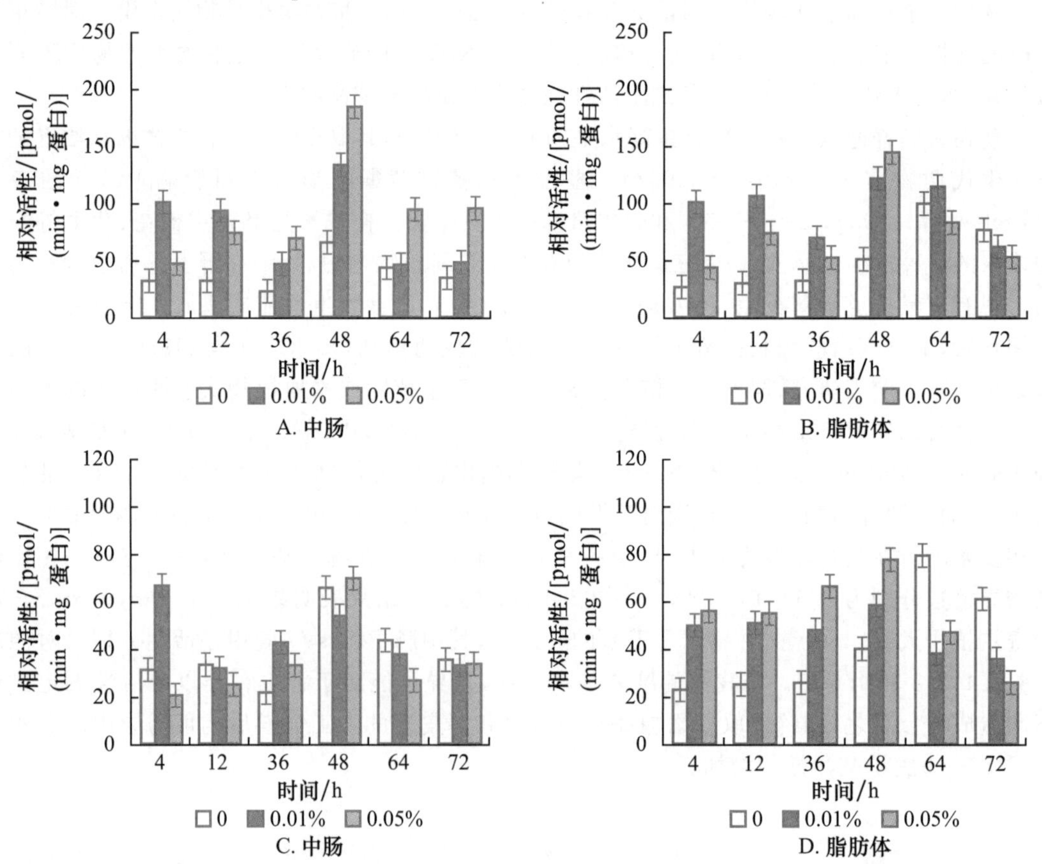

图 4.4 2-十三烷酮和槲皮素对棉铃虫中肠和脂肪体 P450s O-脱甲基活性诱导的时间和剂量效应

A 和 B. 诱导剂为槲皮素;C 和 D. 诱导剂为 2-十三烷酮。

4.4.2 讨论

植物次生性物质对昆虫体内解毒酶的诱导存在时间效应、剂量效应以及组织特异性。槲皮素和2-十三烷酮对棉铃虫P450s O-脱甲基活性的诱导有明显的剂量、时间效应和组织特异性。在4～48 h之间,当诱导剂浓度为0.01%,中肠和脂肪体中的P450s活性均表现明显的诱导作用,而且是随时间推移先降低后增强,然后再降低。当浓度为0.05%,活性变化规律是随时间变化先增强后降低。而2-十三烷酮处理的脂肪体P450s活性变化却不同,存在明显的组织差异性,可能是由于不同组织部位P450s的表达调控机制不同造成的。用植物次生性物质低剂量、短时间处理棉铃虫幼虫P450s活性表现出诱导增加可能是昆虫的一种应激性适应,增强了对次生性物质的解毒代谢。但时间延长,反而抑制了酶的活性,这可能与棉铃虫幼虫发育阶段有关,在进入蛹期前棉铃虫取食量下降,摄入的次生性物质就少,所以P450s的活性就随之下降。许多学者用不同方法研究证实植物次生性物质对昆虫细胞色素P450s诱导存在时间和剂量效应。如用0.5%十一烷酮处理5龄烟草天蛾后,用Northern斑点杂交证实*CYP9A2*的mRNA的含量在48 h达到最大值,随之迅速下降(Stevens等,2000),而用单萜类物质处理棉铃虫幼虫对*CYP6B2*的诱导在取食4 h就可达到最大,随后mRNA水平迅速降低(Ranasinghe等,1997)。十一烷酮浓度在0～1.0%范围内,处理浓度与烟草天蛾P450s mRAN的表达量呈正相关(Stevens等,2000)。植物次生性物质对昆虫P450s的诱导是相当迅速的,诱导效应在30 min即可产生(Brattsten等,1973),一般P450s的含量也随着取食时间的增加,达到最大值后又有所降低。本实验室(于彩虹,2002)用植物次生性物质诱导棉铃虫,也发现其对P450s的含量诱导存在时间和剂量诱导效应。当然,植物次生性物质对昆虫细胞色素P450s诱导的具体机制还有待进一步研究。

参考文献

[1]汪正范. 色谱定性与定量. 北京:化学工业出版社,2002,11-17.

[2]姚洪渭,叶恭银,程家安. 寄主植物影响害虫药剂敏感性的研究进展. 昆虫学报,2002,45(2):253-264.

[3]于彩虹,高希武,郑炳宗. 2-十三烷酮对棉铃虫细胞色素P450的诱导作用. 昆虫学报,2002,45(1):1-7.

[4]郑炳宗,高希武,王政国,梁同庭,曹本钧,高洪. 瓜-棉蚜对有机磷及氨基甲酸酯杀虫药剂抗性机制研究. 植物保护学报,1989,16(2):131-137.

[5]Abd-Elghafar S F, Dauterman W C, Hodgson E. In vivo penetration and metabolism of methyl parathion in larvae of the tobacco budworm, Heliothis virescens (F.), fed-different host plants. Pestic Biochem Physiol, 1989, 33: 49-56.

[6]Adams M D, Celniker S E, Richards S. The genome sequence of Drosophilla melanogaster. Science (Washington), 2000, 287: 2185-2195.

[7]Brattsten L B. Biochemical defense mechanisms in herbivores against plant allelochemicals. In: Rosenthal G A & Janzen D H (eds.). Herbivores: Their Interaction with Second-

ary Plant Metabolites. New York:Academic Press,1979.

[8]Brattsten L B. Metabolic defence against plant allelochemicals. 1992:145-242,in G. A.

[9]Brattsten L B, Wilkinson C F. Herbivore-plant interaction: mixed-function oxidases and secondary plant substances. Science,1977,196:1349-1352.

[10]Brattsten L B, Wilkinson C F. Induction of microsomal enzymes in the southern armyworm (Prodemia eridania). Pestic Biochem Physiol,1973,3:393-407.

[11]Despres L, David J P, Gallet C. The evolutionary ecology of insect resistance to plant chemicals. Trends Ecol Evol,2007,22:298-307.

[12]Famsworth D E,Berry R E, Yu S J, Terriere L C. Aldrin epoxidation activity and cytochrome P450 content of microsomes prepared from alfalfa and cabbage looper larvae fed various plant diets. Pestic Biochem Physiol,1981,15:158-165.

[13]Fredand G,Hodgson E. Mixed function oxidase and GSTs activity in the last instar Heliothis Virescons larvae. PestiBiochemPhysiol,1980,13:34-40.

[14]Lindroth R L. Chemical ecology of the luna moth:Effects of host plant on detoxification enzyme activity. J Chem Ecol,1989,15:2019-2029.

[15]Li X, Schuler M A,Berenbaum M R. Molecular Mechanisms of Metabolic Resistance to Synthetic and Natural XenobioticsAnnual Review of Entomology,2007,52:231-253.

[16]Mitchell M J,Keogh D P,Crooks J R,Smith S L. Effects of plant flavonoids and other allelochemicals on insect cytochrome P-450 dependent steroid hydroxylase activity. Insect Biochem Molec Biol,1993,23:65-71.

[17]Müller H,Schweizer B. UV/Vis spectrometric methods for quantitative analysis of proteins. In:Biochemical applications for UV/Vis spectroscopy, 1996, Ⅲ-16, Perdin-Elmer Corporation.

[18]Nielsen K A, Moller B L. Cytochrome P450s in Plants. P. R. O. de Montellano (Ed.), Cytochrome P450: structure, mechanism, and biochemistry. 3rd ed. New York: Kluwer Academic/Plenum Publishers,2005, 553-583.

[19]Ranasinghe C, Headlam M, Hobbs A A. Induction of the mRNA for CYP6B2, a pyrethroid inducible cytochrome P450,in Helicoverpa armigera (Hubner)by dietary monoterpenes. Arch Insent Biochem Physiol,1997,34:99-109.

[20]Riskallah M R,Dauterman W C and Hodgson E. Host plant induction of microsomal monooxygenase activity in relation to Diazinon metabolism and toxicity in larvae of the tobacco Budworm Heliothis Virscens. Pesti Biochem Physiol,1986,25:233-247.

[21]Rosenthal and M Berenbaum (eds.). Herbivores:Their Interaction with Secondary Plant Metabolites. New York:Academic Press.

[22]Schuler M A. P450s in plant-insect interactions。Biochimica et Biophysica Acta (BBA)-Proteins & Proteomics,2011,1814:36-45.

[23]Sheppard C A, Friedman S. Endogenous and induced monooxygenase activity in gypsy moth larvae feeding on natural and artificial diets. Arch Insect Biochem Biophys, 1989, 10:47-56.

[24]Stevens J L, Snyder M J, Koener J F, Feyereisen R. Inducible P450s of the CYP9 family from larval Manduca sexta midgut. Insect Biochemistry and Molecular Biology, 2000, 30: 559-568.

[25]Tan W J, Guo Y Y. Effects of host plant on susceptibility to deltamethrin and detoxication enzymes of Heliothis armigera (Lepidotera: Noctuidae). J Econ Entomol, 1996, 89 (1): 11-14.

[26]Tijet N, Helvig C, Feyereisen R. The cytochrome P450 gene superfamily in Drosophila melanogaster: Annotation, intron-exon organization and phylogeny. Gene, 2001, 262: 189-198.

[27]Ven den Berg J, Van Rensburg G D, Van der Westhuizen M C. Host-plant resistance and chemical control of Chilo partellus (Swinhoe) and Busseola fusca (Fuller) in an integrated management system on grain sorghum. Crop Prot, 1994, 13(4): 308-310.

[28]Yu S J. Induction of microsomal oxidases by host plants in the fall armyworm, Spodoptera frugiperda (J. E. Smith). Pestic Biochem Physiol, 1982, 17: 59-67.

[29]Zeng R S, Wen Z, Niu G, Schuler M A, Berenbaum M R. Allelochemical Induction of Cytochrome P450 Monooxygenases and Amelioration of Xenobiotic Toxicity in Helicoverpa zea. J Chem Ecol, 2007, 33: 449-461.

第5章 2-十三烷酮诱导棉铃虫P450基因序列分析

细胞色素 P450 酶系是一个功能多样化的蛋白质超级家族，目前发现的几乎所有的生物体内都含有多种同工酶。但不是所有的同工酶都参与解毒代谢和抗性产生，而且对于不同的底物可能有不同的同工酶进行代谢，因此分离单个的 P450s 基因对于真正明确诱导和抗性的关系十分重要。由于蛋白质分离程序复杂，且很难分离纯度很高的单体。因此进行基因克隆成为目前分离 P450s 最主要的手段之一（Li 等，2005；Huang 等，2008）。

关于植物次生性物质对昆虫体内 P450s 的诱导作用，国外已有诸多报道。在已知的昆虫 P450s 中，CYP6 家族在农药和植物次生性物质的解毒代谢中发挥着重要作用（Rodpradit 等，2005）。在杀虫药剂和植物次生性物质的诱导下，可以引起 CYP6B 家族的表达量的提高（Ranasinghe 等，1998）。线型呋喃香豆素可以诱导北美黑凤蝶 *Papilio polyxenes* 体内 *CYP6B1*、*CYP6B4*、*CYP6B5* 和 *CYP6B3* 的表达（Cohen 等，1992；Hung 等，1995a，），而花椒毒素、茉莉酸和水杨酸均可诱导美洲棉铃虫 *Helicoverpa zea* CYP6B 家族基因表达量的增加（Li 等，2000，2002）。和植物次生性物质一样，杀虫药剂也可以调节昆虫细胞色素 P450 基因的表达。例如，果蝇抗性品系的细胞色素 P450 的活性比敏感品系高 50 多倍（Amichot 等，1998）。从棉铃虫体内克隆到的 *CYP6B2* 和 *CYP6B7* 既与二氯苯醚菊酯的抗性有关，又可为单萜类植物次生性物质所诱导，这在一定程度上证实了寄主植物（次生性物质）与害虫抗药性在基因水平确实存在相关性（唐振华和吴士雄，2002；Wang 等，1998；Ranasinghe 等，1998）。

本研究依据已报道的棉铃虫（*Helicoverpa armigera*）CYP6B 家族的序列，设计特异性引物，通过反转录 PCR 从棉铃虫的中肠和脂肪体中扩增出 P450 全长基因，分析比较 2-十三烷酮处理前后全长基因的变化情况。

5.1 棉铃虫中肠和脂肪体 P450 基因序列比较

从棉铃虫中肠和脂肪体克隆得到了长度均为 1 519 bp 两条序列（图 5.1），在 GeneBank

中的注册号为 AY950636 和 AY950637。并对棉铃虫中肠和脂肪体的 P450 推测氨基酸序列进行比较(图 5.2)。虽然两条序列有 15 个碱基的差异,但仅有 4 个碱基引起推测氨基酸的改变,氨基酸序列的一致性为 99.3%。

从中肠和脂肪体中得到 P450 的全长序列,全长序列包含了典型的 P450 的保守区域。如图 5.2 所示,氨基酸序列的 FGLGQRNCIG 符合 P450 的特征命名序列 FxxGxxxCxG;还具有 P450 蛋白螺旋 I 区的(A/G)GxxT,即 AGYETS,在棉铃虫细胞色素 P450 的 CYP6B 家族也是一个保守区,通过突变研究发现这个含 Thr^{309} 的高度保守区域参与氧的结合,而位于 Thr 前的疏水残基的功能是与底物结合(Shimizu 等,1989)。第三个是血红素的 K 螺旋区的 ETLR,这个区在所有的 P450 CYP6 家族的序列中是保守的,而且这个区域在大多数哺乳动物中也存在。同时在所有已知的 P450 中,氨基酸残基 E 和 R 是保守的(Von Wachenfeldt 和 Johnson,1995);还有一个保守区是 PKQFN,对于大多数 P450 蛋白来讲,这个保守区的氨基酸序列[consensus (aromatic)xx(P/D)]之后 4 个氨基酸为 PDRF。

```
g [ATG] TGGATCTTGTATTTTCCGGCAGTGATATCAGTGCTAATCGTCACTCTTTATTTTTAT  60
f ----------------------------------------------------------------  60

g TTCACAAGGACATTCAACTACTGGAAGAAACGAAATGTTCGCGGGCCCGAACCTACTGTA  120
f ------------------------------------------------------------  120

g TTCTTCGGAAACCTGAAGGATTCTGCCCTTCGCAAGAAAAATATGGGAGTAGTGATGGAA  180
f ------------------------------------------------------------  180

g GAATTATACAATATGTTCCCAGAAGAAAAAGTTATTGGAATCTATAGAATGACATCACCT  240
f ------------------------------------------------------------  240

g TGTCTACTTGTACGAGATTTGGAAGTGATTAAGCATATCATGATTAAAGACTTCGAAGTG  300
f ------------------------------------------------------------  300

TTCAGCGATCGTGGTGTGGAATTCAGCAAAGAGGGATTGGGATCAAACTTGTTCCACGCT  360
f ------------------------------------------------------------  360

g GATGGAGAAACGTGGAGAGCTTTGAGAAATCGGTTTACGCCTATTTTTACATCTGGTAAA  420
f ------------------------------------------------------------  420

g CTGAAAAATATGTTCTATCTTATGCATGAAGGTGCTGATAACTTTATTGACCACGTTAGT  480
f ------------------------------------------------------------  480

g GCAGAATGTGAAAAGAATCAAGAATTTGAAGTTCATTCTCTTCTTCAAACTTATACCATG  540
f ------------------------------------------------------------  540

g TCCACAATTGCCGCTTGTGCCTTTGGAATAAGTTATGACAGTATCGGCGATAAAGTCAAG  600
f ------------------------------------------------------------  600

g GCGCTAGATATTGTAGACAAGATTATTTCGGAACCGAGTTATGCTATAGAATTAGATATG  660
f ------------------------------------------------------------  660
```

图 5.1 棉铃虫中肠和脂肪体 *CYP6B6* 全长序列的核苷酸比较

g. 中肠 *CYP6B6*;f. 脂肪体 *CYP6B6*[启动子(ATG);终止子(TAA)用方框标出]

g ATGTACCCGGGTCTCCTTTCAAAATTGAATCTGTCAATTTTTCCAACGGCGGTAAAGAAT 720

f -- 720

g TTCTTTAAAAGTCTCGTGGACAACATCGTTGCTCAGAGAAATGGCAAACCTTCAGGTCGT 780

f --a- 780

g AACGACTTTATGGACCTGATTCTAGAGCTCCGTCAATTGGGAGAGGTAACTAGCAACAAA 840

f -- 840

g TATGGTAGCAGTGCTTCATCCCTTGAAATAACAGATGAAGTAATATGCGCCCAAGCTTTT 900

f -- 900

g GTATTTTACATCGCTGGATATGAGACCAGTGCAACAACTATGGCCTACATGATATACCAA 960

f -- 960

g CTCGCACTTAATCCTGATATACAAAATAAGTTGATAGCTGAAGTAGATGAAGTATTAAAA 1020

f --t- 1020

g GCGAATGATGGGAAAGTAACATACGATACCGTGAAGGAAATGAAATATCTCAATAAAGTT 1080

f ---g-------c- 1080

g TTCGACGAAACTCTCCGTATGTACTCAATAGTAGAACCACTGCAAAGAAAAGCCACAAGA 1140

f --t---g-------t- 1140

g GATTACAAAATTCCCGGAACAGACGTCGTTATTGAAAAGGACACCATAGTGCTAATATCT 1200

f -- 1200

g CCGAGAGGCATTCACTATGACCCGAAATATTACGACAACCCTAAACAATTCAACCCTGAT 1260

f ---a-- 1260

g AGATTCGATGCGGAAGAAGTGGGCAAGCGTCACCCGTGCGCGTACTTACCATTCGGACTT 1320

f ---------------------------g-- 1320

g GGACAAAGGAACTGCATAGGTATGCGATTTGGCAGACTTCAGTCTCTACTATGCATCACG 1380

f --------------a-----t----------------g-- 1380

g AAGATTTTATCCAAGTTTAGAATAGAGCCATCGAAAAATACCGACAGAAACTTGCAAGTT 1440

f ---------------g--t-- 1440

g GAACCGCACCGAGGCCTTATTGGACCGAAAGGAGGAATACGTGTCAACGTTGTCCCTAGG 1500

f -- 1500

g AAGCTCGTATCT TAA ATAA 1519

f ---1519

续图 5.1

图 5.2　棉铃虫中肠和脂肪体 *CYP6B6* 推测氨基酸序列比较

g. 中肠 *CYP6B6*；f. 脂肪体 *CYP6B6*

由图 5.3 和图 5.4 可以看出，从棉铃虫中肠和脂肪体中克隆到的细胞色素 P450 基因与 *CYP6B6* 的同源性分别为 98.8%和 97.8%，均高于与 *CYP6B2* 和 *CYP6B7* 的同源性。按照 P450s 的命名法，若同源性大于 97%，应视为等位基因的变异体（variability of allele），因此我们所得到目的基因应为 *CYP6B6* 基因的等位基因变异体。

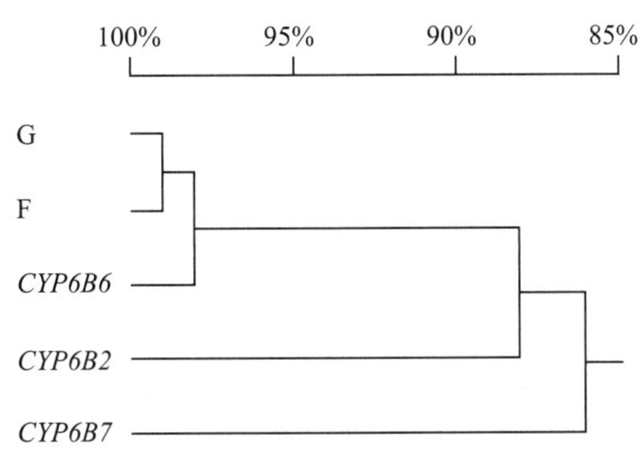

图 5.3　棉铃虫 5 条细胞色素 P450 的 *CYP6B* 家族的推测氨基酸同源性支序图

Distance matrix of 5 sequences	
G	0
F	0.012 0
CYP6B6	0.018 0.022 0
CYP6B2	0.120 0.122 0.128 0
CYP6B7	0.126 0.126 0.136 0.155 0

Homology matrix of 5 sequences	
G	100%
F	98.8% 100%
CYP6B6	98.2% 97.8% 100%
CYP6B2	88.0% 87.8% 87.2% 100%
CYP6B7	87.4% 87.4% 86.4% 84.5% 100%

图 5.4 棉铃虫 5 条细胞色素 P450 的 *CYP6B* 家族的推测氨基酸序列的同源性和遗传距离矩阵

5.2 2-十三烷酮处理前后 P450 *CYP6B6* 序列比较

分别将用 2-十三烷酮处理的和未处理的棉铃虫中肠和脂肪体 P450 *CYP6B6* 推测氨基酸序列进行比较(图 5.5 和图 5.6)。处理后的氨基酸差异都没有发生在细胞色素 P450 的特征部位。中肠中 P450 *CYP6B6* 序列仅有 3 个氨基酸不同(即 V171A,V360A 以及 Q375R),同源性为 99.4%。脂肪体却有 7 个氨基酸不同(即 L132W,D158N,H264R,K344E,V341E,A364V 和 K433E)。同源性为 98.6%。

```
G  MWILYFPAVISVLIVTLYFYFTRTFNYWKKRNVRGPEPTVFFGNLKDSALRKKNMGVVME 60
G3 ------------------------------------------------------------60

G  ELYNMFPEEKVIGIYRMTSPCLLVRDLEVIKHIMIKDFEVFSDRGVEFSKEGLGSNLFHA 120
G3 ------------------------------------------------------------120

G  DGETWRALRNRFTPIFTSGKLKNMFYLMHEGADNFIDHVSAECEKNQEFEVHSLLQTYTM 180
G3 --------------------------------------------------a--------- 180

G  STIAACAFGISYDSIGDKVKALDIVDKIISEPSYAIELDMMYPGLLSKLNLSIFPTAVKN 240
G3 ------------------------------------------------------------240

G  FFKSLVDNIVAQRNGKPSGRNDFMDLILELRQLGEVTSNKYGSSASSLEITDEVICAQAF 300
G3 ------------------------------------------------------------300

G  VFYIAGYETSATTMAYMIYQLALNPDIQNKLIAEVDEVLKANDGKVTYDTVKEMKYLNKV 360
G3 -----------------------------------------------------------a- 360

G  FDETLRMYSIVEPLQRKATRDYKIPGTDVVIEKDTIVLISPRGIHYDPKYYDNPKQFNPD 420
G3 --------------r--------------------------------------------- 420

G  RFDAEEVGKRHPCAYLPFGLGQRNCIGMRFGRLQSLLCITKILSKFRIEPSKNTDRNLQV 480
G3 ------------------------------------------------------------480

G  EPHRGLIGPKGGIRVNVVPRKLVSI 505
G3 -------------------------505
```

图 5.5 棉铃虫中肠 *CYP6B6* 推测氨基全长序列比较

G. 未诱导的;G3. 诱导的

```
F  YLLKMWILYFPAVISVLIVTLYFYFTRTFNYWKKRNVRGPEPTVFFGNLKDSALRKKNMG 60
W2 ------------------------------------------------------------ 60

F  VVMEELYNMFPEEKVIGIYRMTSPCLLVRDLEVIKHIMIKDFEVFSDRGVEFSKEGLGSN 120
W2 ------------------------------------------------------------ 120

F  LFHADGETWRALRNRFTPIFTSGKLKNMFYLMHEGADDFIDHVSAECEKNQEFEVHSLLQ 180
W2 -------------w-----------------n---------------------------- 180

F  TYTMSTIAACAFGISYDSIGDKVKALDIVDKIISEPSYAIELDMMYPGLLSKLNLSIFPT 240
W2 ------------------------------------------------------------ 240

F  AVKNFFKSLVDNIVAQRNGKPSGHNDFMDLILELRQLGEVTSNKYGSSASSLEITDEVIC 300
W2 -----------------------------------r------------------------ 300

F  AQAFVFYIAGYETSATTMAYMIYQLALNPDIQNKLIAEVDVVLKANDGKVTYDTVKEMKY 360
W2 -------------------------------------e--e------------------- 360

F  LNKAFDETLRMYSIVEPLQRKATRDYKIPGTDVVIEKDTIVLISPRGIHYDPKYYDNPKQ 420
W2 ----v------------------------------------------------------- 420

F  FNPDRFDAEEVGKRHPCAYLPFGLGQRNCIGMRFGRLQSLLCITKILSKFRIEPSKNTDR 480
W2 ------------e----------------------------------------------- 480

F  NLQVEPHRGLIGPKGGIRVNVVPRKLVSI 509
W2 ----------------------------- 509
```

图 5.6 棉铃虫脂肪体 ***CYP6B6*** 推测氨基酸全长序列比较

F. 未诱导的；W2. 诱导的

5.3 讨论

克隆棉铃虫 P450 全长基因序列对以后进行外源表达进而确定每个同工酶的生化特性，了解基因结构和功能是至关重要的。我们依据已发表的棉铃虫 *CYP6B6* 基因序列为模板设计两对引物，其中一对包含启动密码子，一对含有终止密码子。分别克隆到 P450 的 3′和 5′端的基因，在此基础上又以 2-十三烷酮处理后的棉铃虫中肠和脂肪体的 cDNA 为模板，两端引物(3′端的上游和 5′端的下游引物)为引物扩增 *CYP6B6* 基因。

1998 年，Ranasinghe 等人发现棉铃虫一些 *CYP6B* 家族的 mRNAs 编码区存在二级结构，这种二级结构阻止反转录生成全长 cDNA。但是我们用特异性引物扩增得到棉铃虫 *CYP6B6* 的全长基因。

细胞色素 P450 酶活力或含量的增加与昆虫对杀虫药剂抗性之间的关系在许多昆虫中都有报道。研究表明酶活力或含量的增加是由于一种或几种同工酶的过量表达所致。由于昆虫中含有多个 P450 同工酶，研究抗性与单个同工酶的关系尤为重要。近年来，这方面的研究报道不断增加。在昆虫中，对 P450 的诱导主要发生在转录水平。在植物次生性物质对昆虫 P450 诱导的研究中，研究比较详细的是呋喃香豆素对北美黑凤蝶的诱导，实验结果表明：呋喃香豆素能强烈地诱导北美黑凤蝶 *CYP6B1* 的大量转录，并可引起对其他呋喃香豆素的降解代谢（Hung 等，1995b）。昆虫食物中花椒毒素和其他呋喃香豆素的存在可以高度诱导 *CYP6B1* 和 *CYP6B4* 的表达（Cohen 等，1992；Hung 等，1995b，1997）。北美黑凤蝶（*P. polyxenes*）*CYP6B1* 基因启动子区域中包含花椒毒素响应因子（Xanthotoxin-responsive element，XRE-xan）和异生物质响应因子（Xenobiotic-responsive element，XRE-AhR）等序列，花椒毒素可以诱导该启动子的转录，进而诱导 *CYP6B1* 基因在脂肪体、中肠以及表皮等组织中表达（Hung 等，1996b；Petersen 等，2001）。在虎凤蝶（*P. glaucus*）*CYP6B4*/*CYP6B5* 中同样存在与北美黑凤蝶的 *CYP6B1* 相似但并不是完全相同调控因子（Hung 等，1996b）。

研究发现抗性品系中细胞色素 P450 基因的点突变能引起表达量增加（Berge 等，1998）。与敏感品系相比，抗性果蝇品系中的 *CYP6A2* 有 3 个氨基酸发生了替换，R335S，L336V 以及 V476L。同其他 P450 晶体序列的比较分析表明，这 3 处氨基酸位点的变构可能影响了 *CYP6A2* 活化位点的结构，通过在酵母中表达，发现野生型的 *CYP6A2* 和变构型的 *CYP6A2* 对睾丸素的活性并没有改变，但对于 7-乙氧基香豆素、7-苯甲酰基香豆素、特别是 DTT 的活性增加。在家蝇中，不同品系间也发现了氨基酸突变位点（Scott，1999），家蝇的抗性品系中 *CYP6D1* 和 *CYP6A1* 的表达量为敏感品系的 10 倍（Carino 等，1994；Scott，1996）。

将 2-十三烷酮诱导的中肠和脂肪体中的 P450 *CYP6B6* 基因分别与诱导前的比较，中肠有 3 处发生氨基酸替换，脂肪体有 7 处发生氨基酸替换（图 5.5 和图 5.6），并且所有替换位置都不在 P450 的特征部位。

研究已经证实植物次生性物质能诱导棉铃虫 P450 含量和 O-脱甲基活性的增加，并且存在浓度和组织部位的差异性。植物次生性物质对 P450 表达的影响很复杂，2-十三烷酮对棉铃虫 P450 的诱导是在转录水平上导致解毒酶量的增加，还是基因的点突变引起的表达量的变化，还是二者共同作用的结果。这需在此研究的基础上进一步开展工作得以确证。

参考文献

[1]唐振华，吴士雄. 昆虫抗药性的遗传与进化 . 上海：上海科学技术文献出版社，2002：284-288.

[2]Amichot M，Brun A，Cuany A，De Souza G，Le Mouél T，Bride JM，Babault M，Salaün JP，Rahmani R，Bergé J B. Induction of cytochrome P450 activities in Drosophila melanogaster strains susceptible or resistant to insecticides. Comp Biochem Physiol C Pharmacol Toxicol Endocrinol，1998，121(1-3)：311-319.

[3]Bergé JB，Feyereisen R，Amichot M. Cytochrome P450 monooxygenases and insecticide resistance in insects. Philosophical Transactions of the Royal Society of London，Series B 1998，353：1701-1705.

[4]Carino F A，Koerner J F，Plapp F W，Feyereisen R. Expression of the cytochrome P450 gene *CYP6A1* in the house fly，*Musca domestica*. ACS SympSer，1992，505：31-40.

[5]Cohen M B，Berenbaum M R，Schuler M A. A host plant inducible cytochrome P450 from a host-specific caterpillar：molecular cloning and evolution. Proc Natl Acad. Sic USA，1992，98：10920-10924.

[6]Huang Shaoming, Sun Debin, Brattsten L B. Novel Cytochrome P450s, *CYP6BB1* and CYP6P10, From the Salt Marsh Mosquito Aedes sollicitans (Walker) (Diptera: Culicidae). Archives of Insect Biochemistry and Physiology, 2008, 67: 139-154.

[7]Hung C F, Berenbaum M R, Schuler M A. Isolation and characterization of *CYP6B4*, a furanocoumarin inducible cytochrome P450 from a polyphagous caterpillar (Lepidoptera: Papilionidae). Insect Biochem Molec Biol, 1997, 27: 377-385.

[8]Hung C F, Harrison T L, Berenbaum M R, Schuler M A. *CYP6B3*: a second furanocoumarin inducible cytochrome P450 expressed in *Papilio polyxenes*. Insect Mol Biol, 1995a, 4: 149-160.

[9]Hung C F, Harrison T L, Berenbaum M R, Schuler M A. Differential induction of cytochrome P450 transcripts in *Papilio polyxenes* by linar and angular furanocoumarin. Insect Mol. Biol, 1995b, 25(1): 88-99.

[10]Hung C F, Holzmacher R, Connolly E, Berenhaum, M R, Schuler M A. Conserved promoter elements in the *CYP6B* gene family suggest common ancestry for cytochrome P450 monoxygenases mediating furanocormarin detoxification. Pro Natl Acadl Sci USA, 1996, 93: 12200-12255.

[11] Li Hongshan, Dai Huaguo, Wei Hui. Molecular cloning and nucleotide sequence of CYP6BF1 from the diamondback moth, Plutella xylostella. J Insect Sci, 2005, 5: 45.

[12]Li X, Berenbaum M R, Schuler, M A, Molecular cloning and expression of *CYP6B8*: a xanthotoxin-inducible cytochrome P450 cDNA from Helicoverpa zeal. Insect Biochem Mol Biol, 2000, 30 (1): 75-84.

[13]Li X, Schuler M A, Berebbaum M R. Jasmonate and salicylate induce expression of herbivore cytochrome P450 genes. Nature, 2002, 419: 712-715.

[14]Petersen R A, Zangerl A R, Schuler M A. Expression of *CYP6B1* and *CYP6B3* cytochrome P450 monoxygenases and furanocoumarin metabolism in different tissues of *Papilio polyxenes* (Lepidotera: Papilionidae). Insect Biochem Molec Biol, 2001, 3: 679-690.

[15]Ranasinghe C, Hobbs A A. Isolation and characterization of two cytochrome P450 cDNA clones for *CYP6B6* and *CYP6B7* from *Helicoverpa armigera* (Hubner): possible involvement of *CYP6B7* in pyrethroid resistance. Insect Biochem Mol Biol, 1998, 28: 571-580.

[16] Rodpradit P, Boonsuepsakul S, Chareonviriyaphap T, Bangs M J, Rongnoparut P. Cytochrome P450 genes: molecular cloning and overexpression in a pyrethroid-resistant strain of Anopheles minimus mosquito. J Am Mosq Control Assoc, 2005, 21: 71-79.

[17]Scott J G. Cytochrome P450 monooxygenase-mediated resistance to insecticides. J Pesticide Sci, 1996, 21: 241-245.

[18]Scott J G. Molecular basis of insecticide resistance: cytochrome P450. Insect Biochem Molec Biol, 1999, 29: 757-777.

[19]Shimizu T, Sadeque A J M, Hatano M and Fujii-Kuriyama Y. Binding of axial ligands to

cytochrome P-450 mutants: a difference absorption spectra study. Biochimica et Biophysica Acta, 1989, 995: 116-121.

[20] von Wachenfeldt C and Johnson E F. Structures of eukaryotic cytochrome P450 enzymes. In Cytochrome P450: Structure, Mechanism, and Biochemistry (Second Edition), P. R. Ortiz de Montellano, ed. New York: Plenum Press, 1995, 183-244.

[21] Wang R. Resurgence of carbon monoxide: an endogenous gaseous vasorelaxing factor. Can J Physiol Pharmacol, 1998, 76: 1-15.

第6章

植物次生性物质诱导对棉铃虫*CYP6B6*基因表达的影响

细胞色素 P450 单加氧酶(P450)是一个广泛分布于各种生命形式中的蛋白超级家族,而且目前所有 P450s 起源于同一个祖先(Nelson 等,1987)。由于 P450 能够氧化代谢许多外源物质,特别是在植物和动物的相互进化中发挥着重要作用(Gonzalea 等,1990;Schuler,1996;Li 等,2007)。一方面植物利用 P450 产生许多毒性次生性物质以保护其免受植食性动物为害,另一方面植食性动物借助 P450 来降解植物体内的防御性次生性物质。当然植食性动物如何成功突破植物的防线主要取决于它们的取食习性。大多数植食性昆虫也有相当广泛的寄主范围(Berenbaum 等,1990)。有些昆虫只取食一种或两种植物,因此遇到的植物次生性物质也较少;而取食范围较广的昆虫就会遇到更多截然不同的植物次生性物质。P450 的主要功能是代谢各种各样的内源性和异源性的物质。在昆虫中不仅可以代谢激素和信息素,而且在药物、杀虫药剂以及人工合成物质的代谢中起着重要作用(Scott 等,1999)。同时也可被多种物质诱导,P450 的可诱导性使昆虫可以更灵活地应对许多已知和未知的外源有毒物质(Giraudo 等,2010)。

细胞色素 P450 在植食性动物取食策略中起着重要作用(Gonzalea 等,1990)。植食性动物的杂食性和高活性的 P450 两者关系的研究表明,植食性动物的 P450 进化是由于它们在取食过程中经常遇到许多植物次生性物质,例如萜类化合物、黄酮类化合物、奎宁以及植物碱等,这些物质广泛存在植物中,对动物有毒害作用或使动物因气味或口感不佳而拒食,而动物则凭借 P450 的含量增加和活性提高来防御植物次生性物质的毒害作用(Ma 等,1994;Prapaipong 等,1994)。同时许多文献报道植物次生性物质几乎都可诱导 P450 单加氧酶(Yu 等,1982;Stevens 等,2000;Li 等,2000;Li 等,2002)。本章用植物次生性物质(2-十三烷酮、槲皮素和单宁酸)作用于杂食性的重大农业害虫棉铃虫,用传统相对定量 RT-PCR 的方法检测植物次生性物质对棉铃虫 *CYP6B6* 基因表达的影响,可为进一步明确细胞色素 P450 在害虫抗药性发展过程中的作用提供一定的理论依据。

6.1 2-十三烷酮和槲皮素组合诱导对棉铃虫中肠 *CYP6B6* 基因表达的影响

用相对定量 RT-PCR 的方法来研究 2-十三烷酮和槲皮素对棉铃虫中肠和脂肪体 *CYP6B6* 基因表达的影响，结果表明用槲皮素处理的棉铃虫中肠 *CYP6B6* 基因相对表达量在不同浓度之间不存在显著差异($p>0.05$)，而 2-十三烷酮却能明显诱导中肠 *CYP6B6* 基因相对表达量的增加($p<0.05$)，其表达量最高为对照的 1.42 倍。组合诱导的结果表明两种次生性物质对相对表达量的影响不存在互作关系($p>0.05$)。当两种植物次生物质浓度为 0.5 μg/mL 时，中肠 *CYP6B6* 基因的相对表达量达到最大，为对照的 1.74 倍(表 6.1 和图 6.1)。

表 6.1 2-十三烷酮和槲皮素诱导的棉铃虫中肠 *CYP6B6* 基因的相对表达量 μg/mL

2-十三烷酮浓度	槲皮素浓度		
	0	0.1	0.5
0	0.570±0.04 (1)	0.770±0.05 (1.35)	0.741±0.05 (1.30)
0.1	0.561±0.01 (0.98)	0.760±0.07 (1.33)	0.800±0.01 (1.40)
0.5	0.811±0.05 (1.42)	0.994±0.02 (1.74)	0.968±0.02 (1.70)

注：刚刚蜕皮的棉铃虫六龄幼虫用次生性物质处理 48 h，表中各值为 3 个重复的平均值±标准误，括号内数字表示与对照相比的诱导倍数。

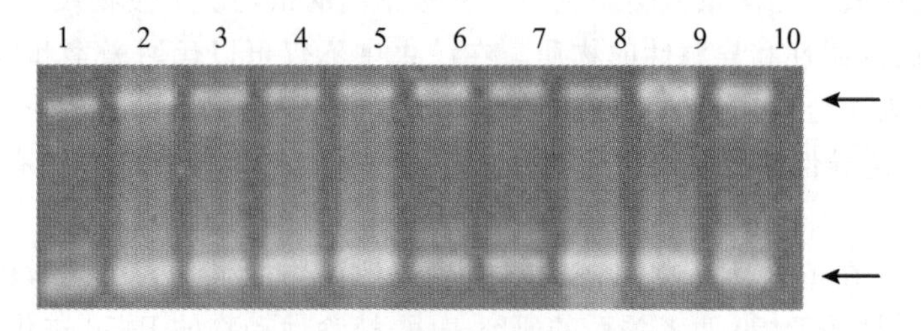

图 6.1 棉铃虫中肠和脂肪体 PCR 产物的电泳图谱

1. 对照；2. 0.5 μg/mL 2-十三烷酮；3～4. 0.1 μg/mL 2-十三烷酮；5. 0.1 μg/mL 槲皮素；6. 0.5 μg/mL 槲皮素；7. 0.1 μg/mL 槲皮素+0.1 μg/mL 2-十三烷酮；8. 0.5 μg/mL 槲皮素+0.1 μg/mL 2-十三烷酮；9. 0.1 μg/mL 槲皮素+0.5 μg/mL 2-十三烷酮；10. 0.5 μg/mL 槲皮素+0.5 μg/mL 2-十三烷酮。

6.2 2-十三烷酮和槲皮素组合诱导对棉铃虫脂肪体 *CYP6B6* 基因表达的影响

2-十三烷酮和槲皮素对脂肪体 *CYP6B6* 基因表达量影响的趋势与对中肠的影响类似，表 6.2 和图 6.2 显示出用槲皮素处理的棉铃虫脂肪体 *CYP6B6* 基因相对表达量在不同浓度之间不存在差异($p>0.05$),而2-十三烷酮对却能明显诱导脂肪体的 *CYP6B6* 基因的相对表达量的增加($p<0.05$),诱导效应要高于对中肠的诱导,其表达量为对照的1.09～1.56倍。组合诱导也得到相似的结果。当两种植物次生性物质浓度为0.5 μg/mL时,中肠 *CYP6B6* 基因的相对表达量达到最大,为对照的1.8倍。

表6.2 2-十三烷酮和槲皮素诱导的棉铃虫脂肪体 *CYP6B6* 基因的相对表达量 μg/mL

2-十三烷酮浓度	槲皮素浓度		
	0	0.1	0.5
0	0.578±0.06 (1)	0.755±0.07 (1.31)	0.740±0.07 (1.28)
0.1	0.630±0.03 (1.09)	0.742±0.04 (1.28)	0.786±0.06 (1.34)
0.5	0.887±0.02 (1.56)	0.88±0.02 (1.54)	1.04±0.02 (1.80)

注:刚刚蜕皮的棉铃虫六龄幼虫用次生性物质处理48 h,表中各值为3个重复的平均值±标准误,括号内数字表示与对照相比的诱导倍数。

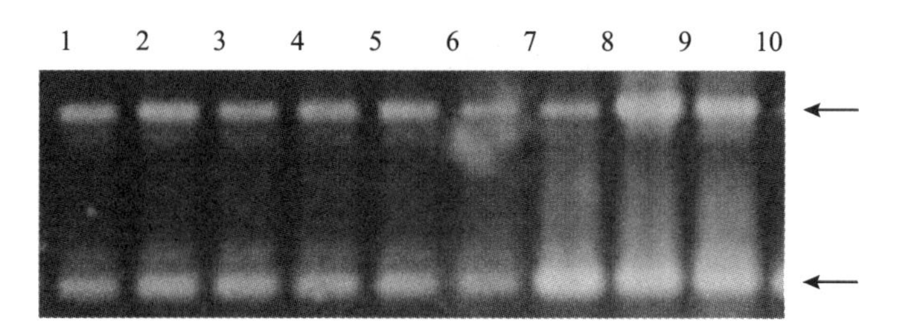

图6.2 棉铃虫中肠和脂肪体PCR产物的电泳图谱

1. 对照;2. 0.5 μg/mL 2-十三烷酮;3. 0.1 μg/mL 2-十三烷酮;4. 0.1 μg/mL 槲皮素;5. 0.5 μg/mL 槲皮素;6. 0.1 μg/mL 槲皮素+0.1 μg/mL 2-十三烷酮;7. 0.1 μg/mL 槲皮素+0.5 μg/mL 2-十三烷酮;8. 0.5 μg/mL 槲皮素+0.1 μg/mL2-十三烷酮;9. 0.5 μg/mL 槲皮素+0.5 μg/mL 2-十三烷酮。

6.3 单宁酸诱导对棉铃虫 *CYP6B6* 基因表达的影响

图6.3和图6.4为棉铃虫取食含不同浓度的单宁酸后,棉铃虫中肠和脂肪体 *CYP6B6* 基因的相对表达量的变化情况。与对照相比较,单宁酸能明显诱导中肠 *CYP6B6* 基因的表达量增加($p<0.05$),而对脂肪体 *CYP6B6* 基因的表达量影响不大($p>0.05$)。

6.4 讨论

CYP6B 家族与拟除虫菊酯抗性相关(Grubor 和 Heckel,2007),因而被广泛研究。将所得到的棉铃虫中肠和脂肪体P450s目的基因的氨基酸序列与棉铃虫 *CYP6B* 家族的序列相比

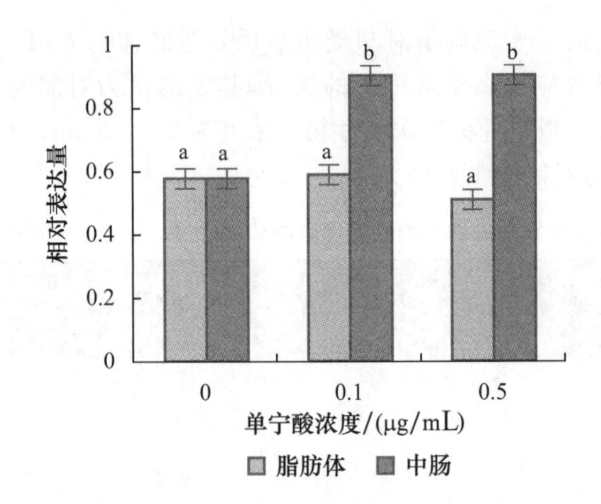

图 6.3 单宁酸诱导下棉铃虫中肠和脂肪体 *CYP6B6* mRNA 表达水平

刚刚蜕皮的棉铃虫六龄幼虫用次生性物质处理 48 h；表中各值为 3 个重复的平均值±标准误；
图中不同字母表示不同浓度间差异显著($p<0.05$)。

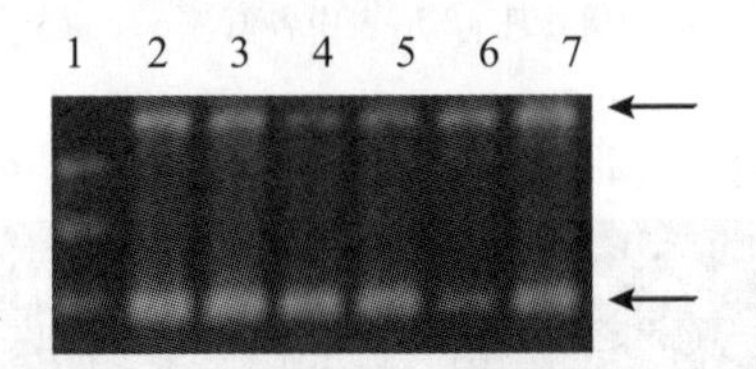

图 6.4 单宁酸诱导下棉铃虫中肠和脂肪体 *CYP6B6* mRNA 表达水平的电泳图谱

1. 标准分子质量；中肠：2. 对照；3. 0.1 μg/mL 单宁酸；4. 0.5 μg/mL 单宁酸；脂肪体：
5. 对照；6. 0.1 μg/mL 单宁酸；7. 0.5 μg/mL 单宁酸。

较，结果表明所得序列与 *CYP6B6* 基因的同源性高于 *CYP6B2* 和 *CYP6B7*，分别为 98.23%和 97.84%，依据 P450s 的命名法，我们所得到的目的基因应为 *CYP6B6*。由于所得到的序列与 *CYP6B6* 基因同源性最近，所以在相对定量 RT-PCR 中，用特异性引物扩增得到的应为 *CYP6B6* 基因。

2-十三烷酮、槲皮素和单宁酸都属于黄酮类植物次生性物质，国内外一些文献也曾报道过它们能诱导许多农业害虫体内解毒酶活性增加，致使害虫对杀虫药剂产生抗药性(Brattsten 等，1977；Brattsten，1979；Scott，1999)。棉铃虫作为一种杂食性害虫，寄主范围广。因此我们用相对定量 RT-PCR 的方法来检测 2-十三烷酮、槲皮素和单宁酸对棉铃虫中肠和脂肪体 *CYP6B6* 基因表达的影响。3 种次生性物质中只有 2-十三烷酮能诱导棉铃虫中肠和脂肪体 *CYP6B6* 基因表达量增加，单宁酸能诱导中肠的而不能使脂肪体 *CYP6B6* 基因表达量增加，而槲皮素不能诱导两个组织中 *CYP6B6* 基因表达的增加。2002 年 Li 等人研究发现棉花中的植物次生性物质棉酚、槲皮素和单宁酸不能诱导美洲棉铃虫(*Helicoverpa zea*)的 *CYP6B8*、*CYP6B9*、*CYP6B27* 和 *CYP6B28* 的表达。但是我们的实验结果表明单宁酸可以明显地诱导中肠而不能诱导脂肪体 *CYP6B6* 基因表达量增加。这可能是由于害虫种类和生境，以及细胞色素 P450 同工酶的不同造成的；不同组织部位诱导效应不同也可能是由于调控该基因表达的机理存在组织差异性(Chung 等，2007)。

目前的研究表明外源性物质(如植物次生性物质、杀虫药剂等)诱使昆虫体内解毒酶表达量增加,进而对相关杀虫药剂产生抗药性,目前提出的有关机理有两种:一种是由于解毒酶基因的复制引起的,例如酯酶活性的根本的原因是由于酯酶基因的复制引起的(Johansson 等,1993)。另一种是由于点突变引起的,而这个突变点或者处在解毒酶基因的调控区,或者是直接参与控制解毒酶基因的表达。在家蝇(*M. domestica*)和果蝇(*D. melanogaster*)中分别发现 *CYP6A1* 和 *CYP6A2* 基因的过量表达与点突变有关(Feyereisen 等,1995)。同时在抗除虫菊酯的家蝇(*M. domestica*)lpr 品系中发现 *CYP6D1* 基因的过量表达也是由于单一的点突变造成的(Liu 等,1995)。在上述的 3 个例子中调控这些 P450s 基因表达的突变位点位于不同的染色体上。由此得出的结论是这些突变点调控每个具体 P450 基因的表达。

人们普遍认为昆虫的中肠是主要的解毒器官。2-十三烷酮和单宁酸处理的棉铃虫中肠 *CYP6B6* 基因过量表达也证实了这一观点,然而 *CYP6B6* 基因也在脂肪体中过量表达,在其他昆虫中也发现这种现象,说明一些昆虫的解毒部位或器官也包括其他组织(Dowd 等,1983)。现在不明确的是脂肪体中的 P450s 是否参与植物次生性物质的代谢,还有脂肪体中高含量或高活性的 P450s 是否可以导致棉铃虫对植物次生性物质有很强的耐受性。因此有必要进一步研究棉铃虫幼虫脂肪体中的 *CYP6B6* 基因过量表达是否直接可以导致棉铃虫对植物次生性物质很强的代谢。如果能搞清楚参与 2-十三烷酮、单宁酸和槲皮素代谢的具体的 P450 基因,在分子水平上就可为害虫综合治理提供理论基础。

参考文献

[1] Berenbaum M R, M B Cohen and Shuler M A. Cytochrome P450 in plant insect interactions: inductions and deductions Molecular insect science. Hagedorn H H, Hildebrand J G, Kidwell M G and Law J H. New York. : Plenum, 1990: 257-262.

[2] Brattsten L B. Biochemical defense mechanisms in herbivores against plant allelochemicals. In: G A Rosenthal & D H Janzen (eds.). Herbivores: Their Interaction with Secondary Plant Metabolites. New York: Academic Press, 1979, 200-270.

[3] Brattsten L B, Wilkinson C F. Herbivore-plant interaction: mixed-function oxidases and secondary plant substances. Science, 1977, 196: 1349-1352.

[4] Chung H, Bogwitz M R, McCart C, Andrianopoulos A, ffrench-Constant RH, et al. Cis-regulatory elements in the Accord retrotransposon result in tissue-specific expression of the *Drosophila melanogaster* insecticide resistance gene *Cyp6g1*. Genetics, 2007, 175: 1071-1077.

[5] Dowd P F, Smith C M S. Detoxification of plant toxins by insect. Insect Biochem, 1983, 13 (5): 453-468.

[6] Feyereisen R, Andersen J F, Carino F A, Cohen M B, Koener J F. Cytochrome P450 in the house fly: structure, catalytic activity and regulation of expression of CYP6A1 in an insecticide-resistant strain. Pestic Sci, 1995, 43: 233-239.

[7] Giraudo M, Unnithan G C, Le Goff G and Feyereisen R. Regulation of cytochrome P450 expression in Drosophila: genomic insights. Pestic Biochem Physiol, 2010, 97: 115-122.

[8] Gonzalea F J, Nebert D W. Evolution of the P450 gene superfamily: animal-plant warfare,

molecular drive and human genetic differences in drug oxidation. Trends Genet, 1990, 6: 182-186.

[9] Grubor V D, Heckel D G. Evaluation of the role of CYP6B cytochrome P450s in pyrethroid resistant Australian *Helicoverpa armigera*. Insect Molecular Biology, 2007, 16(1): 15-23.

[10] Johansson I, Lundqvist E, Bertilsson L, Dahl M L, Sjoqvist F, Ingelman-Sundberg M. Inherited amplification of an active gene in the cytochrome P450 CYP2D locus as a cause of ultrarapidmetabolism of debrisoquine. Proc Natl Acad Sci USA, 1993, 90: 11825-11829.

[11] Liu N, Tomita T and Scott J G. Allele-specific PCR reveals that the cytochrome P450 gene is on chromosome 1 in the house fly, Musca domestica. Experientia, 1995, 51: 164-167.

[12] Li X, Berenbaum M R, Schuler M A, Molecular cloning and expression of *CYP6B8*: a xanthotoxin-inducible cytochrome P450 cDNA from Helicoverpa zeal Insect Biochem. Mol Biol, 2000, 30 (1): 75-84.

[13] Li X, Schuler M A, Berebbaum M R. Jasmonate and salicylate induce expression of herbivore cytochrome P450 genes. Nature, 2002, 419: 712-715.

[14] Li X, Schuler M A, Berenbaum M R. Molecular mechanisms of metabolic resistance to synthetic and natural xenobiotics. Annu Rev Entomol. Find this article online Blackwell Publishing Ltd, 2007, 52: 231-53.

[15] Ma R, Cohen M B and Berenhaum M R. Black swallowtail (Papiloiopolyzenes) alleles encode cytochrome P450s that selectively metabolize linear furanocoumarins. Arch Biochem Biophys, 1994, 310(2): 332-340.

[16] Nelson H C, Finch J T, Luisi B F and Klug A. The structure of an oligo(dA). oligo (dT) tract and its biological implications. Nature, 1987, 330: 221-226.

[17] Prapaipong H, Berenbaum M R, Schuler M A. Transcriptional regulation of the *Papilio polyxenes* CYP6B1 gene. Nucleic Acids Research, 1994, 22: 3210-3217.

[18] Schuler M A. The role of cytochrome P450 monooxygenases in plant-insect interactions. Plant Physiol, 1996, 112: 1411-1419.

[19] Scott J G, Liu N, Wen Z, Smith F F, Kasai S and Horak C E. House fly cytochrome P450 CYP6D1: 5 prime flanking sequences and comparison of alleles. Gene, 1999, 226: 347-353.

[20] Stevens J L, Snyder M J, Koener J F, Feyereisen R. Inducible P450s of the *CYP9* family from larval Manduca sexta midgut. Insect Biochemistry and Molecular Biology, 2000, 30: 559-568.

[21] Yu S J. Induction of microsomal oxidases by host plants in the fall armyworm, *Spodoptera frugiperda* (J E Smith). Pestic Biochem Physiol, 1982, 17: 59-67.

第7章

植物损伤挥发物对棉铃虫P450活性的影响

细胞色素 P450 是昆虫体内一种重要的解毒酶,能催化代谢多种外源物质,同时也是一种可诱导酶,诱导受多方面影响,其中植物防御性自身或挥发性次生性物质是重要的诱导因子(Liu 等,2006;Mao 等,2006;Le Goff 等,2006)。同时已有报道解毒酶代谢增强是昆虫抗药性产生的原因之一,因此研究植物次生性物质对昆虫细胞色素 P450 的诱导作用,可为昆虫抗药性研究提供依据。

棉铃虫是一种多食性昆虫,食性多样性使得棉铃虫对植物次生性物质有一定的适应性和耐受性(Rajapakse 和 Walter,2007;Ambika 等,2005)。本章比较了虫害取食和机械损伤后激发的挥发性次生性物质对棉铃虫细胞色素 P450 的活性的诱导作用。

7.1 玉米损伤挥发物对棉铃虫细胞色素 P450 的诱导作用

选取长势基本一致的玉米,分为 3 组(每 10 株一组),一组不作任何处理,一组作为机械损伤组(提前 4 h 针刺,每片叶针刺 20 孔),一组作为虫害损伤组(提前 4 h 处理,取食虫为三至四龄预饥饿 4 h 的棉铃虫)。

准备 4 个容积为 7.5 L 的干燥器,将前期处理过的植株分别放入其中 3 个干燥器,分别记为完整植株处理组、机械损伤处理组和虫害损伤处理组,另一个干燥器不放入任何植株,记为对照组。

将用于实验的五龄棉铃虫单头放置在特制的塑料小盒内(小盒上下两面为纱布,用于接收挥发性次生性物质),以人工饲料喂养,然后将这些棉铃虫分为 4 部分,分别放入上述 4 个已作不同处理的密闭干燥器内,分别接收正常植株挥发物、机械损伤叶片植株挥发物和虫害损伤植株挥发物,对照组不接受挥发物。每个处理设置 3 个重复,在人工饲养条件下实验,分别于 12 h、24 h、36 h 之后取出小盒内的棉铃虫测定细胞色素 P450 的活性。

棉铃虫置于放置了正常玉米植株、针刺玉米和虫害玉米的密闭干燥器,分别接收玉米挥发性次生性物质,于不同时间点后取出解剖,测定的细胞色素 P450 活性结果见表 7.1。

表 7.1 损伤玉米挥发物处理后的棉铃虫 P450 活性*

处理时间/h	细胞色素 P450 活性/[pmol(min · mg 蛋白)]			
	对照组	正常叶片组	虫害叶片组	针刺叶片组
中肠				
12	2.62±0.25 a (1)	2.63±0.91 a (1.00)	3.51±0.06 a (1.34)	2.67±0.58 a (1.02)
24	1.80±0.37 a (1)	2.60±0.66 ab (1.44)	3.12±0.07 ab (1.73)	3.85±0.76 b (2.14)
36	2.41±0.67 a (1)	3.39±1.78 a (1.41)	4.09±0.86 a (1.69)	4.54±1.12 a (1.90)
脂肪体				
12	6.15±2.62 a (1)	3.93±2.63 a (0.64)	8.61±2.03 a (1.40)	3.35±0.32 a (0.54)
24	4.82±0.42 a (1)	4.20±1.43 a (0.87)	10.63±3.41 ab (2.21)	15.01±3.46 b (3.11)
36	5.58±0.51 a (1)	4.84±2.19 a (0.87)	13.17±4.41 a (2.36)	25.29±3.01 b (4.53)

注：* 表中各值为 3 个重复的平均值±标准误差；同行中不同小写字母表示不同处理差异显著（$p<0.05$）；括号内数值为同一时间段与对照组的比值。

从结果中可以看出，棉铃虫中肠正常叶片组和虫害损伤叶片组细胞色素 P450 活性12 h～24 h 小幅下降，到 36 h 时又上升，针刺叶片组的 P450 活性平稳上升。12 h 时，各处理组的活性与对照组相比稍有不同，正常叶片组和针刺叶片组与对照组相比，活性基本不变，分为对照组的 1.00 倍和 1.02 倍，而虫害损伤叶片组活性稍有提升，为对照组的 1.34 倍。24 h 时，正常叶片组和虫害损伤叶片组的 P450 活性有所下降，针刺叶片组 P450 活性有所上升。36 h 时，各处理组的 P450 活性均上升，正常叶片组和虫害叶片组 P450 活性上升了 30%，而针刺叶片组 P450 活性上升 18%。

相比中肠，棉铃虫脂肪体受挥发性次生性物质影响更为明显。12 h 时，正常叶片组和针刺叶片组 P450 活性受到不同程度的抑制，分别为对照组的 0.64 和 0.54 倍，相反，虫害损伤叶片组区仍有小幅上升，为对照组的 1.40 倍。24 h 时，正常叶片组 P450 活性上升不明显，虫害损伤叶片组 P450 活性上升了 2 pmol/(min · mg 蛋白)，针刺叶片组上升最为明显，活性上升了12 pmol/(min · mg 蛋白)。36 h 时，正常叶片组 P450 活性变化依然不大，虫害叶片组 P450 活性上升趋势与前一时段相当，针刺叶片组 P450 活性继续上升，达到 25.29 pmol/(min · mg 蛋白)，已经是同时段对照组的 4.53 倍。针刺叶片组 P450 在 24 h 之后被明显诱导。

7.2 棉花损伤挥发物对棉铃虫细胞色素 P450 的诱导作用

棉铃虫置于放置了正常棉花植株、针刺棉花和虫害棉花的密闭干燥器，分别接收棉花挥发性次生性物质，于不同时间点后取出解剖，测定的细胞色素 P450 活性结果见表 7.2。

表 7.2 损伤棉花挥发物处理后的棉铃虫 P450 活性*

处理时间/h	细胞色素 P450 活性/[pmol(min · mg 蛋白)]			
	对照组	正常叶片组	虫害叶片组	针刺叶片组
中肠				
12	2.62±0.25 b	2.37±0.56 b	1.48±0.32 ab	0.99±0.18 a
	(1)	(0.90)	(0.56)	(0.38)
24	1.80±0.37 a	2.39±0.07 a	2.11±0.16 a	3.57±0.27 b
	(1)	(1.33)	(1.17)	(1.98)
36	2.41±0.67 a	2.47±0.54 a	3.08±0.32 a	1.91±0.58 a
	(1)	(1.02)	(1.28)	(0.49)
脂肪体				
12	6.15±2.62 a	5.80±0.47 a	4.24±1.06 a	5.23±1.69 a
	(1)	(0.94)	(0.72)	(0.85)
24	4.82±0.42 b	5.75±1.13 b	14.71±6.13 a	6.28±1.53 b
	(1)	(1.19)	(3.05)	(1.30)
36	5.58±0.51 a	18.03±0.53 c	10.20±0.79 ab	11.48±3.12 b
	(1)	(3.23)	(1.83)	(2.05)

注：* 表中各值为 3 个重复的平均值±标准误差；同行中不同小写字母表示不同处理差异显著($p<0.05$)；括号内数值为同一时间段与对照组的比值。

棉铃虫中肠 P450 活性结果显示，正常叶片组细胞色素 P450 活性基本不变，12 h 时，虫害损伤叶片组和针刺叶片组 P450 活性均受到不同程度的抑制，而且针刺组与对照组相比显著抑制，仅为对照组的 0.38 倍。24 h 时，虫害叶片处理组 P450 活性恢复到对照组水平，而针刺处理组 P450 活性却显著升高。36 h 时，虫害损伤叶片组 P450 活性和针刺叶片组 P450 活性与对照均无显著性差异。

棉铃虫脂肪体的 P450 活性在 12 h 时，各处理组活性与对照组无显著性差异。24 h 时，正常叶片组和针刺叶片组的 P450 活性与对照组无显著差异，而虫害损伤叶片组 P450 活性显著升高，并与对照组有显著差异，达到了对照组的 3.05 倍。36 h 时正常叶片组和针刺叶片组的 P450 活性显著提高，分别是对照组的 3.23 倍和 2.05 倍，而且它们之间也存在显著差异，而虫害损伤叶片组 P450 活性稍有下降。

7.3 小麦损伤挥发物对棉铃虫细胞色素 P450 的诱导作用

棉铃虫置于放置了正常小麦植株、针刺小麦和虫害小麦的密闭干燥器，分别接收小麦挥发性次生性物质，于不同时间点后取出解剖，测定的细胞色素 P450 活性结果见表 7.3。

表 7.3 中数据显示，棉铃虫中肠 P450 在 12 h 时与对照组无显著差异，P450 活性变化不大。24 h 时，正常叶片组 P450 活性增加，为同时段活性最高，为 5.22 pmol/(min · mg 蛋白)，且与其他两个处理组无显著差异，与对照组有显著差异，虫害损伤叶片处理组和针刺叶片处理

组 P450 活性与 12 h 相比变化不大，与对照无显著差异。36 h 时，正常叶片组 P450 活性下降，虫害损伤叶片组 P450 活性升高，两组有显著差异，活性相差 4.6 pmol/(min · mg 蛋白)，针刺叶片组 P450 活性变化依然不大。

表 7.3　损伤小麦挥发物处理后的棉铃虫 P450 活性*

处理时间/h	细胞色素 P450 活性/[pmol(min · mg 蛋白)]			
	对照组	正常叶片组	虫害叶片组	针刺叶片组
中肠				
12	2.62±0.25 a (1)	3.24±0.26 a (1.24)	2.53±0.39 a (0.97)	2.99±0.42 a (1.14)
24	1.80±0.37 a (1)	5.22±0.28 b (2.90)	3.40±1.30 ab (1.89)	3.10±1.36 ab (1.72)
36	2.41±0.67 a (1)	1.78±0.36 a (0.74)	6.38±1.50 b (2.66)	2.62±0.39 a (1.09)
脂肪体				
12	6.15±2.62 a (1)	4.70±1.54 a (0.76)	8.09±0.28 a (1.32)	5.66±1.50 a (0.92)
24	4.82±0.42 a (1)	13.11±2.51 b (2.72)	6.38±1.89 a (1.32)	7.74±0.91 ab (1.61)
36	5.58±0.51 a (1)	11.12±0.88 ab (1.99)	16.93±6.19 b (3.03)	4.76±2.24 a (0.85)

注：* 表中各值为 3 个重复的平均值±标准误差；同行中不同小写字母表示不同处理差异显著($p<0.05$)；括号内数值为同一时间段与对照组的比值。

而脂肪体 P450 活性在 12 h 时，各处理组 P450 活性之间无显著差异。24 h 时，正常叶片处理组活性上升，为对照组的 2.72 倍，为虫害损伤叶片组的 2.05 倍，且与这两组均有显著差异，针刺叶片处理组 P450 活性稍有上升，但与其他组无显著差异。36 h 时，正常叶片组 P450 活性与 24 h 相当，虫害损伤叶片处理组显著上升，增加了近 10 pmol/(min · mg 蛋白)，达到了对照组的 3.03 倍，与此同时，针刺叶片处理组 P450 活性下降为对照组的 0.85 倍，与虫害损伤叶片组有显著差异。

7.4　植物挥发物对细胞色素 P450 诱导的时间效应

植物次生性物质诱导细胞色素 P450 活性，依赖于植物次生性物质的浓度和处理时间，从处理时间上看则表现出细胞色素 P450 诱导的时间效应。只有当要到达到一定时间时才会表现诱导效应，同时，随着植物次生性物质的持续作用，P450 的活性达到一个峰值时还有可能会有所减低。本研究同样出现这种情况，例如棉花针刺处理组的 P450 活性，12 h 时 P450 的活性是显著抑制的，直到 24 h 才被诱导，而在 36 h 时活性又有所降低。

在次生性物质诱导细胞色素 P450 的研究中，时间效应已在不同昆虫及其他物种和不同处理实验中发现，结果显示诱导最大作用发生时间有所不同。Steven 等(2008)分别用苯巴比妥(PHB)、巴比妥(BAR)、3-甲胆蒽(3MC)、香叶醇(GER)、异黄樟素(ISA)和五甲基苯(PMB) 6 种诱导物处理二斑叶螨，结果发现用 PHB、BAR、GER 处理后，P450 活性表现出剂量依赖性增加；用 GER 和 BAR 处理后，诱导作用在 1～4 h 后很快就发生了，而且最大活性发生在 4 h 和 48 h。刘小宁(2005)将植物次生性物质槲皮素(0.01%和 0.05%)和 2-十三烷酮(0.01%和 0.05%)添加到人工饲料中饲喂棉铃虫幼虫，中肠和脂肪体的 P450 活性存在诱导的时间效应和剂量效应，诱导 48 h 时的棉铃虫 P450 活性达到最大；低浓度短时间处理表现为诱导增加，高浓度长时间处理则一般表现为诱导抑制。Stevens(2000)等将烟草天蛾幼虫用 0.5%的十一烷酮处理，经 Northern 斑点杂交后发现 *CYP9A2* 的 mRNA 含量最大值发生在 48 h。

细胞色素 P450 的诱导时间效应有时还体现在昆虫世代中。于彩虹(2002)用含 2-十三烷酮的棉铃虫人工饲料连续饲养 5 代，浓度从 0.005%升到 0.02%，第一代中肠和脂肪体的细胞色素 P450 含量受到明显抑制。第二、三代基本恢复到对照水平，第四代和第五代的中肠又受到了明显的诱导。

7.5　不同植物挥发性次生性物质对棉铃虫细胞色素 P450 诱导模式差异性

研究表明，同一植株健康叶片和损伤叶片挥发物成分有差异。例如玉米健康叶片、虫害叶片、机械损伤叶片挥发性物质很不相同，健康玉米叶片主要组成为 48.8%的绿叶性气味、27.7%的萜类化合物和 33.4%的其他物质；机械损伤玉米叶片挥发物中绿叶性气味高达 96.3%，萜类化合物低至 3.8%，虫害玉米叶片挥发物中绿叶性气味降至 12.1%，萜类化合物则升高至 66.7%，而且还出现了 6.1%的含氮化合物，这类物质在健康叶片和机械损伤处理后的叶片中并不存在(Takabayashi 等，1994)。另外，不同植物相同损伤处理，挥发物成分也有所不同。例如棉花健康叶片挥发物中主要以萜类化合物存在，虫害叶片挥发物则主要是绿叶性气味(Loughrin JH 等，1995)。

由于不同处理会使植株产生不同的挥发性物质，本研究结果发现同一植株不同处理后，棉铃虫的 P450 活性变化有所差异。如小麦处理组中发现完整叶片处理组棉铃虫 P450 活性，先升高后降低，虫咬损伤叶片组则是先下降后升高。同时还发现，不同植株同一处理，棉铃虫 P450 活性变化也有差异，如机械损伤叶片之后，不同植株的挥发物影响棉铃虫 P450，玉米针刺组棉铃虫 P450 活性逐步上升，棉花针刺组棉铃虫 P450 活性受到抑制后上升，之后又下降，小麦针刺组棉铃虫 P450 活性基本不变。

不同植株的诱导 P450 差异性之前就曾有过报道，Yu(1993)用 4 种种间感应化合物(3-甲醇吲哚、3-乙腈吲哚、黑芥子苷、薄荷醇)和两种寄主(甘蓝和油菜)对小菜蛾进行诱导，结果发现只有 3-甲醇吲哚和甘蓝能诱导艾氏剂环氧化作用，而薄荷醇是抑制作用。

同时研究还表明不同昆虫危害叶片后，激发植物产生的挥发物也有所不同。玉米被 1～3 龄 *Pseudateha separat* 危害后，挥发物主要为萜类化合物(Takabayashi 等，1994)，而被甜菜夜蛾幼虫危害时主要成分是绿叶性气味(Tuclinga,1991)。关于植株被不同昆虫取食危害后挥发物对棉铃虫细胞色素 P450 的影响还有待进一步研究。

参考文献

[1] 刘小宁. 植物次生性物质对棉铃虫细胞色素 P450 的诱导及 *CYP6B6* 基因的克隆和表达:博士论文. 北京:中国农业大学,2005.

[2] 于彩虹,高希武. 2-十三烷酮对棉铃虫细胞色素 P450 的诱导作用. 昆虫学报,2002,45(1):1-7.

[3] Ambika T, Sheshshayee M S, Viraktamath C A, Udayakumar M. Identifying the dietary source of polyphagous Helicoverpa armigera (Hübner) using carbon isotope signatures. Current Science, 2005, 89: 12.

[4] Le Goff G, Hilliou F, Siegfried B D, Boundy S, Wajnberg E, et al. Xenobiotic response in Drosophila melanogaster: Sex dependence of P450 and GST gene induction. Insect Biochem Mol Biol, 2006, 36: 674-82.

[5] Liu X, Liang P, Gao X, Shi X. Induction of the cytochrome P450 activity by plant allelochemicals in the cotton bollworm, Helicoverpa armigera (Hübner). Pesticide Biochemistry and Physiology, 2006, 84: 127-134.

[6] Loughrin J H, Manukian A, Heath R R. Volatiles emitted by different cotton varieties damaged by feeding beet armyworm larvae. Chem Ecol, 1995, 21(8): 1217-1227.

[7] Mao W, Berhow M, Zangerl A, McGovern J, Berenbaum M. Cytochrome P450-mediated metabolism of xanthotoxin by Papilio multicaudatus. J Chem Ecol, 2006, 32: 523-536.

[8] Rajapakse C N K and Walter G H. Polyphagy and primary host plants: oviposition preference versus larval performance in the lepidopteran past Helicoverpa armigera. Arthropod-Plant Interactions, 2007, 11: 17-26.

[9] Stevens J L, Snyder M J, Koener J F, Feyereisen R. Inducible P450 of the *CYP9* family from larval Manduca sexta midgut. Insect Biochem. Mol Biol, 2000, 30: 559-568.

[10] Steven V P, Thomas V L. Induction of cytochrome P450 monooxygenase activity in the two-spotted spider mite *Tetranychus urticae* and its influence on acaricide toxicity. Pesti Biochem Physiol, 2008(91): 128-133.

[11] Takabayashi J, Dicke M, Posthumus M A. Volatile herbivore-induced terpenoids in plant-mite interactions: variation caused by biotic and abiotic factors. Chem Ecol, 1994, 26(6): 1329-1354.

[12] Turlings T C J, Tumlinson J H, Heath R R. Isolation and identification of allelochemicals that attract the larval parasitoid, *Cotesia marginiventris* (Cresson), to the microhabitat of one of its hosts. Chem Ecol, 1991, 17(11): 2235-2251.

[13] Yu S J, Hsu E L. Induction of detoxification enzymes in phytophagous insects: roles of insecticide synergists, larval age, and species. Arch Insect Biochem Physiol, 1993, 24: 21-22.

第8章

玉米损伤挥发物对棉铃虫P450基因表达量的影响

通过损伤3种棉铃虫寄主植物后研究了挥发物对棉铃虫细胞色素P450活性的影响，在同一次实验时，选择玉米处理组的棉铃虫脂肪体组的样品，采用实时荧光定量PCR方法研究6个棉铃虫P450基因在处理前后的表达量变化。

8.1 看家基因和目的基因扩增效率的计算

选择普通棉铃虫cDNA按一定比例梯度稀释，看家基因和目的基因分别按不同浓度的模板进行同一次实时荧光定量PCR，结果以稀释倍数的log值为横坐标，Ct值为纵坐标作图。图8.1显示的是看家基因*EF-1α*和*CYP6B6*标准曲线图，从图8.1中的两条曲线的斜率可以看出，*EF-1α*和*CYP6B6*扩增效率相近。

同时从图8.2两个基因的熔解曲线可以看出，扩增过程无引物二聚体情况出现，只出现单一主峰，无非特异性扩增，符合荧光定量PCR条件，可以进行下一步工作。其他P450基因采用相同方法进行扩增效率比较。

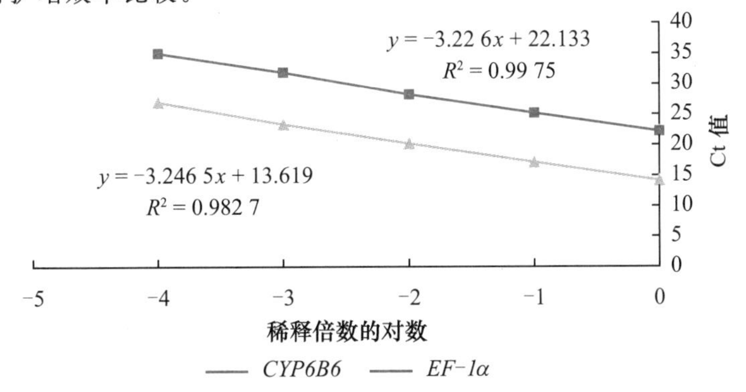

图8.1 ***EF-1α*和*CYP6B6*实时荧光定量PCR标准曲线**

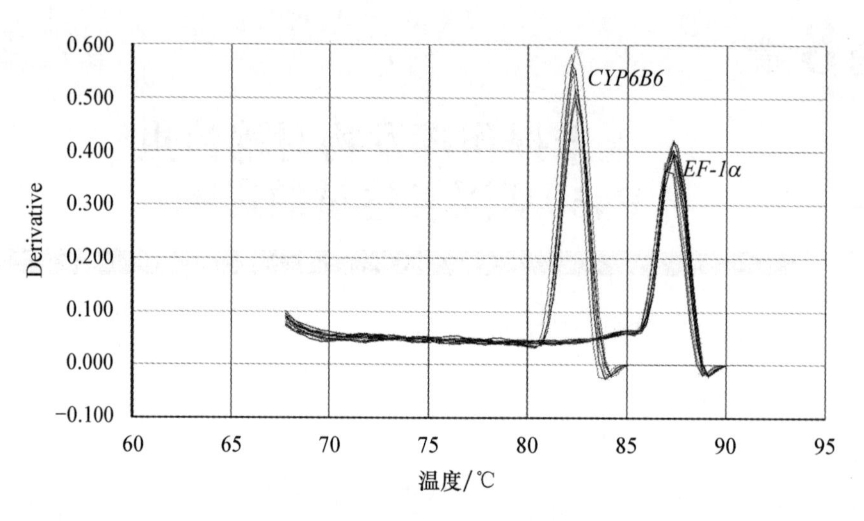

图 8.2　***EF-1α* 和 *CYP6B6* 实时荧光定量 PCR 的熔解曲线**

8.2　不同处理条件下棉铃虫脂肪体 P450 基因的相对表达量

玉米处理组每个时间段有 4 个处理，分别为对照组（不接收任何挥发物）、正常叶片组（接收完整叶片挥发物）、虫害叶片组（接收遭受棉铃虫取食危害后的叶片挥发物）和针刺叶片组（接收遭受机械损伤叶片挥发物）。棉铃虫的 P450 基因通过相对实时荧光定量 PCR 过程和相对定量计算方法，得出了每个基因在不同时间段和不同处理条件下对于对照组的相对表达量。

8.2.1　*CYP4S1* 不同处理条件后的相对表达量

CYP4S1 各处理条件后的相对表达量如图 8.3 所示，同时将正常叶片组计算的相对表达量设为 1，计算求得其他两个处理组与正常叶片组的相对表达量的相对倍数，结果如表 8.1 所示。

从图 8.3 和表 8.2 可以看出，12 h 时，*CYP4S1* 在正常叶片组和虫害叶片组的相对表达量与对照组相差不多，虫害叶片组稍有上升，表达量为对照组的 1.29 倍，相比而言，*CYP4S1* 在针刺叶片组的相对表达量上升较为明显，为对照组的 2.93 倍；24 h 时，*CYP4S1* 在虫害叶片组和针刺叶片组的相对表达量均有所下降，分别为对照组的 0.94 和 1.62 倍，同时在完整叶片组的相对表达量却有所增加，为对照组的 1.80 倍，这使得 *CYP4S1* 在 24 h 时在虫害叶片组和针刺叶片组中相比正常叶片组有所抑制，可能与虫害和针刺诱发挥发物产生有关；36 h 时，*CYP4S1* 在虫害叶片组和针刺叶片组的相对表达量又重新上升，达到了对照组的 2.23 和 3.24 倍，同时正常叶片组的相对表达量下降到了对照组的 0.42 倍，使得虫害叶片组和针刺叶片组的相对表达量上升到正常叶片组的相对表达量的 5.26 和 7.63 倍。

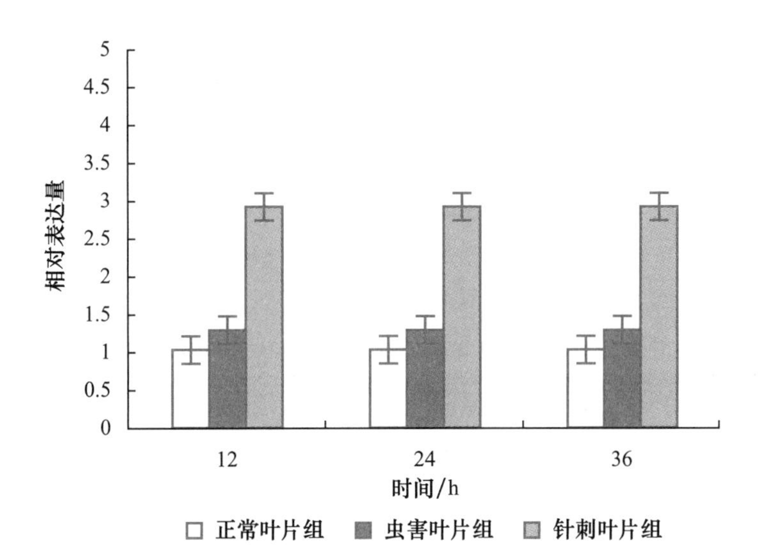

图 8.3 不同玉米处理下的棉铃虫 ***CYP4S1*** 的相对表达量

表 8.1 ***CYP4S1*** 不同处理条件下的相对表达量比较*

时间/h	正常叶片组	虫害叶片组	针刺叶片组
12	1 a	1.28 ab	2.90 b
24	1 a	0.52 a	0.90 b
36	1 a	5.26 a	7.63 a

注：* 表中各值表示不同处理条件下基因的相对表达量与正常叶片组相对表达量的相对倍数；同行中不同小写字母表示不同处理的基因相对表达量差异显著($p<0.05$)。

8.2.2 *CYP6B2* 不同处理条件后的相对表达量

CYP6B2 各处理条件后的相对表达量如图 8.4 所示，同样将正常叶片组计算的相对表达量设为 1，求得其他两个处理与正常叶片组的相对表达量的相对倍数，结果如表 8.2 所示。

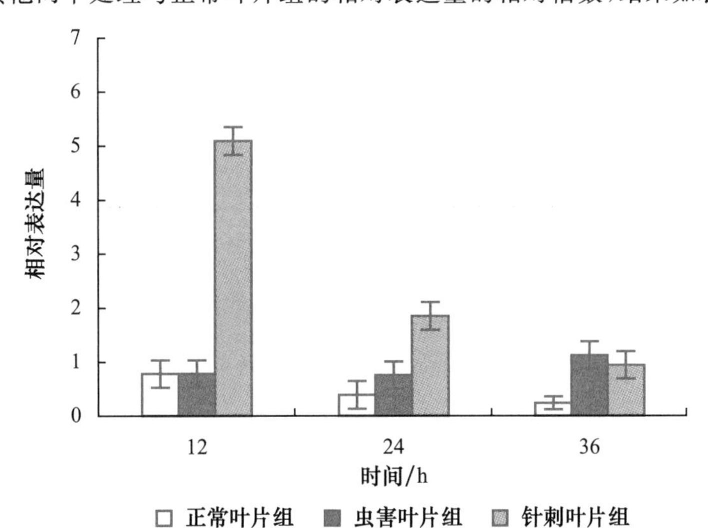

图 8.4 不同玉米处理下的棉铃虫 ***CYP6B2*** 的相对表达量

从图 8.4 和表 8.2 的数据看出，12～36 h，*CYP6B2* 在正常叶片组的相对表达量持续下降而且相对表达量一直小于 1，表达量处于抑制状态；而在虫害叶片组的相对表达量在12 h 和 24 h 时，表达量稍微抑制，约为对照组的 0.7 倍，直到 36 h 时，*CYP6B2* 的相对表达量才恢复到对照组的 1.09 倍；不同的是针刺叶片组，*CYP6B2* 的相对表达量在 12 h 时就达到了对照组的 5.09 倍，到 24 h 时，相对表达量下降到对照组的 1.85 倍，只在 36 h 时，相对表达量才稍有抑制，为对照组的 0.93 倍。从整个时间段上来看，*CYP6B2* 在虫害叶片组和针刺叶片组的相对表达量几乎都大于正常叶片组的相对表达量。

表 8.2 ***CYP6B2*** 不同处理条件下的相对表达量比较*

时间/h	正常叶片组	虫害叶片组	针刺叶片组
12	1 a	0.99 a	6.56 b
24	1 a	2.04 ab	5.18 b
36	1 a	5.28 ab	4.48 b

注：* 表中各值表示不同处理条件下基因的相对表达量与正常叶片组相对表达量的相对倍数；同行中不同小写字母表示不同处理的基因相对表达量差异显著($p<0.05$)。

8.2.3 *CYP6B6* 不同处理条件后的相对表达量

CYP6B6 在不同处理条件后的相对表达量如图 8.5 所示，同时也将正常叶片组计算的相对表达量设为 1，求得其他两个处理与正常叶片组的相对表达量的相对倍数，结果如表 8.3 所示。

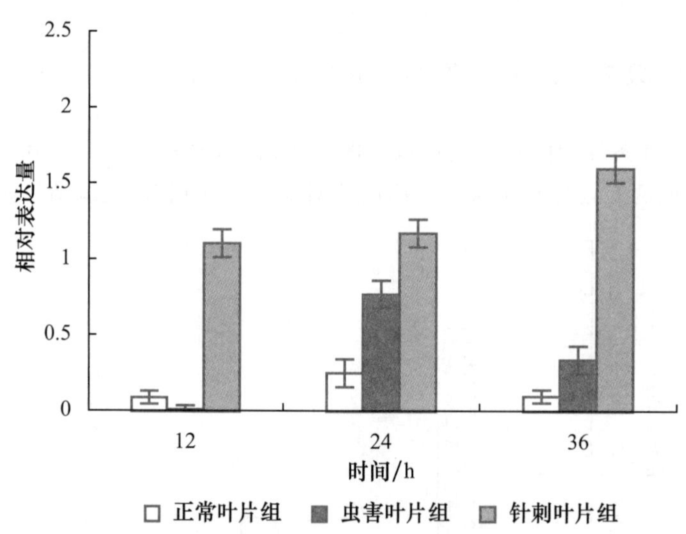

图 8.5 不同玉米处理下的棉铃虫 ***CYP6B6*** 的相对表达量

从图 8.5 可以看出：*CYP6B6* 在正常叶片组和虫害叶片组的相对表达量都得到了不同程度的抑制，12 h 时抑制得比较严重，分别为对照组的 0.08 和 0.02 倍，之后 *CYP6B6* 在这两个处理组的相对表达量都有幅度比较大的提高，其中正常叶片组的相对表达量上升到 12 h 时的 3 倍，虫害叶片组上升到 12 h 时的 39 倍，可是相对表达量还是处于抑制状态，到 36 h 时，

CYP6B6 在这两个处理组的表达量又有所下降；与此相反，*CYP6B6* 在针刺叶片组的相对表达量没有受到抑制，12 h 和 24 h 的相对表达量与对照组相当，仅在 36 h 稍有诱导，为对照组的 1.60 倍。

从表 8.3 看出，虫害叶片组在 12 h 抑制严重，相对表达量仅为正常叶片组相对表达量的 26%，而且虫害叶片组的相对表达量在 24 h 和 39 h 时受到抑制，但其抑制程度没有正常叶片组厉害，相对表达量约为正常叶片组的 3 倍。

表 8.3 ***CYP6B6*** 不同处理条件下的相对表达量比较*

时间/h	正常叶片组	虫害叶片组	针刺叶片组
12	1 a	0.26 a	13.73 b
24	1 a	3.22 ab	4.88 b
36	1 a	3.21 a	15.48 b

注：* 表中各值表示不同处理条件下基因的相对表达量与正常叶片组相对表达量的相对倍数；同行中不同小写字母表示不同处理的基因相对表达量差异显著（$p<0.05$）。

8.2.4 *CYP6B7* 不同处理条件后的相对表达量

Zhang 等(2010)发现氰戊菊酯抗性的棉铃虫 P450 *CYP6B7* 过量表达。Yang 等(2006)也发现拟除虫菊酯抗性品系棉铃虫有多个 P450 基因过量表达。*CYP6B7* 在不同处理条件后的相对表达量如图 8.6 所示，将正常叶片组计算的相对表达量设为 1，求得其他两个处理与正常叶片组的相对表达量的相对倍数，结果如表 8.4 所示。

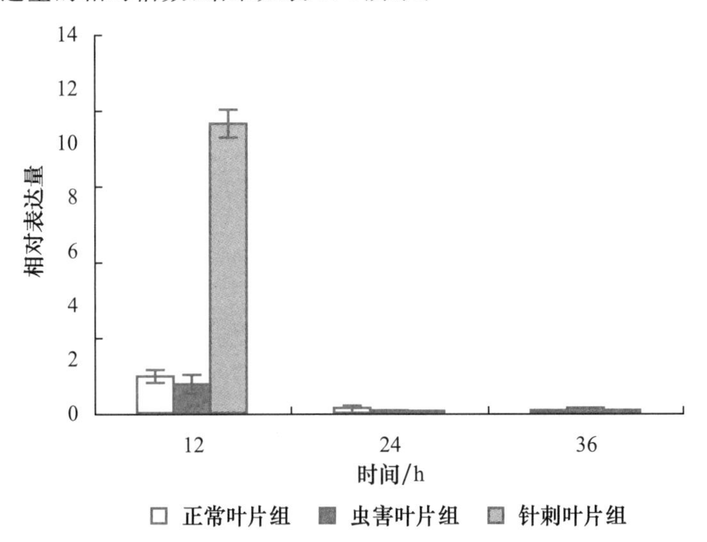

图 8.6 不同玉米处理下的棉铃虫 ***CYP6B7*** 的相对表达量

从图 8.6 和表 8.4 可以看出：12 h 时，*CYP6B7* 在各处理的相对表达量均没有抑制现象，其中正常叶片和虫害叶片组的相对表达量与对照相当，分别为对照组的 1.34 倍和 1.08 倍，而针刺叶片组的相对表达量上升比较多，达到了对照组的 10.67 倍；但到 24 h 时，各处理条件下的相对表达量均下降得比较严重，正常叶片组是对照组的 14%，虫害叶片组和针刺叶片组仅为对照的 4%和 3%，同时虫害和针刺叶片组的相对表达量也下降到约为正常叶片组相对表达量的 0.2 倍；到 36 h 时，各处理的相对表达量依然很低，正常叶片组的相对表达量继续下降，虫害和针刺叶片组则小幅上升，使得其相对表达量对正常叶片组的相对倍数有所上升。

表 8.4 *CYP6B7* 不同处理条件下的相对表达量比较*

时间/h	正常叶片组	虫害叶片组	针刺叶片组
12	1 a	0.80 a	7.92 b
24	1 b	0.27 a	0.22 a
36	1 a	1.79 b	0.80 a

注：* 表中各值表示不同处理条件下基因的相对表达量与正常叶片组相对表达量的相对倍数；同行中不同小写字母表示不同处理的基因相对表达量差异显著（$p<0.05$）。

8.2.5 *CYP9A12* 不同处理条件后的相对表达量

研究发现 *CYP9A12* 过量表达与棉铃虫拟除虫菊酯抗性有关（Yang 等，2008；Zhang 等，2008）*CYP9A12* 不同处理条件后的相对表达量如图 8.7 所示，将正常叶片组计算的相对表达量设为 1，求得其他两个处理与正常叶片组的相对表达量的相对倍数，结果如表 8.5 所示。

图 8.7 结果表明：除 12 h 针刺处理组外，*CYP9A12* 在其他时间和处理条件下的相对表达量均比对照组低。其中正常叶片组的相对表达量一直下降，到 36 h 相对表达量时仅为对照组的 0.003 4 倍，虫害叶片组一直处于一个严重抑制的状态，3 个时间段的相对表达量都只是对照组的 5%左右，而针刺叶片组的相对表达量从 12 h 的与对照组相近，下降到 36 h 的仅为对照组的 2%。

从表 8.5 的结果看出，3 种处理组的 *CYP9A12* 的表达都处于抑制，但每个处理的变化情况还是有所不同。正常叶片组和针刺叶片组的相对表达量随时间下降比较明显，而虫害处理组的相对表达量则保持一种稳定的表达，没有剧烈变化。

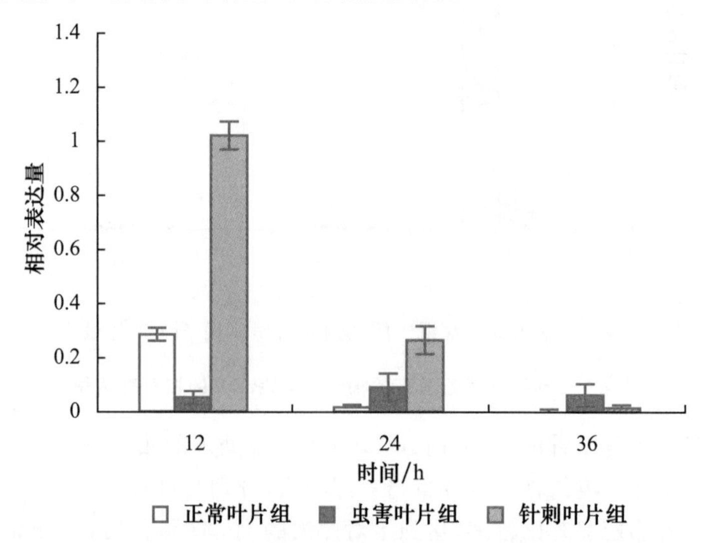

图 8.7 不同玉米处理下的棉铃虫 *CYP9A12* 的相对表达量

表 8.5 ***CYP9A12*** 不同处理条件下的相对表达量比较*

时间/h	正常叶片组	虫害叶片组	针刺叶片组
12	1 a	0.18 a	3.60 b
24	1 a	4.79 a	14.73 a
36	1 a	17.26 b	4.88 ab

注：* 表中各值表示不同处理条件下基因的相对表达量与正常叶片组相对表达量的相对倍数；同行中不同小写字母表示不同处理的基因相对表达量差异显著($p<0.05$)。

8.2.6 *CYP9A14* 不同处理条件后的相对表达量

研究发现 *CYP9A14* 过量表达与棉铃虫溴氰菊酯抗性有关(Tao 等，2012)。*CYP9A14* 各处理条件后的相对表达量如图 8.8 所示，同时把正常叶片组计算的相对表达量设为 1，求得其他两个处理与正常叶片组的相对表达量的相对倍数，结果如表 8.6 所示。

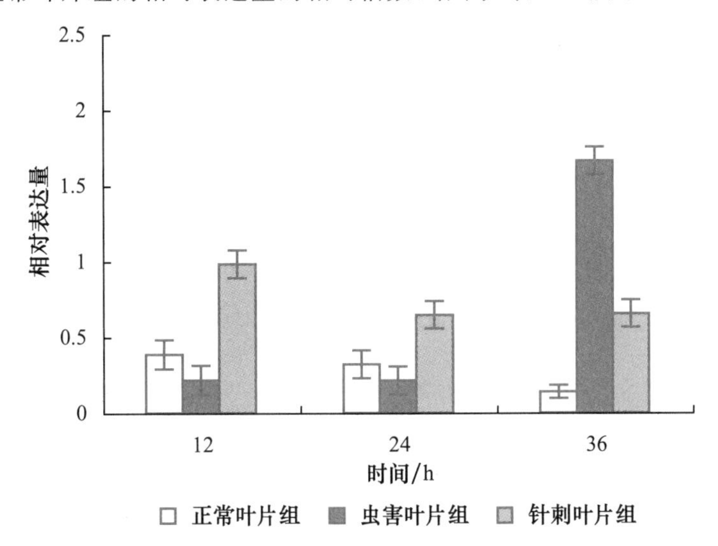

图 8.8 不同玉米处理下的棉铃虫 ***CYP9A14*** 的相对表达量

表 8.6 ***CYP9A14*** 不同处理条件下的相对表达量比较*

时间/h	正常叶片组	虫害叶片组	针刺叶片组
12	1 a	0.54 a	2.51 b
24	1 ab	0.66 a	2.03 b
36	1 a	12.75 b	5.09 a

注：* 表中各值表示不同处理条件下基因的相对表达量与正常叶片组相对表达量的相对倍数；同行中不同小写字母表示不同处理的基因相对表达量差异显著($p<0.05$)。

从图 8.8 和表 8.6 的结果分析：*CYP9A14* 除在 36 h 虫害处理组的相对表达量得到诱导，其他时间段和处理组为表达抑制或基本不变。而且结果还显示 *CYP9A14* 在正常和虫害叶片处理组中，12 h 和 24 h 的相对表达量变化不大，两个时间段下虫害叶片组的相对表达量为正常叶片组的 0.54 和 0.66 倍，相对倍数相差不大，而在 36 h 的表达量发生改变，不同的是正常叶片组的表达量继续抑制到达一个低值，而虫害叶片组的表达量突然得到诱导，上升到对照组的 1.67 倍，这使得虫害叶片组的相对表达量到达了正常叶片组的 12.75 倍。针刺叶片组的表达量 12 h 时与对照组相近，表达量基本不受影响，随后到 24 h 时，*CYP9A14* 的表达量下降 35%，变为对照组的 0.65 倍，到 36 h 表达量与 24 h 时相当，为对照组的 0.66 倍。

8.3 相同 P450 基因在不同处理下表达量变化

从 6 个棉铃虫 P450 表达量的变化情况可以看出，基因的表达量随时间变化而变化。例如 *CYP4S1* 在正常叶片组表达量先基本不变，随后上升，最后下降，*CYP6B2* 在虫害叶片组表达量先下降，后保持不变，随后又上升，*CYP6B6* 在针刺叶片组表达量头两个时间段先保持不变，最后上升，而 *CYP6B7* 在正常叶片组表达量先上升，随后依次下降。挥发物影响是一个连续的过程，过长时间影响棉铃虫会造成一定毒害作用，抑制 P450 基因的表达，但由于细胞色素 P450 是一个可诱导的酶，植物次生性物质会诱导 P450 基因表达量增加。同时 P450 基因表达量随时间变化可能还与次生性物质的种类和浓度不同而表现出不同的变化趋势。

而在同一时间段的不同处理间，基因表达量的变化趋势也不同。例如 *CYP4S1* 在正常叶片组表达量先基本不变，随后上升，最后下降，虫害叶片组表达量首先上升，随后下降，最后又上升，而针刺叶片组首先上升，随后下降，最后又上升；*CYP6B2* 在正常叶片组表达量依次下降，虫害叶片组表达量首先下降，并保持一段时间，最后又上升，而针刺叶片组首先上升，随后依次下降，*CYP9A12* 在正常叶片组表达量依次下降，虫害叶片组表达量下降后基本保持不变，而针刺叶片组首先基本不变，随后依次下降。这些不同可能受不同处理后产生的挥发性物质不同的影响。

由此可见，同一基因在不同处理条件下表达量是有差异的。类似结果在其他学者中的研究里也有所体现。通过将植物次生性物质添加至人工饲料来研究 P450 基因表达量变化是研究得比较多的实验方案。例如当用混有香豆素、3-吲哚甲醇和花椒毒素的饲料喂养美洲棉铃虫，*CYP321A1* 的表达量在取食混有香豆素、3-吲哚甲醇和花椒毒素的饲料后，表达量分别上升 20.7 倍、8.3 倍和 10.6 倍(Zeng 等，2007)。

总体来看，一些基因在一定处理条件下表达量会相比其他基因高，推测可能某些基因更易受到某些次生性物质的诱导。这方面的研究也有报道，例如一种果蝇(*Carnegiea gigantea*)在两种不同的寄主仙人掌腐烂组织中取食时，*Cyp28A1* 在寄主 senita (*Carnegiea gigantea*)中表达量高，而 *Cyp4D10* 在寄主 saguaro (*Lophocereus schottii*)中表达量高(Jeremy 等，2008)。

8.4 不同 P450 基因相同处理下表达量变化

结果表明相同的植物挥发性次生性物质对不同基因的诱导作用不同。例如 12 h 虫害处理组时，*CYP4S1* 表达量稍有提高，*CYP6B7* 表达量基本不变，*CYP6B2*，*CYP9A14* 表达量有所下降，*CYP6B6*，*CYP9A12* 表达量受到强烈抑制；24 h 针刺处理组时，*CYP*4S1 ，*CYP6B2* 表达量稍有提高，*CYP6B6* 表达量基本不变，*CYP9*A14 ，*CYP9A12* 表达量有所下降，*CYP6B7*

表达量受到强烈抑制；36 h 虫害处理组时，*CYP4S1* 表达量诱导倍数高，*CYP9A14* 表达量稍有提高，*CYP6B2* 表达量基本不变，*CYP6B6*，*CYP6B7* 表达量有所下降，*CYP9A12* 表达量受到强烈抑制。

植物次生性物质添加至人工饲料时，也得出了不同基因相同处理后表达量不相同的结果。例如当用混有香豆素的饲料喂养美洲棉铃虫，*CYP6B8* 表达量增加了 2.3 倍，而 *CYP321A1* 的表达量上升 20.7 倍（Zeng 等，2007）。

还有研究表明 P450 基因诱导具有一定的特异性。例如尼古丁可以诱导中肠中的 *CYP4M1* 和 *CYP4M3*，但并不能诱导脂肪体中的 *CYP4M1* 和 *CYP4M3*（Snyder 等，1995），而且尼古丁不能诱导 CYP9 家族部分基因（Stevens 等，2000）。本文研究的 *CYP9A12* 表达量在虫害叶片组严重抑制，可能与这有一定关系。

同时，还有研究发现，昆虫抗药性的产生存在着 P450 基因的选择性诱导。例如 Baek 等（2010）研究了小菜蛾氯氰菊酯抗性品系和敏感品系对氯氰菊酯不同的处理条件下（处理方式、时间和剂量）的 P450 基因诱导的最大水平进行了研究。结果发现，在最适诱导条件下，选取的 11 个 P450 基因中，有 8 个基因在抗性品系中被诱导，诱导在 1.5～2.2 倍之间，而有一个 P450 基因在敏感品系中得到了诱导。

综上所述，P450 基因诱导受到多种因素影响，次生性物质的种类和浓度、实验处理的时间导致了各基因之间表达量差异性的产生。

通过分析细胞色素 P450 的活性结果和 P450 基因表达量结果，发现基因表达量增加体现在细胞色素 P450 的活性上有一定的滞后性，即在同一时间段时，细胞色素 P450 的活性虽然受到抑制，但是某些基因的表达量却增加。这些基因表达量增加，是通过翻译成蛋白后在下一时间段才体现出活性的增加。

同时细胞色素 P450 是一个同工酶，活性的增加不是由某个基因决定的，本章只从单个基因研究在不同时间段不同处理时的表达量变化情况，只能体现这个基因表达量的变化情况，出现了与活性结果相反的结果，例如虫害处理组 P450 活性测定在 24 h 和 36 h 时增加了，而某些基因（如 *CYP6B7*，*CYP9A12*）的表达量受到抑制，推测这些基因不是导致活性增加的原因。

参考文献

[1] Baek J H, Clark J M, Lee S H. Cross-strain comparison of cypermethrin-induced cytochrome P450 transcription under different induction conditions in diamondback moth. Pesti BiochemPhysiol, 2010, 96(1): 43-50.

[2] Jeremy M B, Luciano M M, Sergio C, Therese A M. Molecular evolution and population genetics of two *Drosophila mettleri* cytochrome P450 genes involved in host plant utilization. Mol Ecol, 2008, 17(13): 3211-3221.

[3] Snyder M J, Stevens J L, Andersen J F, Feyereisen R. Expression of cytochrome P450 genes of the *CYP*4 family in midgut and fat body of tobacco hornworm Manducu sexta. Arch Biochem Biophys, 1995, 321: 13-20.

[4] Stevens J L, Snyder M J, Koener J F, Feyereisen R. Inducible P450 of the *CYP9* family from larval Manduca sexta midgut. Insect Biochem Mol Biol, 2000, 30: 559-568.

[5] Tao X Y, Xue X Y, Huang Y P, Chen X Y, Mao Y B. Gossypol-enhanced P450 gene pool contributes to cotton bollworm tolerance to a pyrethroid insecticide. Molecular Ecology. article first published online, 20 APR 2012.

[6] Yang Y, Chen S, Wu S, Yue L, Wu Y. Constitutive Overexpression of Multiple Cytochrome P450 Genes Associated with Pyrethroid Resistance in Helicoverpa armigera. Journal of Economic Entomology, 2006, 99(5): 1784-1789.

[7] Yang Y H, Yue L N, Chen S, Wu Y D. Functional expression of Helicoverpa armigera *CYP9A12* and *CYP9A14* in Saccharomyces cerevisiae. Pesticide Biochemistry and Physiology, 2008, 92 (2): 101.

[8] Zeng R S, Wen Z M, Niu G D, Mary A S, May R B. Allelochemical Induction of Cytochrome P450 Monooxygenases and Amelioration of Xenobiotic Toxicity in *Helicoverpa zea*. Chem Ecol, 2007, 33: 449-461.

[9] Zhang H, Tang T, Cheng Y, Shui R, Zhang W, Qiu L. Cloning and expression of cytochrome P450 *CYP6B7* in fenvalerate-resistant and susceptible Helicoverpa armigera (Hübner) from China. Journal of Applied Entomology, 2010, 134: 9-10, 754-761.

[10] Zhang Shuang, Yang Yi-Hua, Wu Shu-Wen, Wu Yi-Dong. Metabolism of pyrethroids by Helicoverpa armigera cytochrome P450 gene *CYP9A12* heterologously expressed in Saccharomyces cerevisiae. Acta Entomologica Sinica, 2008, 12.

第9章

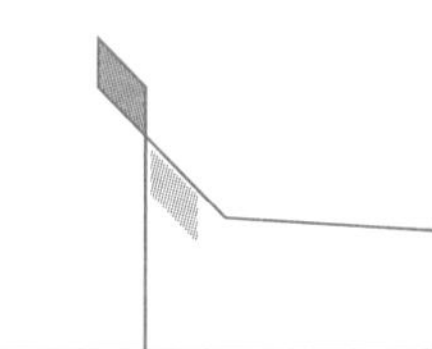

2-十三烷酮诱导棉铃虫对杀虫药剂敏感度变异

棉铃虫[*Helicoverpa armigera* (*Hubner*)]属鳞翅目夜蛾科。是一种常见的多食性害虫。除危害棉花外,还危害小麦、玉米、辣椒、番茄和向日葵等多种作物。棉铃虫是棉花的第一大害虫,常年造成棉花自然损失率在50%左右。其寄主的广泛性使棉铃虫具有强大的解毒系统。寄主植物中的次生性物质通过影响棉铃虫体内解毒酶的活性从而诱导抗性的产生。棉铃虫的多食性决定其对多种外源物质的适应性和耐受性。因此,棉铃虫抗性的产生除农药的广泛使用外,另一个来源便是次生性物质的诱导(刘小宁,2005)。

大量研究发现,植物次生性物质可以诱导昆虫体内细胞色素P450合成。昆虫利用P450的调控作用对寄主植物产生适应性(Liu等,2006)。植物次生性物质对昆虫细胞色素P450的诱导存在时间和剂量效应。细胞色素P450起着对杀虫剂的解毒和活化的双重作用(Hardstone等,2007;Scott,2008)。在昆虫的各个发育阶段,P450单加氧酶的活性有显著的变化,在各个龄期的幼虫中活性变化明显(Scott,1999;Scott,2008)。Bautista等(2008)发现氯菊酯抗性品系小菜蛾 *Plutella xylostella* 4龄幼虫体内的P450基因 *CYP6BG1* 过量表达,并通过基因沉默证明过量表达的 *CYP6BG1* 增强了氯菊酯的代谢,从而导致抗性的产生。汤方利用分光光度酶动力学和定量PCR的方法研究了2-十三烷酮和槲皮素诱导棉铃虫谷胱甘肽-S-转移酶表达的组织特异性。结果表明2-十三烷酮对GST活性及其GST mRNA表达量的诱导作用比槲皮素强(汤方,2005)。已有文献报道在对有机磷、有机氯和拟除虫菊酯类杀虫剂产生抗性的昆虫中均发现GSTs的活性增加 (陈凤菊,2005)。

9.1 0.02% 2-十三烷酮诱导棉铃虫对几种杀虫药剂的敏感度变异

将刚孵化出的敏感品系棉铃虫幼虫分为两组,一组饲喂人工饲料,作为对照组。另一组幼虫饲喂0.02% 2-十三烷酮(重量比)的人工饲料,作为诱导组。采用毛细管点滴法,进行生物测定。分别用4种不同种类的杀虫剂对0.02% 2-十三烷酮诱导品系和敏感品系的棉铃虫做了室内毒力测定。这4种杀虫剂分别为有机磷类杀虫剂毒死蜱，氨基甲酸酯类杀虫剂灭多威，新型杂环类杀虫剂溴虫腈，拟除虫菊酯类杀虫剂高效氯氰菊酯。在这4种杀虫剂中毒死蜱对敏感品系的致死中浓度最大，溴虫腈对敏感品系的致死中浓度最小（表9.1）。0.02% 2-十三烷酮诱导品系中也是毒死蜱 LC_{50} 最大，溴虫腈 LC_{50} 最小。在敏感和诱导品系中，毒死蜱和灭多威的致死中浓度明显大于溴虫腈和高效氯氰菊酯。诱导品系相对于抗性品系对毒死蜱和溴虫腈的抗性倍数均小于1，分别为0.68和0.88。相对于敏感品系，诱导品系对灭多威和高效氯氰菊酯的抗性倍数均大于1，分别为1.25和2.77倍。

表9.1　几种杀虫剂对敏感品系和0.02% 2-十三烷酮诱导品系棉铃虫的毒力测定

杀虫剂	品系	LC_{50}/(mg/L) (95%置信限)	斜率	倍数
毒死蜱	S	5 894.331(4 953.668～7 250.992)	2.219±0.343	0.68
	R	4 019.460(3 197.332～4 908.936)	1.814±0.317	
灭多威	S	1 133.511(850.797～1 518.041)	1.351±0.197	1.25
	R	1 420.875(1 033.000～2 060.492)	1.164±0.191	
溴虫腈	S	272.041(219.846～329.971)	2.098±0.368	0.88
	R	240.374(198.375～282.341)	2.529±0.386	
高效氯氰菊酯	S	323.107(197.525～462.991)	1.055±0.167	2.77
	R	893.72(664.975～1 193.784)	1.230±0.140	

9.2　0.2% 2-十三烷酮诱导棉铃虫对高效氯氰菊酯的敏感度变异

高效氯氰菊酯是一种拟除虫菊酯类杀虫剂，生物活性较高，具有触杀和胃毒作用。杀虫谱广、杀虫速度快，但容易产生抗药性。已有大量的文献对高效氯氰菊酯抗性产生的机制进行了广泛而深入的报道。PBO，DEF和DEM分别为多功能氧化酶，酯酶以及谷胱甘肽-S-转移酶抑制剂。

利用PBO，DEF和DEM对3种酶系的专一性抑制作用研究2-十三烷酮诱导棉铃虫对高效氯氰菊酯产生抗性的机理。将2-十三烷酮按0.2%（重量比）混入人工饲料中，饲喂敏感品系棉铃虫幼虫，幼虫从出孵开始饲喂含0.05% 2-十三烷酮的饲料，直至化蛹产生F1代；用0.1%2-十三烷酮的饲料饲喂F1代，直至化蛹产生F2代；用0.2%2-十三烷酮的饲料饲喂F2代，直至化蛹产生F3代。用0.2%浓度的饲料连续饲养5代以上，以未加2-十三烷酮的人工饲料饲喂棉铃虫作为对照。采用点滴法测定杀虫剂，PBO，DEF，DEM三种增效剂点滴量为1 μg/头，点滴增效剂1 h以后点滴高效氯氰菊酯。

由表9.2和表9.3可得，0.2% 2-十三烷酮连续诱导品系棉铃虫相对敏感品系对于高效氯氰菊酯产生了14 376.014/471.968=30.46倍的抗性。PBO对敏感品系的增效作用最强，增效比为13.39倍。PBO对诱导品系也有很强的增效作用，增效比为59.37。PBO诱导组SR是敏感组 SR 的 4.43 倍。说明棉铃虫对高效氯氰菊酯抗性的形成可能与多功能氧化酶有关。DEF 对敏感品系的增效比为 6.76 倍，对诱导品系的增效比为 13.18，诱导 SR 是敏感 SR 的 1.95 倍。说明棉铃虫对高效氯氰菊酯抗性的形成可能与羧酸酯酶有关。DEM 对诱导品系的增效作用最强，增效比为 81.65 倍。DEM 对敏感品系的增效作用最弱，增效比仅为 2.60 倍。诱导 SR 是敏感 SR31.40 倍之高。说明棉铃虫对高效氯氰菊酯抗性的形成与谷胱甘肽-S-转移酶有关。

表 9.2　棉铃虫敏感品系中 PBO，DEF，DEM 对高效氯氰菊酯的增效作用

杀虫剂	LC_{50}/(mg/L) (95%置信限)	斜率	倍数
高效氯氰菊酯	471.968(354.873～607.263)	1.287±0.149	—
+PBO	33.872(22.045～46.364)	1.121±0.183	13.93
+DEF	69.769(47.077～94.022)	1.172±0.150	6.76
+DEM	181.305(132.412～271.897)	1.045±0.143	2.60

表 9.3　棉铃虫诱导品系中 PBO，DEF，DEM 对高效氯氰菊酯的增效作用

杀虫剂	LC_{50}/(mg/L) (95%置信限)	斜率	倍数
高效氯氰菊酯	14 376.014(10 407.731～21 881.257)	1.008±0.142	—
+PBO	242.127(185.876～298.574)	1.486±0.236	59.37
+DEF	1 090.936(889.825～1 337.068)	1.594±0.237	13.18
+DEM	176.059(139.178～230.393)	1.503±0.195	81.65

9.3　0.2%2-十三烷酮诱导棉铃虫对溴虫腈的敏感度变异

溴虫腈(chlorfenapyr)又叫除尽、虫螨腈。是一种新型杂环类杀虫、杀螨剂。溴虫腈是一种杀虫剂前体，其本身对昆虫无毒杀作用。昆虫取食或接触溴虫腈后与体内的多功能氧化酶反应转变为杀虫活性化合物，阻碍昆虫体细胞线粒体的呼吸功能，使 ADP 不能转化为 ATP，细胞合成因缺少能量而停止生命功能。溴虫腈属仿生农药，毒性低，杀虫速度快，作用机理独特，无交互抗性，对抗药性严重的害虫同样高效。本试验通过测定 PBO，DEF 和 DEM 对溴虫腈的增效作用研究 2-十三烷酮诱导棉铃虫对溴虫腈抗性产生的机制。

由表 9.4 和表 9.5 可得，0.2% 2-十三烷酮连续诱导品系棉铃虫相对敏感品系对于溴虫腈仅产生了 1 067.407/446.874= 2.39 倍的抗性。PBO 对敏感品系和诱导品系的增效作用最强，增效比分别为 16.04 和 8.52 倍，诱导组 SR 是敏感组 SR 的 0.53 倍。说明棉铃虫对溴虫腈抗性的形成可能与多功能氧化酶有关。DEF 在敏感组和诱导组中的增效比分别为 4.57 和 3.48，诱导组 SR 是敏感组 SR 的 0.76 倍。DEM 在敏感组和诱导组中的增效比分别为 7.93 和 7.79，诱导组 SR 是敏感组 SR 的 0.98 倍。说明棉铃虫对溴虫腈抗性的形成可能与酯酶和谷胱甘肽-S-转移酶关系不大。

表 9.4 棉铃虫敏感品系中 PBO,DEF,DEM 对溴虫腈的增效作用

杀虫剂	LC_{50}/(mg/L) (95%置信限)	斜率	倍数
溴虫腈	446.874(314.336～601.206)	1.729±0.287	—
+PBO	27.859(6.661～49.448)	0.904±0.260	16.04
+DEF	97.856(55.632～145.837)	1.227±0.265	4.57
+DEM	56.345(29.450～89.432 3)	1.093±0.263	7.93

表 9.5 棉铃虫诱导品系中 PBO,DEF,DEM 对溴虫腈的增效作用

杀虫剂	LC_{50}/(mg/L) (95%置信限)	斜率	倍数
溴虫腈	1 067.407(683.356～1 629.835)	1.321±0.281	—
+PBO	125.230(64.893～239.569)	0.868±0.205	8.52
+DEF	307.096(216.200～421.937)	1.843±0.313	3.48
+DEM	136.956(77.821～218.323)	1.208±0.276	7.79

9.4 2-十三烷酮对棉铃虫谷胱甘肽-S-转移酶的诱导作用

0.2% 2-十三烷酮连续诱导品系及对照品系棉铃虫六龄幼虫于冰浴上解剖分别得到中肠和脂肪体,以 CDNB 为底物测定棉铃虫 GSTs 比活力。比较 0.2% 2-十三烷酮诱导品系与敏感品系棉铃虫谷胱甘肽-S-转移酶的比活力如表 9.6 所示。以 CDNB 为底物,棉铃虫中肠和脂肪体的 GSTs 活性具有显著差异($p<0.05$)。对照组和 2-十三烷酮诱导组棉铃虫中肠 GSTs 活性明显高于脂肪体。在同一组织部位中,2-十三烷酮诱导组 GSTs 活性均大于对照组 GSTs 活性,且有差异显著($p<0.05$)。中肠中诱导组 GSTs 活性为对照组的 1.73 倍,脂肪体中诱导组 GSTs 活性为对照组的 2.25 倍。

表 9.6 棉铃虫中肠和脂肪体 GSTs 对 CDNB 的活性

组织	GST 比活力/[nmol/(min · mg 蛋白)]		
	对照	2-十三烷酮	比值
中肠	504.52±12.19 a	873.17±6.49 a*	1.73
脂肪体	286.50±6.46 b	645.93±30.09 b*	2.25

注:同列数据后不同小写字母表示中肠和脂肪体 GSTs 活性差异显著($p<0.05$);同行数据后 * 表示 2-十三烷酮对 GSTs 活性的影响显著($p<0.05$)。

9.5 2-十三烷酮对棉铃虫羧酸酯酶的诱导作用

0.2% 2-十三烷酮连续诱导品系及对照品系棉铃虫六龄幼虫于冰浴上解剖分别得到中肠

和脂肪体，参照 van Aspern(1962)的方法，测定羧酸酯酶的比活力。

0.2% 2-十三烷酮诱导品系与敏感品系棉铃虫谷胱甘肽-S-转移酶的比活力如表 9.7 所示。以 α-NA 为底物，棉铃虫中肠和脂肪体的羧酸酯酶活性具有显著差异($p<0.05$)。对照组和 2-十三烷酮诱导组棉铃虫中肠羧酸酯酶活性明显高于脂肪体。在中肠和脂肪体中，2-十三烷酮诱导组与对照组羧酸酯酶活性均有差异显著($p<0.05$)。但在中肠中诱导组羧酸酯酶活性大于对照组的，而脂肪体中诱导组羧酸酯酶活性小于对照组的。中肠中诱导组 GSTs 活性为对照组的 1.60 倍，脂肪体中诱导组 GSTs 活性为对照组的 0.88 倍。

表 9.7 棉铃虫中肠和脂肪体羧酸酯酶活性测定

组织	CarE 比活力/[μmol/(min · mg)]		
	对照	2-十三烷酮	比值
中肠	1 186.71±12.54 a	1 897.04±19.86 a*	1.60
脂肪体	78.74±1.07 b	68.92±0.86 b*	0.88

注：同列数据后不同小写字母表示中肠和脂肪体羧酸酯酶活性差异显著($p<0.05$)；同行数据后 * 表示 2-十三烷酮对羧酸酯酶活性的影响显著($p<0.05$)。

参考文献

[1] 陈凤菊．昆虫谷胱甘肽-S-转移酶的基因结构及其表达调控．昆虫学报，2005，48(4)：600-608.

[2] 刘小宁．植物次生性物质对棉铃虫细胞色素 P450s 的诱导及 *CYP6B6* 基因的克隆与表达：博士论文．北京：中国农业大学，2005.

[3] 汤方．植物次生性物质诱导棉铃虫谷胱甘肽-S-转移酶表达的研究：博士论文．北京：中国农业大学，2005.

[4] Bautista M A, Miyata T, Miura K, Tanaka T. RNA interference-mediated knockdown of a cytochrome P450, *CYP6BG1*, from the diamondback moth, *Plutella xylostella*, reduces larval resistance to permethrin. Insect Biochem Mol Biol, doi: 10.1016/j.ibmb. 2008. 09.005.

[5] Hardstone M C, Leichter C A, Harrington L C, Kasai S, Tomita T, Scott JG. Cytochrome P450 monooxygenase-mediated permethrin resistance confers limited cross-resistance in larvae of the southern house mosquito, *Culex pipiens quinquefasciatus*. Pestic Biochem Physiol, 2007, 89: 175-184.

[6] Liu N, Zhu F, Xu Q, Pridgeon J W, Gao X W. Behavioral change, physiological modification, and metabolic detoxification: mechanisms of insecticide resistance. Acta Entomologica Sinica, 2006, 49(4): 671-679.

[7] Scott J G. Insect cytochrome P450s: Thinking beyond detoxification. In: Liu N ed. Recent Advances in Insect Physiology, Toxicology and Molecular Biology. Research Signpost, Kerala, India, 2008: 117-124.

[8] Scott J G. Molecular basis of insecticide resistance: cytochromes P450. Insect Bioche Mol Biol, 1999, 29: 757-777.

第10章 杀虫药剂、植物次性生物质对棉铃虫GSTs的抑制作用

GSTs在生物体内广泛存在，它们在不同昆虫、甚至同种昆虫不同部位的表达都可能有差异(Enayati 等，2005；Chahine 和 O'Donnell，2011)。GSTs还可以被外源有毒物质所诱导，如杀虫药剂、植物次生性物质等(Francis 等，2005；Willoughby 等，2007；Otitoju 和 Onwurah，2007)。在研究中，这些表达变化在生化水平主要通过酶的比活力的变化来反映。因此GSTs酶活力的准确测定对研究酶的诱导表达非常重要。

10.1 影响棉铃虫GSTs活性测定的因素

10.1.1 温度、pH值和底物浓度对反应速度的影响

酶的反应速度受温度、pH值和底物浓度等因素的影响。由于两种底物GSH和CDNB在没有酶的情况下，也有一定的轭合速率，因此酶活力测定时要考虑尽量减少底物自身的反应。酶的反应速度计算均为去除底物自身反应后的值。

由图10.1可见，两种底物自身的轭合速率在小于40℃时较小，但反应温度再升高，自身轭合逐渐增加。中肠GSTs在50℃和60℃时反应速度最高，55℃时反应速度反而大幅度下降，原因还不清楚。脂肪体GSTs在45℃时反应速度最高。温度对酶促反应的影响有两个方面：一方面，温度可以通过影响酶和底物分子中某些解离基团的 pK_a 值，影响酶与底物的结合，影响最大反应速度，因此温度升高可以增加反应速度；另一方面，由于酶是蛋白质，高温使酶逐渐变性而失活。由图9.7的结果可知，脂肪体的热稳定性比中肠稍差，60℃处理5 min后，脂肪体的活性几乎完全丧失，而中肠仍有1/3以上的酶活性。因此中肠和脂肪体GSTs的最适反应温度的不同主要是由于二者的热稳定性不同。

pH值对GSTs的酶促反应影响很大(图10.2)。首先两底物的自身轭合在pH 7.5以后迅速增加，至pH值在10以上，酶几乎没有催化作用时，底物自身的轭合反应仍在增加。

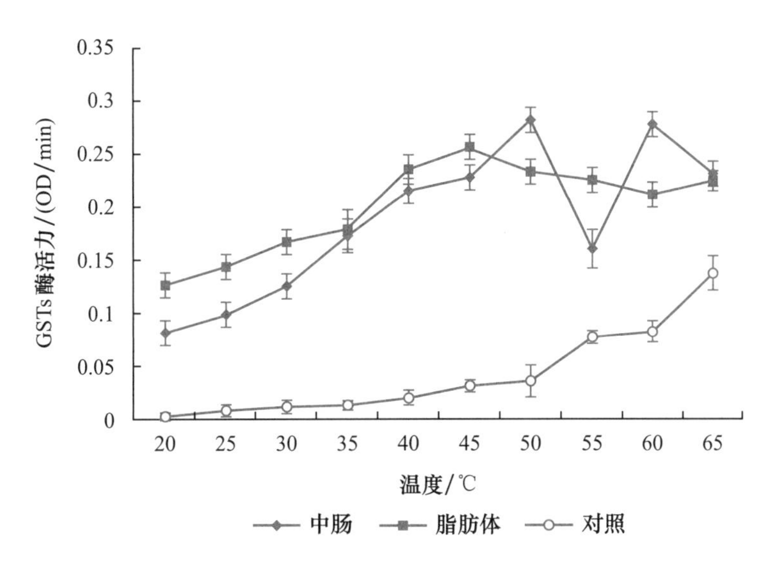

图 10.1　温度对棉铃虫 GSTs 酶促反应速度的影响

棉铃虫中肠 GSTs 在 pH 7.5～9 的范围内反应速度几乎相同，达到最大反应速度，在此温度范围内脂肪体 GSTs 的反应速度逐渐增加，至 pH 9.0 时达到峰值。在强酸和强碱条件下，反应速度很小。为了尽量减少底物自身的反应，我们仍选用 pH 6.5 的磷酸缓冲液进行以后的测定。

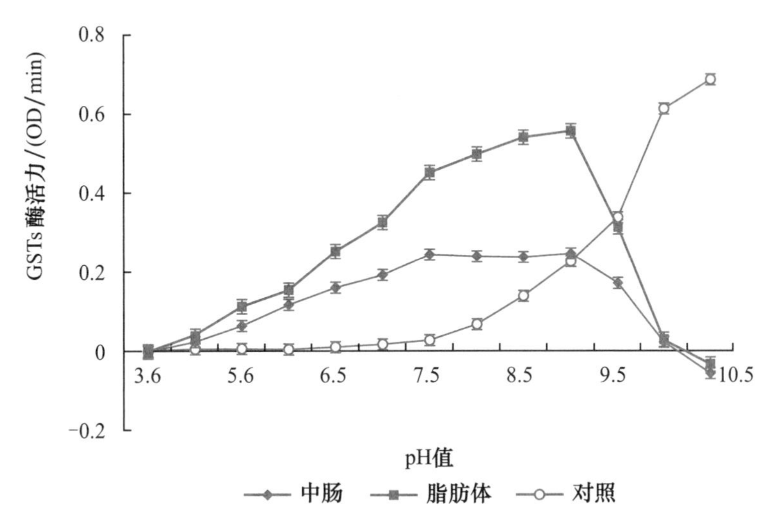

图 10.2　pH 值对棉铃虫 GSTs 反应速度的影响

底物的浓度也是影响酶促反应速度的重要因素(图 10.3)。酶促反应速度随底物浓度的增加而加快，但当 GSH 的浓度超过 8 mmol/L 或 CDNB 的浓度超过 2 mmol/L 以上时，反应速度反而降低，出现了过量底物对酶活力的抑制作用。酶促反应的速度与底物和产物的浓度有关。因为我们测定的是 2 min 内的反应速度，测定值可能不能真正反映酶促反应的初速度。过量底物所造成的抑制作用可能是由于反应的初速度过高，迅速产生的大量底物反过来抑制了反应的进行。也可能过量的底物与酶的其他位点结合，限制了酶促反应的进行(Tang 和 Chang，1996)。

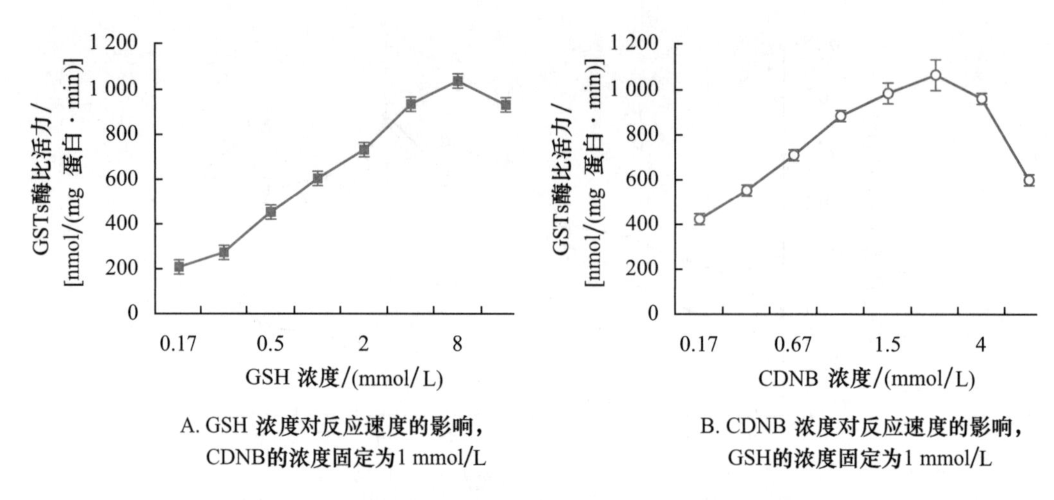

图 10.3　底物浓度对棉铃虫中肠 GSTs 反应速度的影响

10.1.2　反应不同时间后的速度变化

用时间驱动程序分别记录 GSTs 在 15 min 内的酶促反应速度，然后计算出每个时间段(1 min) 的反应速度(图 10.4)。结果显示在低底物浓度下(GSH 1 mmol/L，CDNB 1 mmol/L)，反应速度在前 2 min 内的速度变化很小，之后缓慢下降；而在高底物浓度下，在前 5 min 内，GSTs 的反应速度均随着反应时间的延长而减小。5 min 以后，底物浓度较高时酶的反应速度有较大的起伏，底物浓度低时反应速度逐渐趋于平稳。高底物浓度下，5 min 后，产物的吸光度值超过了 2 OD，超出了仪器可准确测量的范围，因此测定的误差增大，造成计算出的反应速度上下起伏很大。

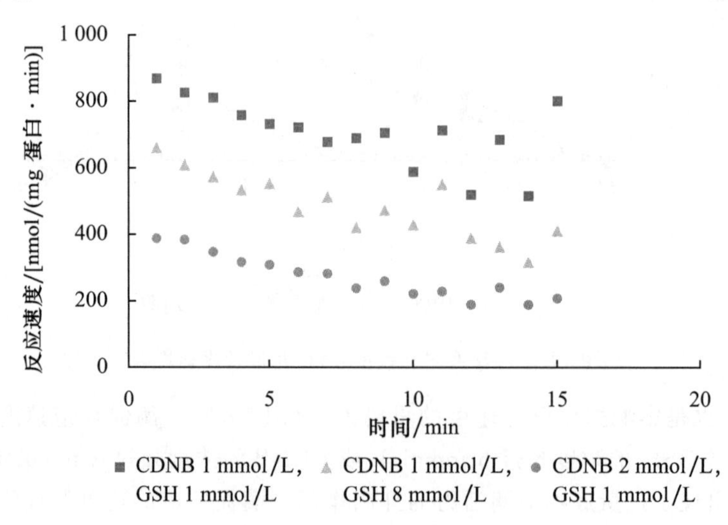

图 10.4　反应过程中不同时间段的 GSTs 反应速度

酶的反应速度与反应体系中底物的浓度和产物的浓度有关。GSTs 的反应速度逐渐降低可能是底物的逐渐减少，和产物的逐渐增加抑制了反应向正方向进行。本研究中 8 mmol/L

GSH 或 2 mmol/L CDNB 已基本达到饱和浓度，但反应速度仍然有逐渐降低的趋势，这也说明产物的积累对反应速度有较大的影响。如上所述，为了尽量反映反应的初速度，在酶活性测定时，底物的浓度不宜过高，测定的时间也尽可能短。但由于时间过短不容易掌握，我们选取测 2 min 内的反应速度。

10.1.3 酶量对 GSTs 酶促反应的影响

酶含量对准确测定酶促反应速度，并计算酶的比活力也有影响。图 10.5 显示反应体系中相对酶含量（总蛋白含量）在 0～60 μg/mL 时，GSTs 的酶活力与酶含量基本成正比；酶浓度再升高，酶活力的增加幅度减小，也就是计算出的酶比活力减小。出现上述现象可能有两个原因：一是底物浓度不足，二是不是反应的初速度。

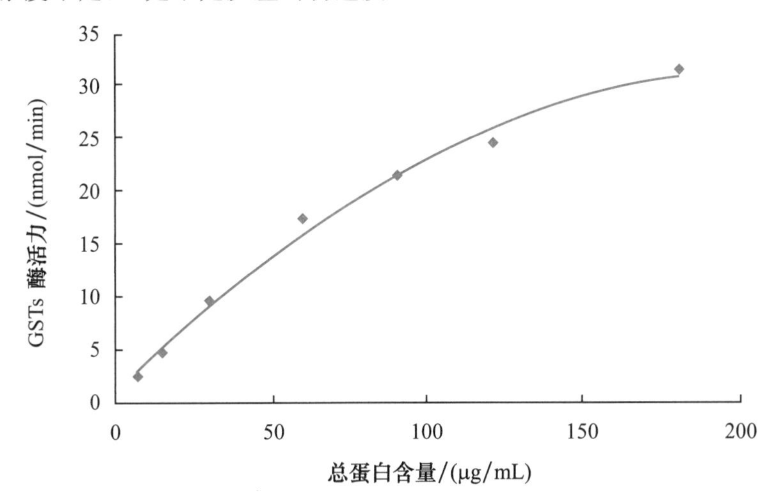

图 10.5 酶量对棉铃虫中肠 GSTs 酶反应速度的影响（以总蛋白含量表示相对酶量）

因为我们测定的均为 2 min 内的反应速度，而并非真正的反应初速度。酶量过多时，可能产物的积累过快过多抑制了酶促反应的速度。因此我们对不同酶量下 GSTs 在 2 min 内的反应速度变化进行了分析（图 10.6），结果发现酶量低时，GSTs 的反应速度在 2 min 内变化很小，而酶量较高时，GSTs 的反应速度有明显的逐渐降低的趋势，而且浓度越高，下降得越快，这说明我们测定的 2 min 内的反应速度在低酶量时基本代表了反应初速度，但当酶量过高时，测定值明显低于反应初速度。

10.1.4 温度对酶稳定性的影响

酶液在不同温度下分别放置 5 min 后，迅速放置到 4℃下，在正常温度下测定 GSTs 的酶活力（图 10.7）。图 10.7 显示从 4～40℃，酶的活力基本稳定，温度超过 50℃，酶的活力迅速下降，至 70℃时，酶几乎完全失活。在 60℃下处理 5 min 后，脂肪体 GSTs 的酶活性仅为 4℃保存对照的 1/5，而中肠 GSTs 的残存酶活性较高，为相应对照的 1/3 以上。这说明可能中肠和脂肪体 GSTs 的热稳定性稍有差异。造成这种差异的可能原因有两个：可能是酶本身的性质有差异，也可能不同组织内的其他杂质成分不同，它们对酶的稳定性有间接的影响。

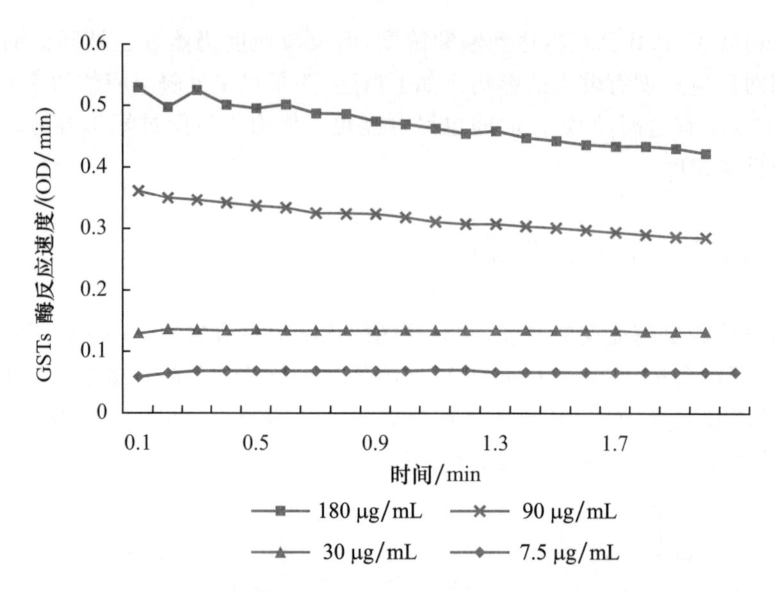

图 10.6　不同酶量下 GSTs 在不同时间的反应速度变化

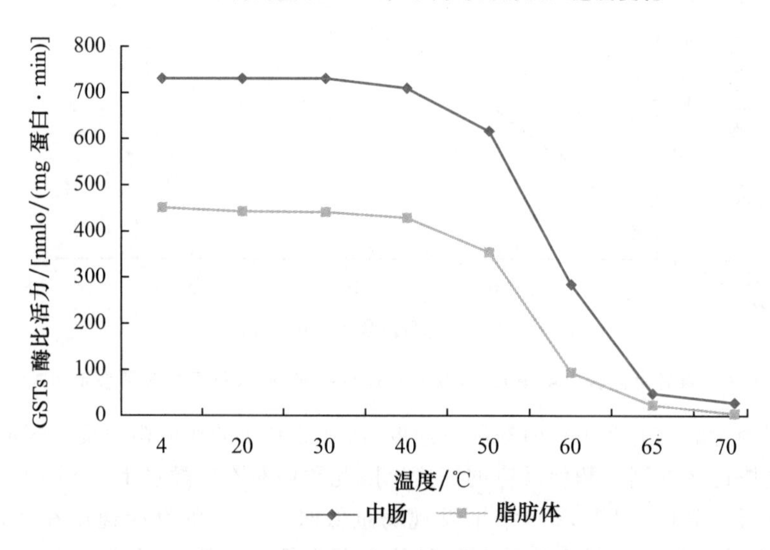

图 10.7　温度对棉铃虫 GSTs 稳定性的影响

另外，我们还测定了在不同温度条件下长期贮存时酶的稳定性(表 10.1)。酶活力分别为 3 次测定的平均值。失活率按以下公式计算：

$$失活率=(1-处理酶活力/对照酶活力)\times 100\%$$

结果显示贮存温度越低，酶的稳定性越高。但即使在−80℃的低温下，酶的活力也会有所下降，贮存 24 h 后酶的活性丧失 7%左右，5 d 后丧失 14%左右，但 10 d 以后酶的活性和 5 d 前几乎一样。4℃和 25℃下酶的活性丧失较快。中肠制备的酶液在 25℃下放置 10 d 后，GSTs 几乎完全失活，但脂肪体 GSTs 还有相当高的酶活性，其原因还不清楚。在进行酶活性测定时，尽量取新鲜酶液进行测定，若需要贮存时则放置−85℃ 5 d 后进行测定。

表 10.1　不同贮存条件下棉铃虫 GSTs 的稳定性

贮存天数/d	组织	失活率/%			
		−80℃	−20℃	4℃	25℃
0	中肠	100	100	100	100
	脂肪体	100	100	100	100
1	中肠	7.2	15	30.1	41
	脂肪体	7.5	8	23	45.8
5	中肠	14.4	25.2	29.4	52.9
	脂肪体	18.2	20.7	48	63.9
10	中肠	14.4	29.1	54.3	92
	脂肪体	16.8	25.7	60.3	60.4

酶反应初速度的准确测定对我们以后进行酶活性测定和反应动力学特性的测定至关重要。因为 GSTs 的酶促反应是一种依赖于 GSH 的反应，而 GSH 与底物 CDNB 在没有酶存在时也可以进行轭合反应，因此反应中我们应考虑尽量减少底物自身的反应。随着 pH 值和温度的升高，底物自身的反应也在逐渐增加，因此我们仍用 pH6.5 的缓冲体系，在室温(25℃)进行测定。

蛋白含量高时，酶的反应速度与蛋白含量不成比例，计算出的酶活力偏小。因此我们在酶活性测定时应注意保持合适的酶浓度。酶的活性测定通常要使底物过量，但对 GSTs 催化反应来讲，底物浓度过高时对反应速度有抑制作用，所以不可能在饱和底物浓度下进行测定。也有研究发现酶的浓度对反应动力学特性的测定有影响。如 Chang 等(1981)报道大蜡螟 *Galleria mellonella* GST 在酶浓度很高(200 nmol/L)时，不能准确地测出对 CDNB 反应的初速度，当 CDNB 的浓度为 1 mmol/L，GSH 浓度变化时表现为明显的非双曲线现象。Nay 等(1999)研究也发现酶浓度低时(20 nmol/L)，遵循 Michaelis-Menten 动力学特性，而酶浓度高时则不遵循。因此我们在进行酶活力测定时，一定要保持合适的酶浓度。本研究中我们使用的 CDNB 和 GSH 浓度都在 1 mmol/L。

中肠和脂肪体 GSTs 的最适反应温度和最适 pH 值稍有差异，它们的热稳定性也有一定差异，这些特性的不同说明中肠和脂肪体 GSTs 的性质可能有某些差异。

10.2　棉铃虫 GSTs 的酶促反应动力学

由图 10.8 可见，双倒数作图两条直线相交于横坐标下方，属于序列有序机制，即两种底物与酶的结合有严格的顺序，酶必须先和一种底物结合后才能和另一种底物反应。此类反应的可能机制是：两个底物结合在酶分子的不同位点上，当酶和第一底物结合后，使原来隐藏的 B 底物结合位点暴露出来，使之易与第二底物结合。就 GSTs 催化的反应来讲，应是酶先和 GSH 结合，然后再与 CDNB 结合。

由于测定过程中，CDNB 和 GSH 均未达到饱和，因此根据双倒数图求算出的 K_m 值和

V_{max}均为表观米氏常数(app. K_m)和表观最大反应速度(app. V_{max})。从图中可以看出一个底物的表观 K_m 值和表观 V_{max} 随另一底物的浓度变化而变化。

根据双倒数图 10.8,求算出另一底物浓度为 1 mmol/L 时酶对 CDNB 和 GSH 的动力学特征常数。app. K_{mCDNB} 和 app. K_{mGSH} 分别为 0.64 mmol/L 和 0.73 mmol/L,app. $V_{maxCDNB}$ 和 app. V_{maxGSH} 分别为 714.3 nmol/(mg 蛋白·min)和 666.7 nmol/(mg 蛋白·min)。

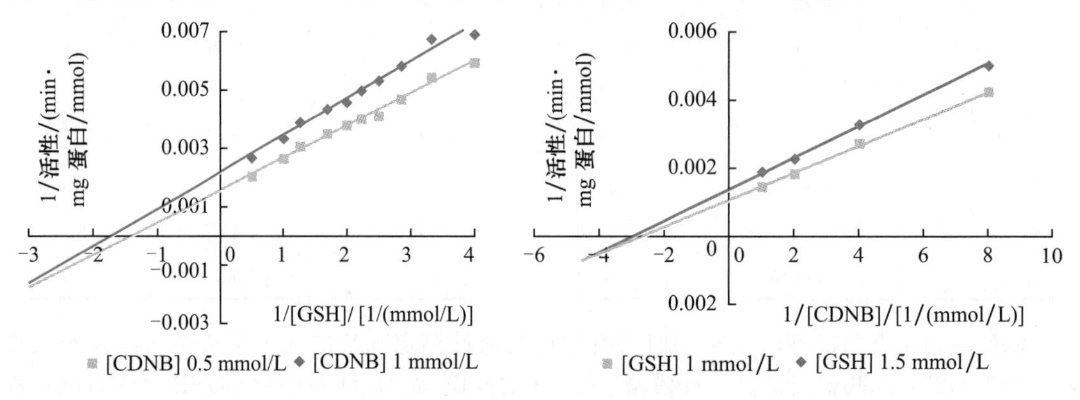

图 10.8 棉铃虫中肠 GSTs 的酶促反应稳态动力学

大多数研究结果显示 GSTs 酶的催化机制是非双曲线、非米氏规律的随机或有序的谷胱甘肽与亲电底物的连续加成。也有文献报道存在乒乓动力学机制或亚基合作机制,但报道很少且未被实验证实。Neuefeind 等(1997)在玉米同工酶中发现有诱导适应机制。昆虫 GSTs 的催化机制也有少量报道。Caccuri 等(1997)研究发现铜绿丽蝇 GST 的稳态动力学是非米氏规律的,但 GSH 的双曲线等温线结合说明它是一种恒态随机序列的 Bi Bi 机制,是一种不规则的动力学。*An. Dirus* GSTs(adGST1-1 和 adGST4a)符合 Michaelis-Menten 规律,双倒数作图为一会聚的直线,是一种顺序反应机制(Prapanthadara 等,1998)。Nay 等(1999)报道家蝇 GSTII 在 GSH 和 CDNB 的浓度分别在 0.03～1 mmol/L 和 0.05～1 mmol/L 时遵循 Michaelis-Menten 规律,是一种快速平衡随机序列反应机制。

本研究发现棉铃虫中肠 GSTs 符合 Michaelis-Menten 规律,双倒数作图为一位于横坐标下的会聚的直线,说明棉铃虫 GSTs 对 CDNB 的反应属于顺序反应机制。由于实验过程中所用酶液为粗酶液,可能含有多种同工酶。实验结果可能是几种同工酶综合作用的结果,至于每种同工酶具体的作用机制还需要对纯化的各个同工酶进行分别测定。

10.3 杀虫药剂和植物次生性物质对棉铃虫 GSTs 的抑制作用

10.3.1 单一浓度杀虫药剂和植物次生性物质对棉铃虫 GSTs 的抑制

对几类常见的杀虫药剂和植物次生性物质对棉铃虫 GSTs 的抑制率进行测定,结果见表 10.2。结果表明 3 种植物次生性物质单宁酸、槲皮素和芸香苷的抑制作用非常强,在 0.1 mmol/L 的浓度下,抑制率都在 75%以上,但另一种植物次生性物质 2-十三烷酮的抑制作用却非常弱。与前 3 种次生性物质的抑制作用相比,测定的几类杀虫药剂的抑制作用均较弱,在同样浓度下，抑制率均在40%以下，拟除虫菊酯类药剂则几乎没有抑制作用。增加抑制剂的浓度至0.5 mmol/L，其抑制率均显著增加，拟除虫菊酯亦表现明显的抑制作用。在3类杀虫药剂中有机磷和氨基甲酸酯类药剂的抑制作用较强，拟除虫菊酯的抑制作用较弱。从抑制率来看，中肠和脂肪体对抑制剂的敏感性没有明显的差异。

表10.2 杀虫药剂和植物次生性物质对棉铃虫GSTs的抑制率

抑制药剂	组织	抑制百分率/%		
		0.1 mmol/L		0.5 mmol/L
		CK	QN-fed	CK
有机磷				
对硫磷	中肠	25.03	24.95	79.05
	脂肪体	24.49	32.28	85.69
甲基对硫磷	中肠	28.66	30.77	46.17
	脂肪体	22.15	9.13	44.56
辛硫磷	中肠	33.36	35.48	80.73
	脂肪体	22.42	39.16	80.27
马拉硫磷	中肠	28.71	22.11	49.34
	脂肪体	30.28	50.88	33.43
氨基甲酸酯				
灭多威	中肠	25.97	20.72	42.75
	脂肪体	24.27	44.4	52.62
拟除虫菊酯				
高效氯氰菊酯	中肠	0.78	−6.64	29.48
	脂肪体	−3.74	28.74	43.5
溴氰菊酯	中肠	6.72	0.25	13.59
	脂肪体	−1.40	12.16	14.64
植物次生性物质				
2-十三烷酮	中肠	−2.53	−0.62	−0.69
	脂肪体	9.65	12.33	8.58
槲皮素	中肠	95.61	95.67	—
	脂肪体	88.12	96.31	
单宁酸	中肠	97.32	97.02	—
	脂肪体	93.83	96.43	—
芸香苷	中肠	97.32	—	—
	脂肪体	77.28	—	—

注：—，表示未测定；CK，对照种群；QN-fed，0.05% 槲皮素诱导3代的种群。

用槲皮素处理第3代的棉铃虫中肠和脂肪体分别制备酶液，分别测定0.1 mmol/L的抑制剂对它们的抑制率。结果可见，这些药剂对棉铃虫中肠GSTs的抑制作用与对照基本相同，但对脂肪体GSTs的抑制作用比对照强(甲基对硫磷除外)，这说明脂肪体中诱导性的GSTs对抑制剂更为敏感。但活性测定的结果却显示，槲皮素处理第3代的中肠和脂肪体GSTs的活性与对照均没有显著的差异。处理和对照脂肪体GSTs对抑制剂的敏感度差异可能是因为槲皮素诱导后脂肪体GSTs的同工酶组成有差异，诱导后某种同工酶对杀虫药剂的敏感性更强。

10.3.2 植物次生性物质对棉铃虫GSTs的抑制中浓度(I_{50})

由表10.2已知3种植物次生性物质单宁酸、槲皮素和芸香苷对棉铃虫GSTs的CDNB轭合活性的抑制率最高。我们对它们的抑制率与其浓度的关系进行了进一步测定(图10.9)。3种植物次生性物质对GSTs的抑制作用均随着浓度的增加而增加，具有浓度依赖关系。以浓度的对数值对抑制百分率作图，由回归方程计算抑制中浓度(I_{50})(表10.3)。结果显示，3种次生性物质I_{50}值均为几个或十几个μmol/L，其中单宁酸的I_{50}值最小；单宁酸对中肠和脂肪体GSTs的I_{50}没有显著差异，但槲皮素和芸香苷对二者的I_{50}差异显著，槲皮素对中肠GSTs的I_{50}比对脂肪体GSTs小，而芸香苷则相反。这可能说明中肠GSTs和脂肪体GSTs对后两种物质的敏感性不同。

表10.3 植物次生性物质对棉铃虫GSTs的抑制中浓度(I_{50})

植物次生性物质	I_{50}/(μmol/L)	
	中肠	脂肪体
单宁酸	1.18±0.3	1.77±0.5
槲皮素	2.21±0.62	13.8±6.22
芸香苷	7.34±1.00	5.46±0.32

10.3.3 植物次生性物质对棉铃虫中肠GSTs的抑制动力学

从双倒数图(图10.10)可以看出，3种植物次生性物质对棉铃虫中肠GSTs的抑制动力学有很大差异。单宁酸与不加抑制剂的对照相交于y轴，说明与CDNB是竞争性抑制；槲皮素与对照相交于x轴，说明是非竞争性抑制；芸香苷与对照交于第二象限，属于混合型抑制。

根据双倒数图，求出各处理GSTs的竞争性抑制常数(K_i)和非竞争性抑制常数(K_i')、米氏常数app. K_m值和最大反应app. V_{max}(表10.4)。单宁酸对CDNB是竞争性抑制，不改变GSTs的app. V_{max}，但App. K_m值增加；槲皮素属于非竞争性抑制，app. K_m值没有明显改变，但app. V_{max}减小；芸香苷抑制后，GSTs的app. K_m值增加而app. V_{max}减小。

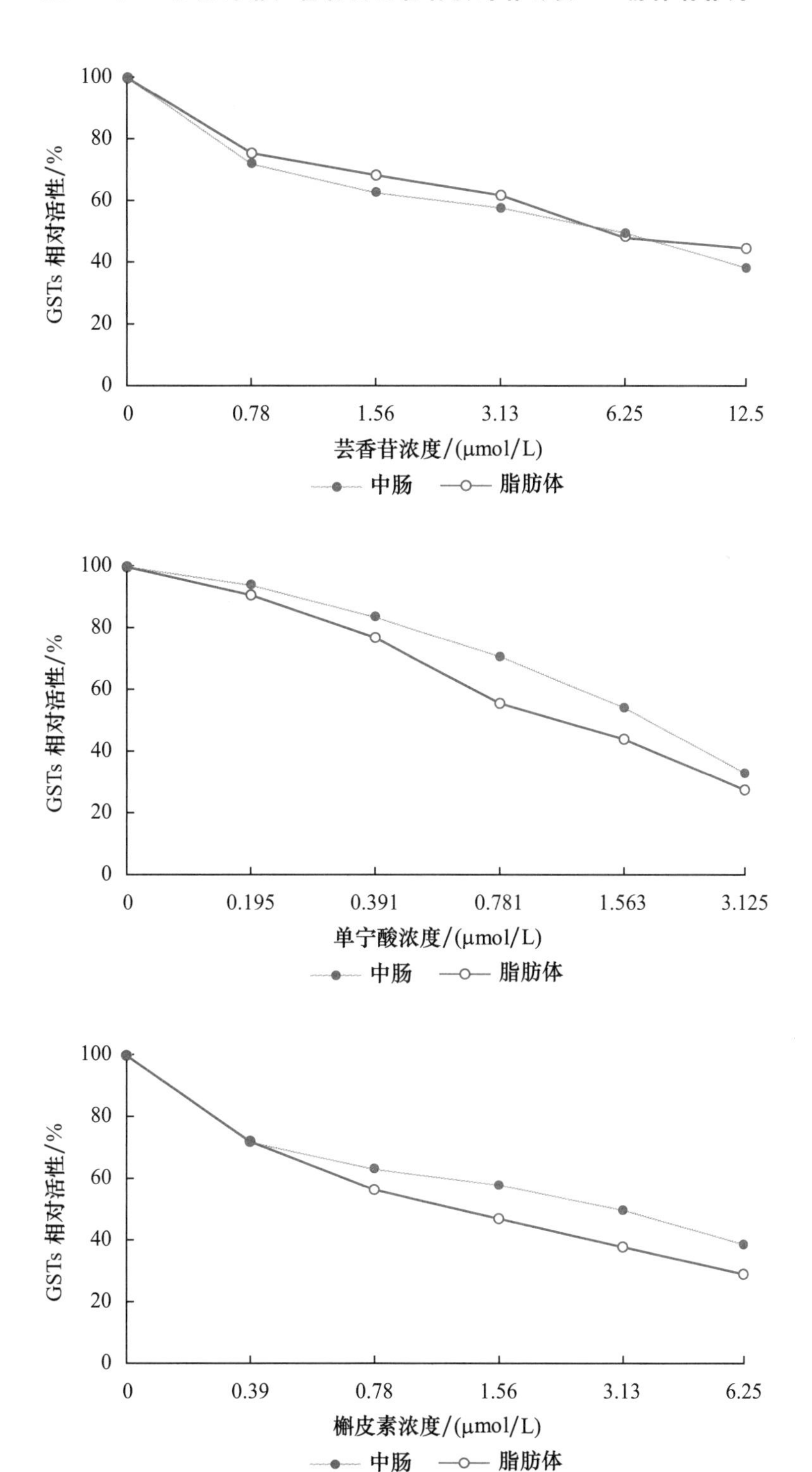

图 10.9　植物次生性物质对棉铃虫幼虫 GSTs 的 CDNB 轭合活性的体外抑制作用

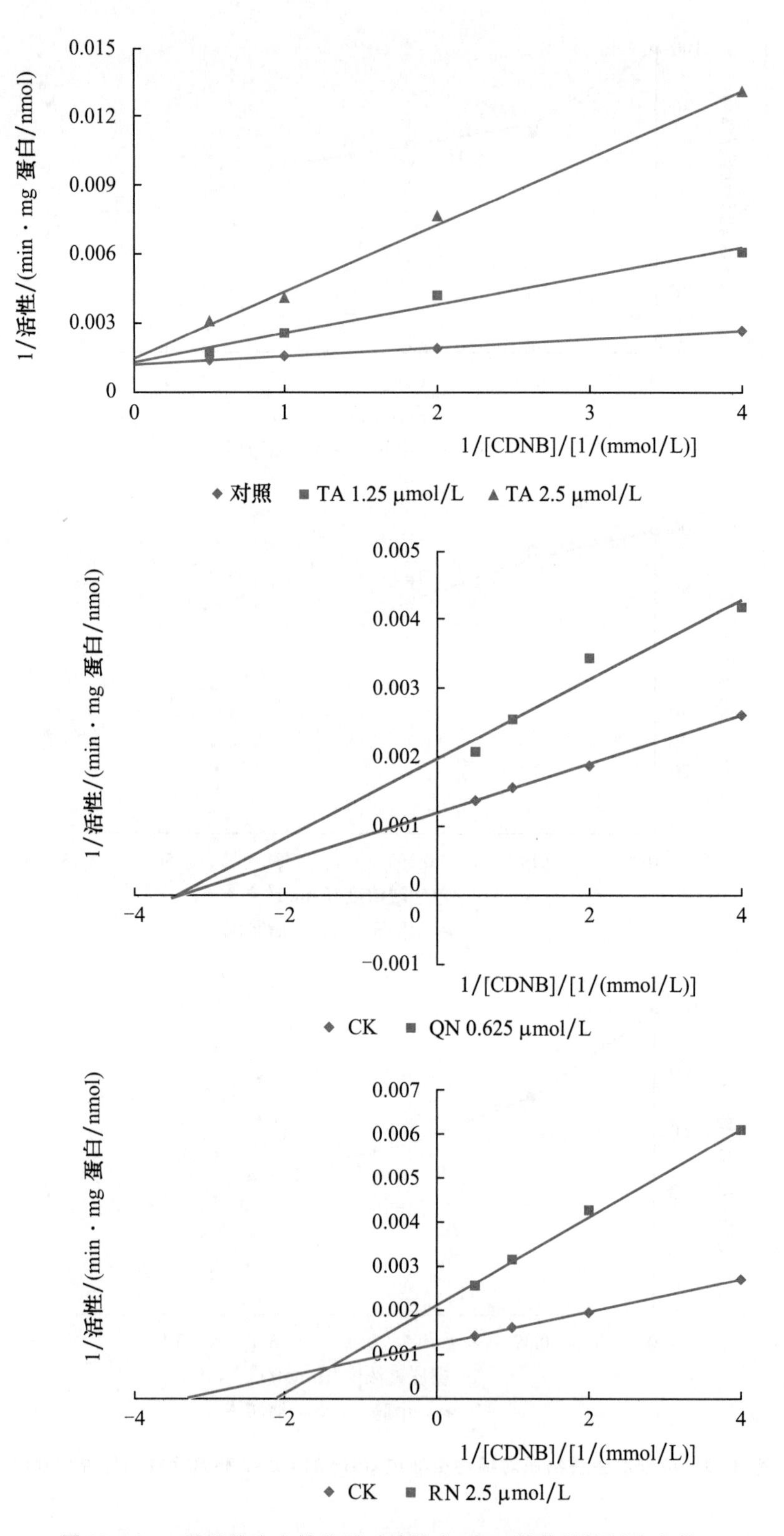

图 10.10　3 种植物次生性物质对棉铃虫 GSTs 的体外抑制动力学

QN:槲皮素;TA:单宁酸;RN:芸香苷。

表 10.4 植物次生性物质对棉铃虫中肠 GSTs 的抑制动力学参数

项目	*ki*	*ki′*	app. K_m	app. V_{max}
对照	—	—	0.33	833.3
单宁酸	0.625	15	0.92	769.2
槲皮素	0.42	0.94	0.3	500
芦丁	1.67	3.33	0.48	496.2

注:GSH 的浓度固定为 1 mmol/L 时,计算 GSTs 对 CDNB 的 app. K_m和 app. V_{max}。

10.3.4 讨论

杀虫药剂对 GSTs 的体外抑制作用已有很多报道。如 *Anopheles dirus* 中的重组 GSTs 可以被许多有机氯、拟除虫菊酯和有机磷杀虫药剂所抑制,氨基甲酸酯类药剂没有抑制作用(Prapanthadara 等,1998)。本研究所用的几种有机磷、氨基甲酸酯和拟除虫菊酯杀虫药剂在浓度为 0.5 mmol/L 时对棉铃虫 GSTs 都有抑制作用,其中有机磷和氨基甲酸酯类药剂的抑制作用较强,拟除虫菊酯类最差。它们的抑制作用随浓度的增加而增大。当浓度降低到 0.1 mmol/L 时,拟除虫菊酯类杀虫药剂的抑制作用很小。和其他报道相比,杀虫药剂对棉铃虫 GSTs 活性的体外抑制作用要小得多。如 Kostaropoulos 等(2001,a,b)报道有机磷杀虫药剂甲基对硫磷和马拉硫磷和拟除虫菊酯溴氰菊酯在对黄粉甲 *Tenebrio molitor* 的 GST 对 CDNB 的活性都存在竞争性抑制作用。抑制剂的浓度均为几个或十几个 μmol/L。然而在此浓度范围内,本文所测定的几种杀虫药剂则几乎没有任何抑制作用。Prapanthadara 等(2000)则报道他们所测定的任何杀虫药剂对 *An. dirus* 中的一个同工酶 GST1-6 都没有抑制。可见不同的 GST 同工酶对杀虫药剂的相互作用差异很大。

本研究所用的 3 种植物次生性物质单宁酸、槲皮素和芸香苷都属于植物酚类。植物酚类对活体 GST 活性的影响已有不少报道(Yu,1983;Lindroth 等,1990)。我们对单宁酸、槲皮素和芸香苷对棉铃虫体内 GSTs 的影响也进行了大量研究。植物酚类如槲皮素和利尿酸对 GST 活性的体外抑制作用最早报道是在大鼠的肝脏中(Das 等,1984)。胡桃醌和三氯苯锡对草地黏虫中肠 GST 活性也有体外抑制作用(Wadleigh 和 Yu,1987,1988)。Lee(1991)对植物酚类对 GST 活性的体外抑制作用进行了较详尽的研究。他发现槲皮素对 CDNB 是竞争性抑制但对 GSH 为非竞争性抑制,利尿酸对 CDNB 和 GSH 的抑制类型正好与槲皮素相反,而胡桃醌对 CDNB 和 GSH 都是竞争性抑制。

本研究发现 3 种植物酚类单宁酸、槲皮素和芸香苷对棉铃虫 GST 的抑制作用都很强,但它们的抑制机制不同。单宁酸与 CDNB 是竞争性抑制,而芸香苷是混合型抑制。槲皮素对棉铃虫 GST 与 CDNB 是非竞争性抑制,与以上研究不同,可能不同类型的酶对抑制剂的反应不同。氯菊酯对 *An. dirus* 中的可变剪接产物 adGST1-2、adGST1-3 和 adGST1-4 的抑制作用相似,但对它们的抑制机制则完全不同(Jarajaroenrat 等,2001)。不同抑制类型的抑制剂的离体抑制作用研究,为研究 GST 调控的内源和外源化合物的体外生物转化提供了有用的手段,也为我们了解它们的体内作用机制提供了借鉴。

参考文献

[1] Caccuri A M, Antonini G, Nicotra M, Battistoni A, Bello M L, Board P G, Parker M W and Ricci G. Catalytic mechanism and role of hydroxyl residues in the active site of theta class glutathione S-transferases. Investigation of Ser-9 and Tyr-113 in a glutathione S-transferase from the Australian sheep blowfly, Lucilia cuprina. J Biol Chem, 1997, 272: 29681-29686.

[2] Chang C K, Clark A G, Fields A, et al. Some properties of glutathione S-transferases from the larvae of *Galleria mellonella*. Insect Biochem, 1981, 11: 179-186.

[3] Chahine S, O'Donnell MJ. Interactions between detoxification mechanisms and excretion in Malpighian tubules of Drosophila melanogaster. The Journal of Experimental Biology, 2011, 214: 462-468.

[4] Das M, Bickers D R, Mukhtar H. Plant phenols as *in vitro* inhibitors of glutathione S-transferase(s). Biochem Biophys Res Commun, 1984, 120: 427-433.

[5] Enayati A A, Ranson H, Hemingway J. Insect glutathione transferases and insecticide resistance. Insect Mol Biol, 2005, 14: 3-8.

[6] Francis F, Vanhaelen N, Haubruge E. Glutathione S-transferases in the adaptation to plant secondary metabolites in the Myzus persicae aphid. Arch Insect Biochem Physiol, 2005, 58(3): 166-174.

[7] Jirajaroenrat K, Pongjaroenkit S, Krittanai C, et al. Heterologous expression and characterization of alternatively spliced glutathione S-transferases from a single Anopheles gene. Insect Biochem Mol Biol, 2001, 31 (9): 867-875.

[8] Kostaropoulos I, Papadopoulos A I, Metaxakis A, et al. Glutathione S-transferase in the defense against pyrethroid insecticides. Insect Mol Biol, 2001a, 31: 313-319.

[9] Kostaropoulos I, Papadopoulos A I, Metaxakis A, et al. The role of glutathione S-transferases in the detoxification of some organophosphorus insecticides in larvae and pupae of the yellow mealworm, *Tenebrio molitor* (Coleoptera: Tenebrionidae). Pest Manag Sci, 2001b, 57 (6): 501-508.

[10] Lee K. Glutathiones S-transferase activities in phytophagous insects: induction and inhibition by plant phototoxins and phenols. Insect Biochem, 1991, 21 (4): 353-361.

[11] Lindroth R L, Anson B D, Weisbrod, A V. Effects of protein and juglone on gypsy moths: growth performance and detoxification enzyme activity. J Chem Ecol, 1990, 16: 2533-2547.

[12] Nay B, Fournier D, Baudras A, et al. Mechanism of an insect glutathione S-transferase: kinetic analysis supporting a rapid equilibrium random sequential mechanism with housefly I1 isoform. Insect Biochem Physiol, 1991, 29: 71-79.

[13] Neuefeind T, Huber R, Reinemer P, Knablein J, Prade L, Mann K, Bieseler B. Cloning, sequencing, crystallization and X-ray structure of glutathione S-transferase-III from Zea mays var. mutin: A leading enzyme in detoxification of maize herbicides. J Mol Biol, 1997, 274 577-587.

[14] Otitoju O,Onwurah I N E. Glutathione S-transferase (GST)activity as a biomarker in ecological risk assessment of pesticide contaminated environment. African Journal of Biotechnology,2007,6 (12):1455-1459,18 June.

[15] Prapanthadara L,Hanson H,Somboon P,et al. Cloning,expression and characterization of insect class I glutathione S-transferase from *Anopheles dirus* species B. Insect Biochem Physiol,1998,28:321-329.

[16] Prapanthadara L, Promter N, Koottathep S, et al. Isoenzymes of glutathione S-transferases from the mosquito *Anopheles dirus* species B: the purification, partial characterization and interaction with various insecticides. Insect Biochem Physiol, 2000,30:395-403.

[17] Tang S S and Chang G G. Kinetics characterization of the endogenous Glutathione transferase activity of Octopus lens S-crystallin. J Biochem,1996,119:1182-1188.

[18] Wadleigh R W,Yu S J. Glutathione transferase activity of fall armyworm larvae toward α,β-unsaturated carbonyl allelochemicals and its induction by allelochemicals. Insect Biochem,1987,17:759-764.

[19] Wadleigh R W,Yu S J. Detoxification of isothiocyanate allelochemicals by glutathione transferase in three lepidopterous species. J Chem Ecol,1998,14:1279-1288.

[20] Willoughby L,Batterham P,Daborn P J. Piperonyl butoxide induces the expression of cytochrome P450 and glutathione S-transferase genes in Drosophila melanogaster. Pest Manag Sci,2007,63:803-808.

[21] Yu S J,Host plant induction of glutathione-S-transferase in the fall armyworm. Pestic. Biochem Physiol,1983,19:330-336.

第11章

棉铃虫谷胱甘肽-S-转移酶的纯化

研究表明植物次生性物质能够诱导棉铃虫 GSTs 活性提高。但多数棉铃虫 GSTs 生化方面的研究都是以粗提酶液进行的测定。粗酶液含有多种 GSTs 同工酶，具体是哪种同工酶参与诱导还不能确定；另外粗酶液中还含有其他蛋白、离子或其他分子，可能对酶的测定有一定的影响，因此要进一步进行定性和定量分析需要对粗酶液进行分离纯化。分离和纯化是进行蛋白质结构和功能研究的基础。而分离参与抗性的蛋白(酶)，明确其生物化学特性及其与抗药性的关系，对于害虫抗药性治理具有重要意义。

昆虫 GSTs 的分离纯化已进行了大量的研究(Cheng 等，2008；Yamamoto 等，2007；Lee 等，2008)。GSTs 的纯化方法包括粗提纯如硫酸铵沉淀和聚乙二醇(PEG)沉淀，及各种柱层析方法等。在进行柱层析(例如凝胶过滤、DEAE 纤维素、亲和层析等)前，首先用非变性蛋白质沉淀剂部分纯化是常用的手段。硫酸铵沉淀或 PEG 沉淀法能够沉淀大量的杂蛋白，防止堵塞层析柱，但纯化倍数不高。亲和层析是纯化昆虫 GSTs 效果最好的方法之一。GST 亲和层析即为一种亲和层析，其原理为一种配体(即谷胱甘肽或其他)共价结合到固体介质(琼脂糖凝胶)上。GSTs 结合到配体上，与配体没有亲和性的杂质被洗脱下来，GSTs 结合到介质上。然后 GSTs 再用谷胱甘肽或其他与结合的配体竞争的分子洗脱下来。

本章首先以棉铃虫为对象比较研究不同类型的沉淀剂对 GSTs 蛋白质的非变性沉淀作用。然后通过高速离心、PEG 沉淀、GSH-Sepharose 4B 亲和层析和冷冻干燥等方法对棉铃虫幼虫 GSTs 粗酶液进行了初步纯化。

11.1 蛋白质沉淀剂对棉铃虫谷胱甘肽-S-转移酶的部分纯化

许多研究者利用硫酸铵沉淀法对 GSTs 进行了初步纯化。聚乙二醇(PEG)是近年来用于蛋白质非变性沉淀的主要物质之一，依据其聚合度的不同而分为许多型号，不同型号适用的蛋白质分子质量不同。

11.1.1　中肠 GSTs 硫酸铵沉淀

棉铃虫中肠匀浆液差速离心后，先用 0.4%PEI 沉淀，上清再用硫酸铵沉淀，当使用的硫酸铵饱和度梯度差为 20%时，发现在硫酸铵饱和度 40%和 80%沉淀段各有一个 GSTs 活性峰。但是这时 GSTs 活性峰与蛋白质峰几乎是重叠的，说明 GSTs 蛋白和非 GSTs 杂蛋白并没有很好的分离，特别是硫酸铵饱和度为 60%～80%沉淀段时。

图 11.1 显示出棉铃虫中肠匀浆液差速离心后，先用 0.4%PEI 沉淀，然后上清用硫酸铵沉淀，当饱和度梯度差为 5%时，GSTs 活性峰与蛋白质峰得到较好的分离。GSTs 比活力在硫酸铵的饱和度为 25%时出现一个小的活性峰，在 75%出现一个大的活性峰，比活力分别是 566.21 和 1 081.49 nmol/(min · mg 蛋白)，纯化倍数分别是 1.32 和 2.53。在 GSTs 的两个活性峰处，蛋白含量都是最低的，分别为 1.45 和 3.62 mg/mL；而在硫酸铵饱和度为 40%，GSTs 比活力最低时，蛋白含量几乎达到顶峰 6.07 mg/mL。说明 GSTs 蛋白和非 GSTs 蛋白已经基本完全分开。因此，硫酸铵饱和度为 70%能够沉淀大量的杂蛋白，饱和度为 70%～75%硫酸铵沉淀段 GSTs 比活力最高。

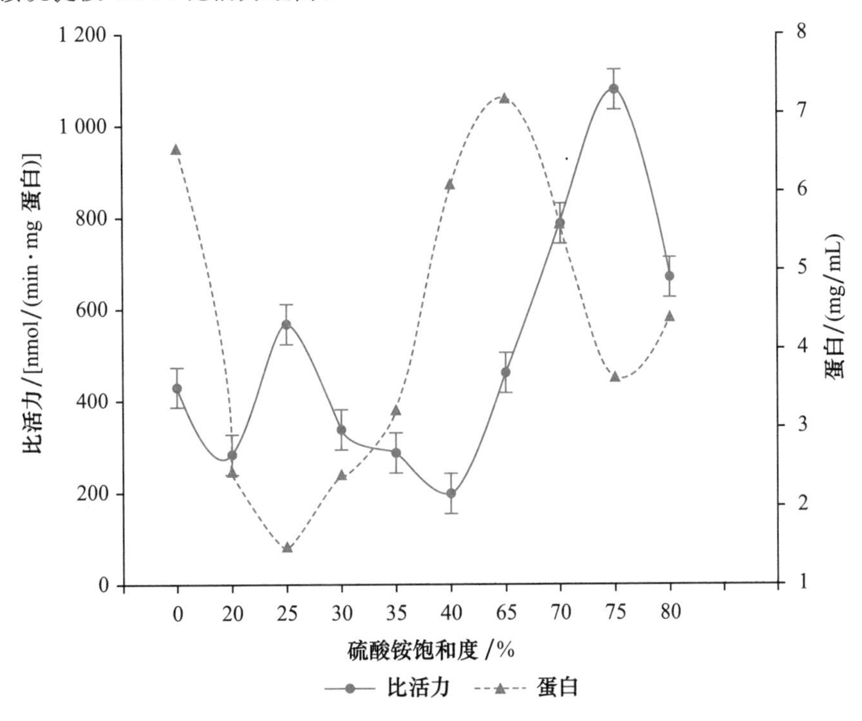

图 11.1　棉铃虫中肠 GST 0.4%PEI 沉淀后的硫酸铵沉淀图

11.1.2　脂肪体 GSTs 硫酸铵沉淀

棉铃虫脂肪体匀浆差速离心上清经 0.4%PEI 沉淀后上清再用硫酸铵沉淀，当梯度差为 20%时，GSTs 的比活力在硫酸铵的饱和度为 80%时达到峰值，比活力为 596.41 nmol/(min · mg 蛋白)，纯化倍数为 2.2。蛋白质的高峰在饱和度为 60%～80%沉淀段，在 80%时仍很高，为 20.92 mg/mL。GSTs 活性峰与蛋白质峰部分是重叠的，说明 GSTs 蛋白和非 GSTs 蛋白并没有很好地分离。

棉铃虫脂肪体匀浆差速离心上清经 0.4%PEI 沉淀后上清再用硫酸铵沉淀，以 5%为梯度差沉淀时，GSTs 的比活力在硫酸铵的饱和度为 25%时达到峰值，比活力为 288 nmol/(min·mg 蛋白)，但此时蛋白的含量最小，为 2.25 mg/mL。可以看出 GSTs 比活力的趋势恰好与蛋白含量相反，说明 GSTs 蛋白和非 GSTs 蛋白已经得到很好的分离(图 11.2)。

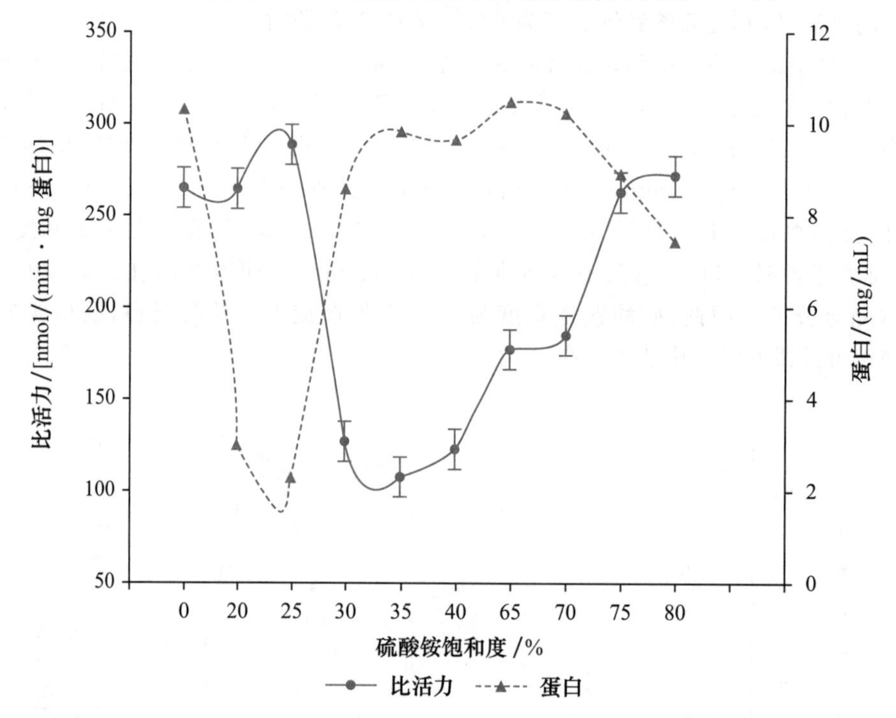

图 11.2 棉铃虫脂肪体 GST 0.4%PEI 沉淀后的硫酸铵沉淀图

棉铃虫中肠和脂肪体匀浆液差速离心后，先用 0.4%PEI 沉淀后，再用硫酸铵沉淀时，20%硫酸铵饱和度梯度不能把 GSTs 活性峰与蛋白质峰分开，当硫酸铵饱和度梯度为 5%时，GSTs 蛋白和非 GSTs 蛋白都能够很好地分开，GSTs 比活力的峰值恰是蛋白质的谷底。

11.1.3 6 种 PEG 的选择实验

棉铃虫中肠和脂肪体匀浆差速离心上清经 0.4%PEI 沉淀后上清再分别用 PEG400，PEG2000，PEG4000，PEG6000，PEG10000 和 PEG20000 六种聚合度不同的 PEG 沉淀，PEG10000 和 PEG20000 的沉淀效果明显优于其他的 4 种(图 11.3 和图 11.4)。在一定的范围内，PEG 分子质量越大，对 GSTs 的沉淀效果越好。

11.1.4 GSTs 的 PEG10000 沉淀

图 11.5 显示出棉铃虫中肠匀浆差速离心上清液用 PEG10000 的沉淀图谱。PEG10000 的浓度为 10%时，GSTs 的比活力达到谷底，而蛋白含量达到峰值；PEG10000 的浓度为 45%

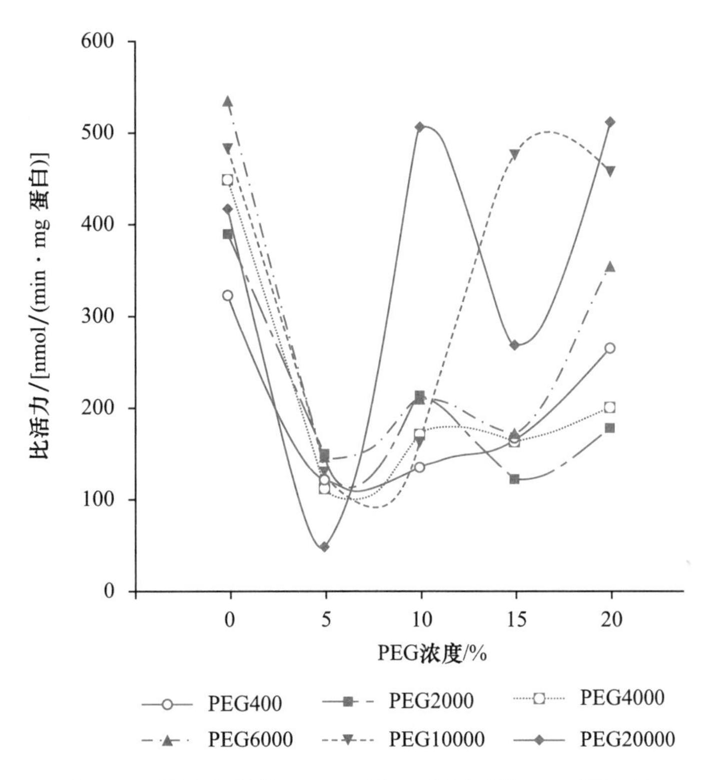

图 11.3　棉铃虫中肠 GST 0.4%PEI 沉淀后的 PEG 沉淀图

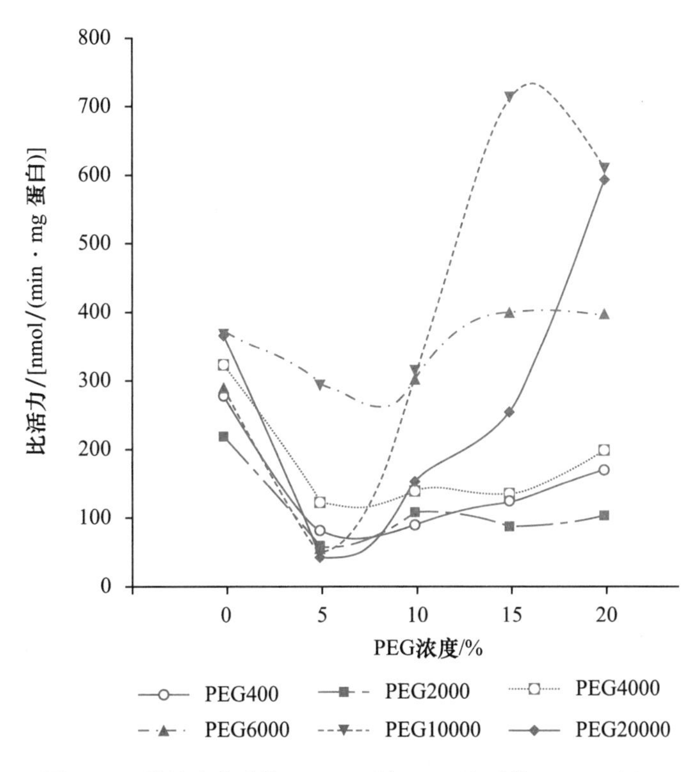

图 11.4　棉铃虫脂肪体 GST 0.4%PEI 沉淀后的 PEG 沉淀图

时,GSTs 的比活力达到峰值,而蛋白含量到达谷底。GSTs 活性峰与蛋白峰是相反的,说明 GSTs 蛋白和非 GSTs 蛋白能够很好地分离。PEG10000 的浓度为 10%～45%时,中肠 GST 的比活力随着浓度的增加而增大,PEG10000 的浓度为 45%时,比活力达到最高。而在 PEG10000 的浓度为 10%时,蛋白的含量达到峰值,为 13.83 mg/mL。当比活力达到峰值,蛋白含量最低,为 1.56 mg/mL。因而,40%～45%PEG10000 的沉淀段 GSTs 的比活力最高。

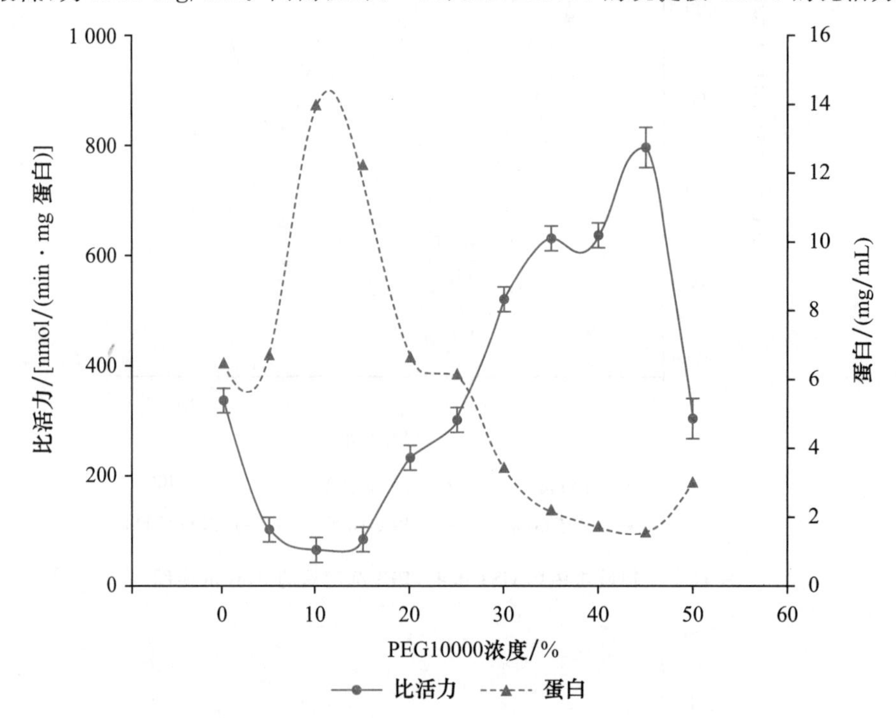

图 11.5　棉铃虫中肠 GST 的 PEG10000 沉淀图

棉铃虫脂肪体匀浆差速离心上清液在 PEG10000 沉淀中,PEG10000 的浓度为 10%时,GSTs 的比活力到达谷底,而蛋白含量达到峰值;PEG10000 的浓度大于 20%时,蛋白的含量都很低。GSTs 活性峰与蛋白峰相反,说明 GSTs 蛋白和非 GSTs 蛋白能够很好地分离(图 11.6)。PEG10000 的浓度为 10%～35%时,GSTs 比活力随着浓度的增加而增大,PEG10000 的浓度为 35%和 40%时,GSTs 比活力达到最高,分别是 1 065.53 和 1 080.18 nmol/(min · mg 蛋白),其纯化倍数分别是 3.92 和 3.97。蛋白含量在 PEG10000 的浓度为 10%时达到高峰,为 31.08 mg/mL,此时 GSTs 比活力达到最低;当 PEG10000 的浓度大于 20%,蛋白含量越来越低,表明 20%的 PEG10000 便能沉淀绝大部分的杂蛋白。因而利用 PEG10000 来沉淀脂肪体匀浆差速离心上清液,30%～35%的 PEG10000 沉淀段 GSTs 的比活力最高,蛋白含量也最少。

11.1.5　GSTs 的 PEG20000 沉淀

棉铃虫中肠匀浆差速离心上清液在 PEG20000 沉淀中,PEG20000 的浓度为 10%时,GSTs 的比活力达到最低,而蛋白含量达到峰值;PEG20000 的浓度为 35%时,GSTs 的比活力达到峰值,而蛋白含量达到谷底。GSTs 活性峰与蛋白峰是相反的,说明 GSTs 蛋白和非 GSTs 蛋白能够很好地分离(图 11.7)。PEG20000 的浓度在 10%之前,中肠 GSTs 比活力随

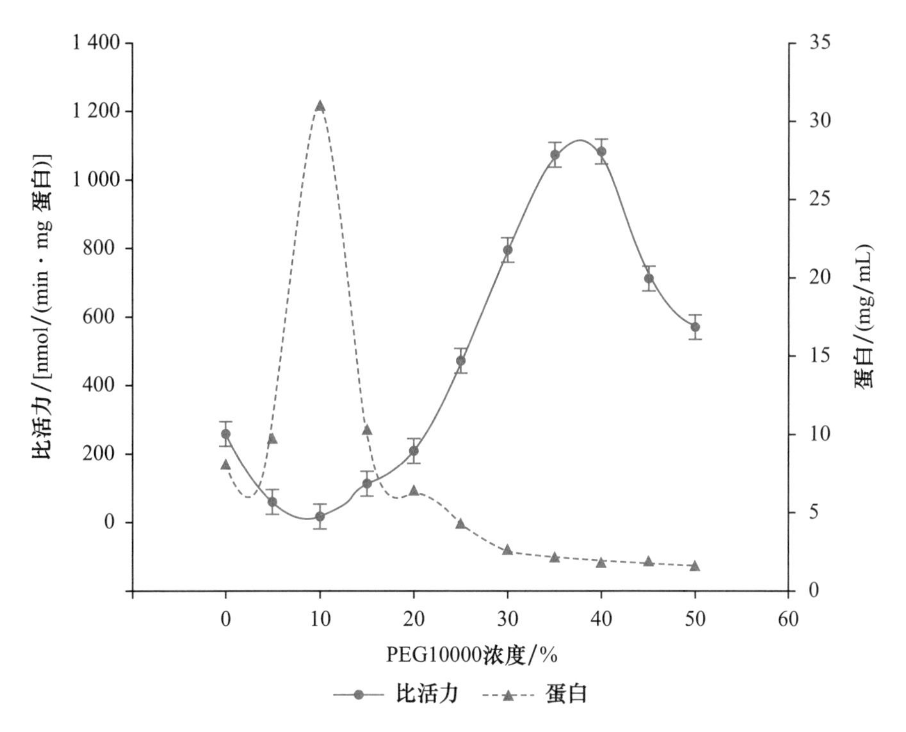

图 11.6 棉铃虫脂肪体 GST 的 PEG10000 沉淀图

着 PEG 浓度的增加而降低，在 10%～30%时，比活力随着 PEG20000 浓度的增加而增加。当 PEG20000 的浓度为 30%时，GSTs 的比活力是 744.19 nmol/(min · mg 蛋白)，纯化倍数是 2.72。

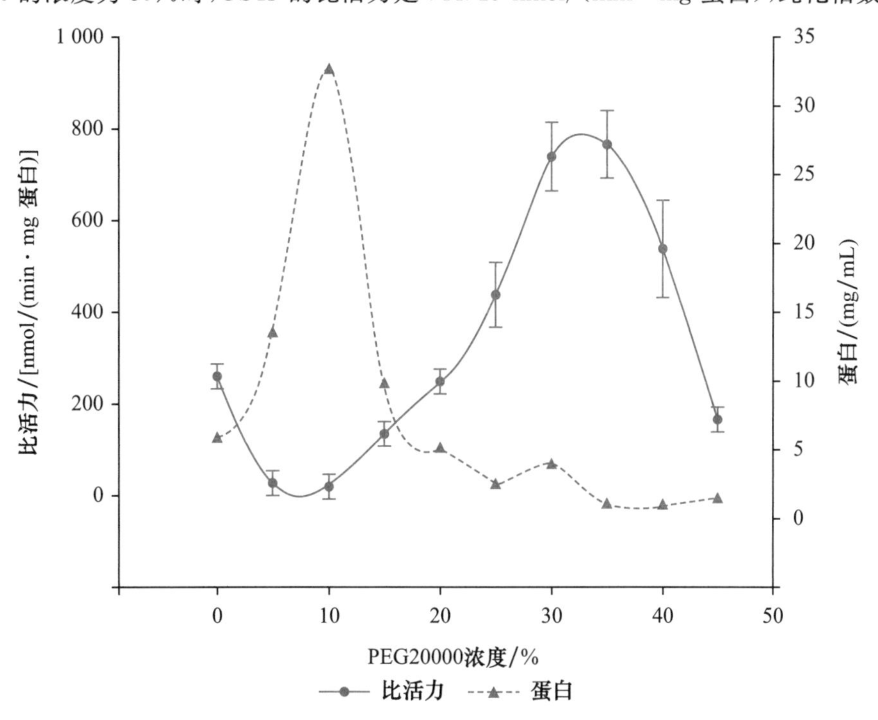

图 11.7 棉铃虫中肠 GST 的 PEG20000 沉淀图

在 PEG20000 的浓度为 10%时，蛋白含量为 32.60 mg/mL，达到峰值，然后随着浓度的增加蛋白含量减少。此时 GSTs 的比活力达到谷底，当 PEG20000 的浓度分别为 15%、20%、25%、30%、35%、40%和 45%时，蛋白含量分别为 10.02、5.58、3.00、4.39、1.48、1.44 和 1.97 mg/mL。PEG20000 沉淀中肠 GSTs 时，PEG 浓度为 25%～30%时效果最好，此时得到的沉淀比活力高，GSTs 蛋白和杂蛋白能够很好地分离。

图 11.8 表明棉铃虫脂肪体 PEG20000 沉淀的比活力出现两个峰，在 PEG20000 的浓度分别为 25%和 40%时各有一个活性峰，这两个峰的比活力分别是 921.93 和 945.96 nmol/(min · mg 蛋白)，纯化倍数分别是 2.97 和 3.05。PEG20000 的浓度为 5%时，比活力达到最低，为 61.44 nmol/(min · mg 蛋白)，仅仅为原酶比活力的 0.2 倍，但此时沉淀的蛋白达到峰值，为 18.44 mg/mL，表明在 PEG20000 的浓度为 5%时能够沉淀出大量的杂蛋白。

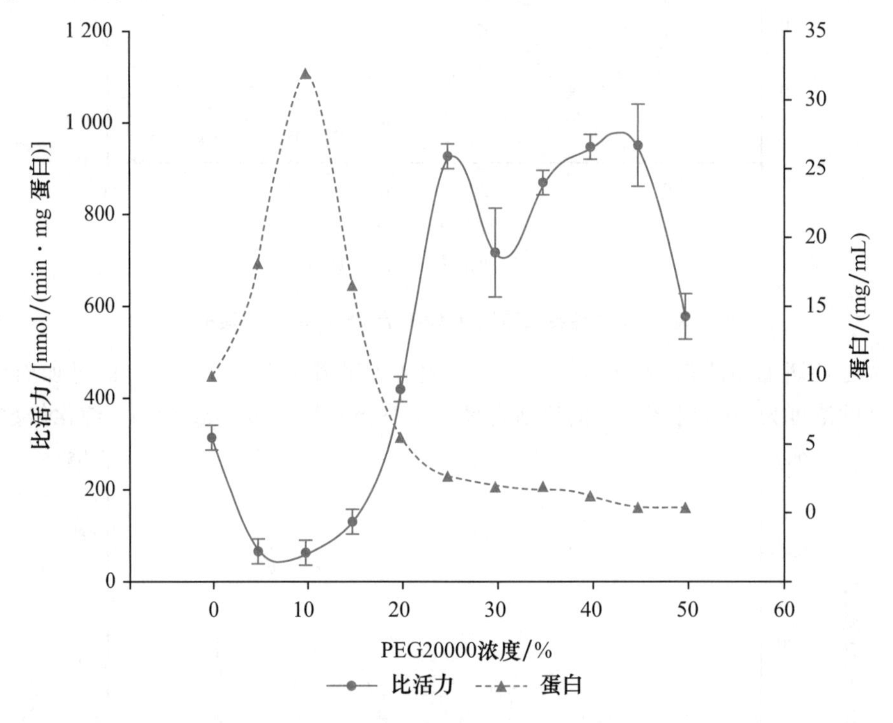

图 11.8 棉铃虫脂肪体 GST 的 PEG20000 沉淀图

无论是 PEG10000 还是 PEG20000，20%的浓度就能沉淀绝大部分棉铃虫中肠和脂肪体匀浆差速离心上清液中的杂蛋白。GST 活性峰与蛋白质峰是完全分开的，GSTs 比活力的峰值恰是蛋白含量的谷底，而比活力的谷底恰是蛋白含量的峰值。GSTs 蛋白和非 GSTs 蛋白能够很好地分开。

11.1.6 硫酸铵与 PEG 沉淀对 GST 纯化效果的比较

表 11.1 表明对于棉铃虫中肠和脂肪体匀浆差速离心上清液而言，PEG10000 的沉淀效果＞PEG20000 的沉淀效果＞PEI 沉淀后硫酸铵的沉淀效果。在六种 PEG 中，PEG10000 和 PEG20000 对棉铃虫中肠和脂肪体匀浆差速离心上清液的沉淀效果较好，但是 PEG10000 的沉淀效果优于 PEG20000。PEG 沉淀所需的浓度较小，GSTs 蛋白与杂蛋白能

够分离的完全，杂蛋白沉淀的更加彻底，所得沉淀 GSTs 的比活力更高。例如 20% PEG10000 和 PEG20000 便可沉淀绝大多数杂蛋白。PEG10000 对棉铃虫脂肪体匀浆差速离心上清液的纯化倍数达 3.97；而饱和度为 70%～75%的硫酸铵段对棉铃虫中肠匀浆差速离心上清液的纯化倍数最高为 2.53。所以，对于棉铃虫中肠和脂肪体匀浆差速离心液来说，PEG10000 的沉淀效果最好，所得到的沉淀 GSTs 的比活力最高，GSTs 蛋白与杂蛋白能够分离得完全。

表 11.1 蛋白质沉淀剂对棉铃虫幼虫 GST 纯化效果的比较

方法	沉淀前		沉淀后		纯化倍数
	比活力 /[nmol/(min · mg 蛋白)]	蛋白含量 /(mg/mL)	比活力 /[nmol/(min · mg 蛋白)]	蛋白含量 /(mg/mL)	
PEI/硫酸铵沉淀	429.82	6.54	1 081.49	3.62	2.53
PEG10000 沉淀	271.79	8.13	1 080.18	1.91	3.97
PEG20000 沉淀	310.12	10.18	945.96	1.61	3.05

11.1.7 讨论

在进行柱层析(例如凝胶过滤、DEAE 纤维素、亲和层析等)前，首先用非变性蛋白质沉淀剂部分纯化是常用的手段。最经典的沉淀剂是硫酸铵。Chien 和 Dauterman(1991)用硫酸铵沉淀的方法对美洲棉铃虫(*Helicoverpa zea*)的 GSTs 进行了初步纯化研究，其活性主要分布在 55%～80%沉淀段，纯化倍数为 4.3。Yawetz 和 Koren(1984)用硫酸铵沉淀技术对地中海实蝇(*Ceratitis capitata* W)的 GSTs 纯化达到 6.3 倍。Yu(1989)在对 5 种植食性鳞翅目害虫时，采用了同样的技术，用 45%～70%的硫酸铵进行分级沉淀，再亲和层析进行分离。Ku 和 Chiang(1994)在纯化小菜蛾(*Plutella xylostella* L.)幼虫 GSTs 同工酶时，首先使用 30%～60%的硫酸铵沉淀。Yu 和 Huang(2000)在纯化德国小蠊(*Blattella germanica* L.)的 GSTs 时，在上亲和柱之前使用了 45%～75%的硫酸铵沉淀。本研究以棉铃虫 GSTs 为例比较研究不同类型的沉淀剂对蛋白质的非变性沉淀作用。结果表明 PEG 沉淀所需的浓度较小，GSsT 蛋白与杂蛋白能够分离得完全，杂蛋白沉淀得更加彻底，所得沉淀 GSTs 的比活力更高。

棉铃虫中肠和脂肪体同工酶的组成既有一定的相似性又有一定的差异。在硫酸铵的饱和度为 25%和 75%时，棉铃虫中肠和脂肪体沉淀的 GST 比活力都达到峰值；棉铃虫脂肪体匀浆差速离心上清液中的 PEG10000 和 PEG20000 沉淀的比活力和蛋白含量的趋势都与中肠的类似，说明中肠和脂肪体同工酶的组成具有一定的相似性。在硫酸铵各沉淀段，棉铃虫脂肪体酶液的比活力与中肠的有很大的差别；在 PEG10000 和 PEG20000 沉淀中比活力和蛋白含量的趋势都与中肠的有差异，可能是由于中肠和脂肪体同工酶的组成具有一定的差异。

PEG10000 在浓度大于 40%及其 PEG20000 的浓度大于 30%时黏度便增大，从而也增大了误差。所以，棉铃虫中肠和脂肪体匀浆差速离心上清液 PEG10000 沉淀的最佳浓度为 30%～

35%。棉铃虫中肠匀浆差速离心上清液 PEG20000 沉淀的最佳浓度为 25%～30%；棉铃虫脂肪体匀浆差速离心上清液 PEG20000 沉淀的最佳浓度为 20%～25%。

由于棉铃虫中肠和脂肪体匀浆差速离心上清液硫酸铵沉淀和 PEG 沉淀所需时间较长，所以在操作过程中存在失活现象，从而造成所测比活力比实际的比活力要低。利用蛋白质沉淀剂（硫酸铵、PEG10000 和 PEG20000）对棉铃虫中肠和脂肪体匀浆差速离心上清液进行了纯化对比研究，发现 PEG10000 和 PEG20000 的纯化效果优于硫酸铵。但是硫酸铵、PEG10000 和 PEG20000 的存在对 GSTs 的活性的影响还有待于研究。

11.2 蛋白质沉淀剂对棉铃虫 GSTs 米氏常数的影响

PEG 沉淀之后，中肠和脂肪体 GSTs 对两底物 CDNB 和 GSH 的米氏常数值都没有明显改变，而最大反应速度的变化趋势与酶比活力的变化基本一致，即 PEG10000 和 PEG20000 沉淀之后，中肠和脂肪体 GSTs 的比活力和最大反应速度都高于对照，并且与对照都具有显著的差异，但是利用 PEG10000 沉淀还是 PEG20000 沉淀中肠和脂肪体 GSTs，其比活力和最大反应速度并没有显著差异（表 11.2，图 11.9 至图 11.12）。

表 11.2 PEG 对棉铃虫 GSTs 动力学特性的影响

组织		对照		PEG10000 沉淀		PEG20000 沉淀	
中肠	$K_{m(CDNB)}$/(mmol/L)	0.43±0.02	a	0.40±0.02	a	0.41±0.04	a
	$V_{max(CDNB)}$/[nmol/(mg 蛋白 · min)]	525.23±65.69	b	2 172.36±107.47	a	2 254.19±38.73	a
	$K_{m(GSH)}$/mmol/L	0.56±0.03	a	0.52±0.01	a	0.54±0.01	a
	$V_{max(GSH)}$/[nmol/(mg 蛋白 · min)]	629.78±79.12	b	2 298.51±104.27	a	2 402.26±153.94	a
脂肪体	$K_{m(CDNB)}$/mmol/L	0.51±0.03	a	0.47±0.01	a	0.48±0.02	a
	$V_{max(CDNB)}$/[nmol/(mg 蛋白 · min)]	589.76±33.42	b	2 294.33±72.08	a	2 429.83±80.66	a
	$K_{m(GSH)}$/mmol/L	0.55±0.03	a	0.51±0.01	a	0.51±0.03	a
	$V_{max(GSH)}$/[nmol/(mg 蛋白 · min)]	769.44±39.34	b	2 385.46±69.93	a	2 523.48±137.13	a

注：同行不同字母表示差异显著（$p<0.05$）。

米氏常数是反映酶催化性质的特征参数，它表示酶在所测定条件下与反应底物结合的亲和力。酶的不同形式（同工酶）由于结构和性质方面的变化，其米氏常数（K_m）数值大小会有所不同，而且性质差别越大，其 K_m 相差也越大。PEG 沉淀之后对 GSTs 的米氏常数基本无影响，表明通过 PEG 沉淀并没有改变酶的性质；最大反应速度增大，表明 PEG 能够很好地去除一些杂蛋白，使得 GSTs 的比活力增大。

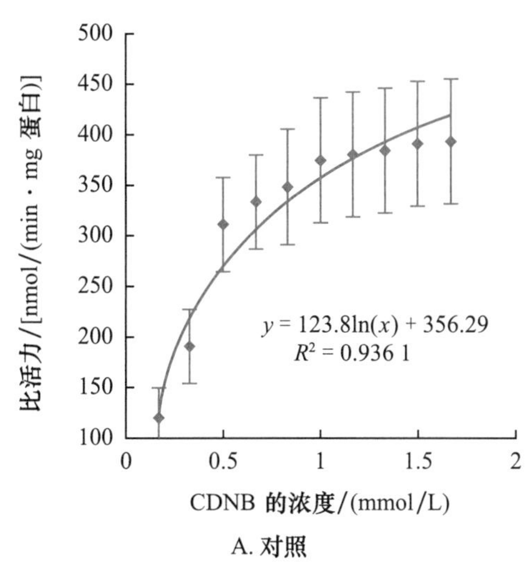

A. 对照

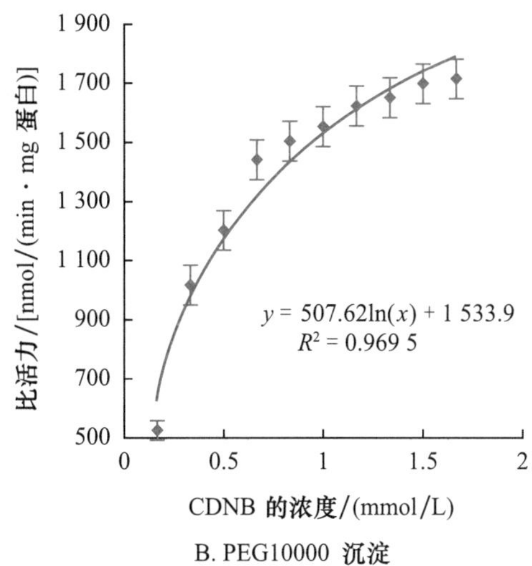

B. PEG10000 沉淀

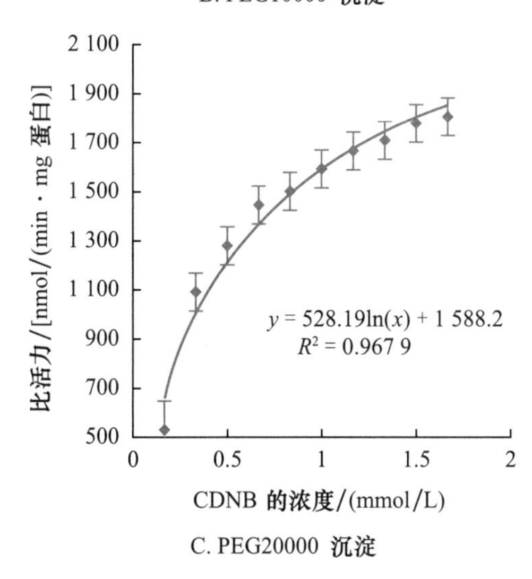

C. PEG20000 沉淀

图 11.9　棉铃虫中肠 GSTs 比活力与底物 CDNB 浓度的关系

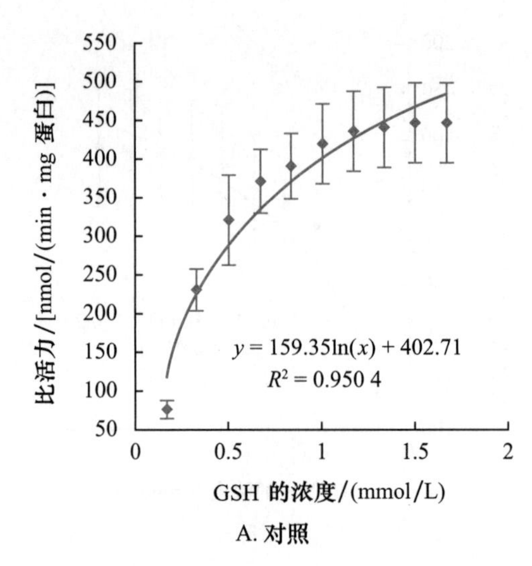

A. 对照

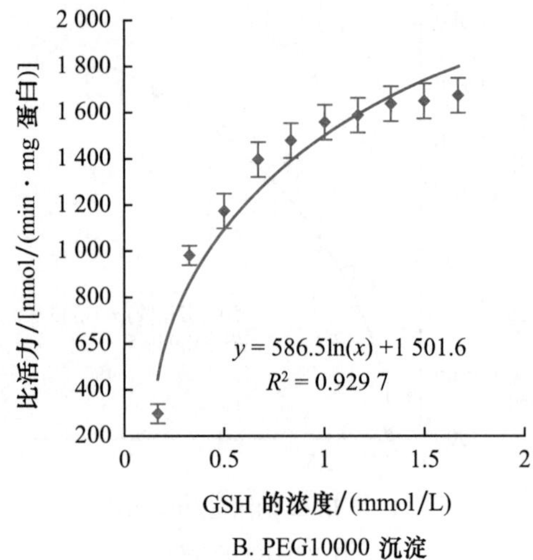

B. PEG10000 沉淀

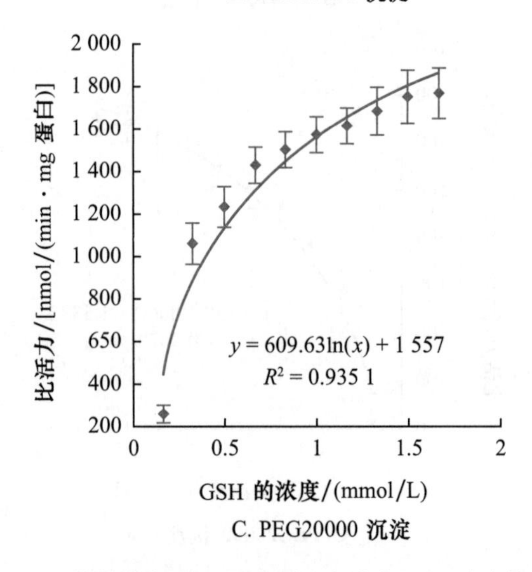

C. PEG20000 沉淀

图 11.10　棉铃虫中肠 GSTs 比活力与底物 GSH 浓度的关系

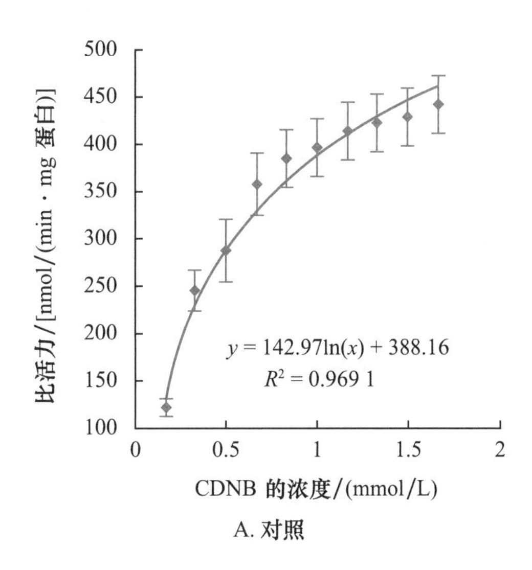

A. 对照

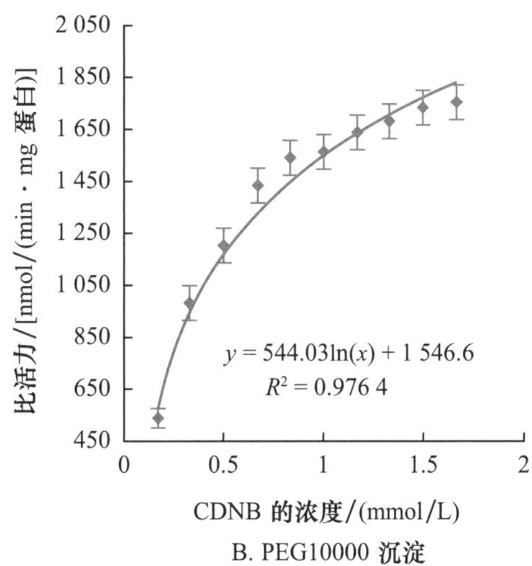

B. PEG10000 沉淀

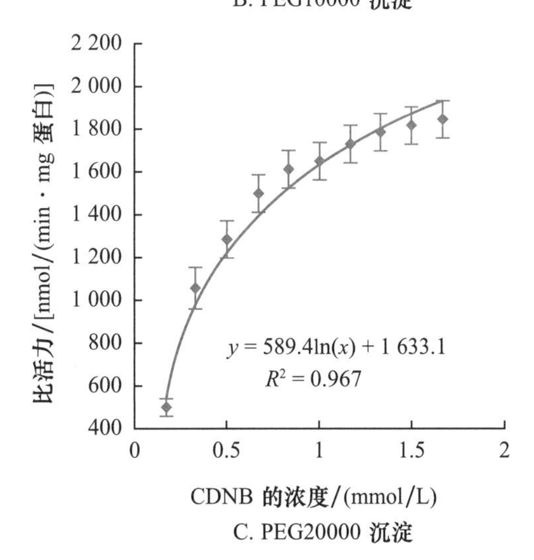

C. PEG20000 沉淀

图 11.11　棉铃虫脂肪体 GSTs 比活力与底物 CDNB 浓度的关系

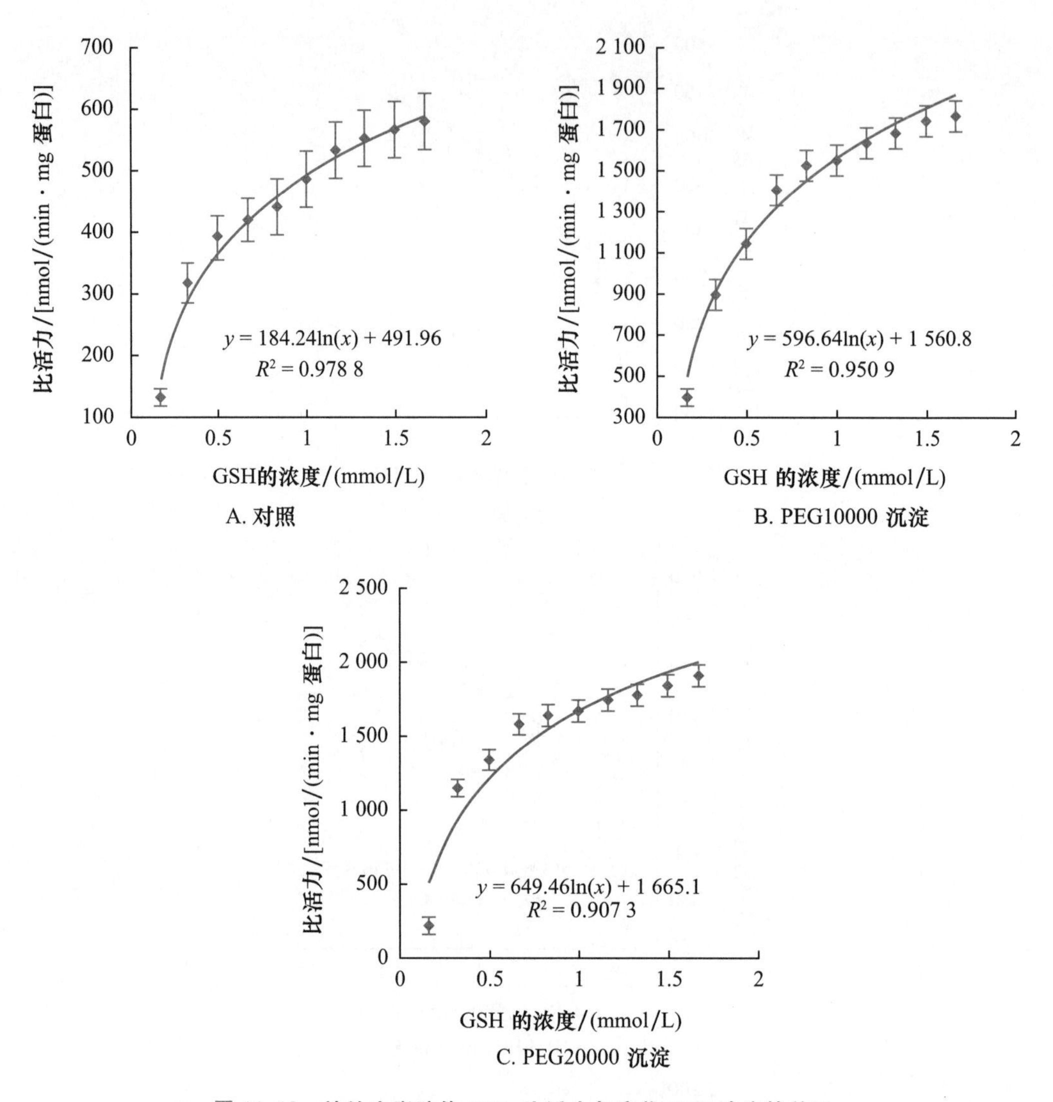

图 11.12　棉铃虫脂肪体 GSTs 比活力与底物 GSH 浓度的关系

11.3　棉铃虫 GSTs 的纯化

分离和纯化是进行蛋白质结构和功能研究的基础。而分离参与抗性的蛋白(酶),明确其生物化学特性及其与抗药性的关系,对于害虫抗药性治理具有重要意义。

昆虫 GSTs 的分离纯化已进行了大量的研究。GSTs 的纯化方法包括粗提纯如硫酸铵沉淀和各种柱层析方法等。和传统的柱层析如离子交换层析、凝胶过滤等相比,亲和层析操作简单,纯化效率也高,是最为常用的纯化方法。迄今为止,已从至少 30 余种昆虫中分离得到 GSTs。

从表 11.3 可以看出,各样品纯化后的比活力都比纯化前明显增强,纯化倍数在 90～135 倍之间。

利用层析法对昆虫 GSTs 进行纯化已经有很多的研究，例如 Chiang 和 Sun（1993）用 GSH-agarose 亲和柱纯化小菜蛾幼虫 GSTs，纯化效果为 30 倍。周先碗（1999）用铜离子-琼脂糖螯合层析和 PBE94-Sepharose 聚焦层析技术对大蜡螟 GSTs 进行了纯化，前者分离获得的活性峰对底物的催化能力与 GSH-agarose 亲和柱分离的相似；后者分离出 3 个活性峰，最高可纯化 130.8 倍。本研究采用高速离心、PEG 沉淀和 GSH-Sepharose 4B 亲和层析对棉铃虫幼虫 GSTs 进行了纯化，纯化倍数最高达到 131.77。

本实验通过 PEG 沉淀棉铃虫 GSTs 酶液之后，又利用 GSH-Sepharose 4B 亲和层析对其进行了纯化。得到了纯度较高的棉铃虫 GSTs，但是回收率却很低。由于酶的产量过低，所以不能对所得到的 GSTs 进行更多的定性和定量分析。

表 11.3 棉铃虫幼虫 GSTs 的分离纯化

处理	组织	步骤	比活力/[nmol/(min · mg)]	纯化倍数
对照	中肠	匀浆	138.89±4.27	1
		高速离心	191.49±5.21	1.38
		PEG20000 沉淀	862.07±26.71	6.21
		GSH-Sepharose 4B 亲和层析	16 550.00±1 373.31	119.16
	脂肪体	匀浆	113.32±4.62	1
		高速离心	165.57±6.93	1.46
		PEG10000 沉淀	853.40±46.15	7.53
		GSH-Sepharose 4B 亲和层析	11 100.00±947.22	97.95
2-十三烷酮	中肠	匀浆	250.06±8.71	1
		高速离心	317.95±10.45	1.27
		PEG20000 沉淀	936.43±58.57	3.74
		GSH-Sepharose 4B 亲和层析	24 250.00±620.10	96.98
	脂肪体	匀浆	242.85±22.38	1
		高速离心	290.79±18.71	1.20
		PEG10000 沉淀	1 264.17±43.33	5.21
		GSH-Sepharose 4B 亲和层析	32 000.00±915.54	131.77
槲皮素	中肠	匀浆	248.69±10.14	1
		高速离心	394.35±11.87	1.59
		PEG20000 沉淀	1 319.17±59.08	5.03
		GSH-Sepharose 4B 亲和层析	22 400.00±375.00	90.07
	脂肪体	匀浆	173.08±16.58	1
		高速离心	294.60±20.31	1.70
		PEG10000 沉淀	734.27±41.45	4.24
		GSH-Sepharose 4B 亲和层析	17 500.00±1 171.87	101.11

参考文献

[1] 周先碗．昆虫谷胱甘肽-S-转移酶分离纯化的新方法．中国生物化学与分子生物学报，1999，15:269-273.

[2] Cheng X H, Zhi Q F,Byung R J,Zhong Z G. Purification and biochemical characterization of a novel glutathione S-transferase of the silkworm,Bombyx mori. African Journal of Biotechnology,2008,7(3):311-316.

[3] Chien C,Dauterman W C. Studies on glutathione S-transferase in *Helicoverpa zea*. Insect Biochem,1991,21(8):857-864.

[4] Chiang F M,Sun C N. Glutathione transferase isozymes of diomond back moth larvae and their role in the degradation of some organophosphorus insecticides. Pestic Biochem Physiol, 1993,45:7-14.

[5] Ku C C,Chiang F M,Hsin C Y,et al. Glutathione transferase isozymes involved in insecticide resistance of diamondback moth larvae. Pest Biol Physiol,1994,50:191-197.

[6] Lee S,Han X,Choi K J,Ding Y,Choi T,Tak E,Lee J,Ha J,Kim S S,Lee J. A new method for purification of functional recombinant GST-cyclophilin A protein from *E. coli*. Indian Journal of Biochemistry & Biophysics,2008,45:374-378.

[7] Yamamoto K,Miake F,Aso Y. Purification and characterization of a novel sigma-class glutathione S-transferase of the fall webworm,Hyphantria cunea. J Appl Entomol,2007,131:466-471.

[8] Yawetz A,Koren B. Purification and properties of the Mediterranean fruit fly glutathione S-transferase. Insect Biochem,1984,14:663-670.

[9] Yu S J,Huang S W. Purification and characterization of glutathione S-transferases from the German cockroach,*Blattella germanica* (L.). Pestic Biochem Physiol,2000. 67:36-45.

[10] Yu S J. Purification and characterization of glutathione transferases from five phytophagous lepidoptera. Pest Biol Physiol,1989,35:97-105.

第12章

植物次生性物质对棉铃虫GSTs的诱导

昆虫在取食过程中,不可避免地会随着营养的吸收而取食一些植物次生性物质。这些植物次生性物质会进入昆虫体内,影响其正常的生理活动。为了避免植物次生性物质的危害,昆虫在长期的进化过程中,产生了相应的适应机制。其中解毒酶的活性增强就是一种重要的适应方式。昆虫对植物次生性物质的解毒系统包括细胞色素 P450s、谷胱甘肽-S-转移酶和酯酶等。

GSTs 在昆虫对杀虫药剂的解毒中的作用已被证实(Ku 等,1994;Prapanthadara 等,2000,Enayati 等,2005)。GSTs 活性可以被杀虫药剂诱导,对杀虫药剂有抗性的昆虫品系比敏感品系的 GSTs 活性高(Reidy 等,1990;Lagadic 等,1993;Ku 等,1994;Lumjuan 等,2005)。能够被 GSTs 代谢的杀虫药剂包括有机磷、有机氯和氨基甲酸酯类等(Lagadic 等,1993;Kostaropoulos 等,2001b;Feng 等,2001)。拟除虫菊酯类杀虫药剂虽然不能被 GSTs 代谢,但最近的研究表明它们也能诱导 GSTs 活性提高(Kostaropoulos 等,2001a;Vontas 等,2002;Che-Mendoza 等,2009)。GSTs 也参与植食性昆虫对植物次生性物质的抗性,并可被诱导(Hedin 等,1988;Yu,1986;Yu,1996;Despre 等,2007)。除解毒作用外,GSTs 在昆虫中也可能有其他的生理功能。如 Feng 等(2001)发现云杉卷叶蛾 *Choristoneura fumiferana* GST(CfGST)与滞育有关,烟草夜蛾(*Meduca sexta*)触角中的 GST-msolf1 与气味有关(Rogers 等,1999)。

本章研究了棉铃虫 GSTs 在不同品系和组织中的表达差异以及植物次生性物质槲皮素、单宁酸和 2-十三烷酮对棉铃虫 GSTs 表达的诱导作用。另外还系统研究了单宁酸对棉铃虫 GSTs 的影响的时间效应和剂量效应等,研究了诱导与杀虫药剂敏感性的关系,为棉铃虫的治理提供了理论依据。

12.1 棉铃虫 GSTs 在不同品系和不同组织中的表达

12.1.1 棉铃虫 GSTs 的组织特异性表达

GSTs 在昆虫各个组织及不同龄期含量的特异性已经被广泛研究(Mittapalli 等,2007;

Gui 等,2009)。GSTs 在棉铃虫的各个组织部位都有分布,但各部位的表达有差异(表 12.1)。中肠和脂肪体中的 GSTs 比活力最高,占总活力的 69%,二者之间没有显著差异。头和体壁中的酶活力较低,其中体壁中的 GSTs 酶活力最低。对各组织中的 GSTs 动力学参数的比较发现,虽然各组织中酶活力有很大差异,但对两种底物 CDNB 和 GSH 的表观米氏常数(app. K_m)均没有显著的差异,表观最大反应速度(app. V_{max})的差异基本同酶比活力的差异。

表 12.1 GSTs 在棉铃虫不同组织部位的表达差异

组织	GSTs 比活力 /[nmol/(mg 蛋白·min)]	app. K_{mCDNB} /(mmol/L)	app. $V_{maxCDNB}$ /[nmol/(mg 蛋白·min)]	app. K_{mGSH} /(mmol/L)	app. V_{maxGSH} /[nmol/(mg 蛋白·min)]
中肠	554.9±78.4(1)a	0.51±0.18 b	821.4±117.1(1)c	0.95±0.46 d	1076.2±246.5(1)e
脂肪体	412.6±63.9(0.74)a	0.5±0.15 b	655.6±78.1(0.8)c	1.45±0.33 d	1 111.5±120.9(1.04)e
头	286.6±35.2(0.52)b	0.43±0.04 b	412.9±44.8(0.5)d	0.86±0.19 d	554.6±22.6(0.52)f
体壁	150.5±14.6(0.27)c	0.33±0.04 b	211.2±9.8(0.26)a	1.29±0.47 d	410.7±76.8(0.38)g

注:同行不同字母表示差异显著($p<0.05$)。

12.1.2 GSTs 在棉铃虫不同种群中的表达变化

对实验室种群和田间种群的 GSTs 比活力和对 1-氯-2,4-二硝基苯(CDNB)的动力学参数 app. K_m值和 app. V_{max}进行了比较研究(表 12.2)。结果表明田间品系的中肠 GSTs 和脂肪体 GSTs 的比活力都比实验室品系高,分别为后者的 1.66 和 1.14 倍,但脂肪体之间的差异不显著;表观 V_{max}的变化趋势与酶比活力的变化基本一致;田间品系和实验室品系对 CDNB 的表观 K_m均没有明显区别。

表 12.2 GSTs 在棉铃虫不同种群中的表达变化

种群	组织	GSTs 比活力 /[nmol/(mg 蛋白·min)]	app. K_m /(mmol/L)	app. V_{max} /[nmol/(mg 蛋白·min)]
实验室种群	中肠	425.4±21.8(1)	0.37±0.03	647.5±56.4(1)
	脂肪体	385.2±27.7(1)	0.31±0.05	482±45.2(1)
田间种群	中肠	705±37.2(1.66)*	0.34±0.03	990.6±80.3(1.53)*
	脂肪体	440.3±28.7(1.14)	0.25±0.04	556.7±36.8(1.16)

注:* 表示在 0.01 水平上差异显著。

谷胱甘肽-S-转移酶在生物体内广泛存在。本研究发现,棉铃虫的各个组织部位都有 GSTs 活性,但其中中肠和脂肪体 GSTs 的比活力最高。虽然中肠 GSTs 和脂肪体 GSTs 的比活力没有显著差异,但由于脂肪体的总蛋白含量远高于中肠(2~3 倍),因此脂肪体 GSTs 的总活力比中肠高得多,在代谢中发挥着重要的作用。昆虫的肠道是昆虫食物消化的主要场所,食物中除了含有昆虫维持正常生长发育和代谢所需要的营养物质以外,还含有一些对昆虫有毒的化学物质,棉铃虫中肠中高 GSTs 比活力有利于昆虫代谢经口进入体内的有毒物质。一些触杀性杀虫药剂需穿透体壁和脂肪体的双重阻隔才能到达作用部位,体壁和脂肪体 GSTs 有利于代谢经体壁进入体内的有毒物质。体壁中的 GST 活性也可能是解剖时脂肪体没有完全去除的结果。另外本研究还发现棉铃虫头部也含有 GSTs 活性。昆虫 GSTs 除解毒作用外，还可能参与其他生理过程。因此体壁和头部等非解毒组织部位的 GSTs 也可能有其他的功能。

本文研究发现，棉铃虫田间种群和室内种群相比，GSTs 的活性也存在明显的差异。田间种群中肠 GSTs 酶活性比室内种群的酶活性高 0.6 倍，但表观 K_m 值却没有显著区别，这说明棉铃虫田间种群的 GSTs 的含量增加，但酶的组成可能没有明显差别。田间的棉铃虫经常接触化学农药，而且棉花中也含有一些有毒的化学物质（或植物次生性物质），它们会诱导棉铃虫 GSTs 的表达，从而对杀虫药剂产生抗性。研究表明田间种群对杀虫药剂有中等程度的抗性，对有机磷和氨基甲酸酯类药剂的抗性倍数都在 3～7 倍之间。这说明 GSTs 的活性增加与棉铃虫的抗性有关。已有许多证据表明，昆虫抗性种群对杀虫药剂的抗性与 GSTs 对 CDNB（或 DCNB）的高活性有关。如草地黏虫的几个田间品系对拟除虫菊酯、有机磷和氨基甲酸酯类杀虫药剂的抗性与 GST 对 CDNB 和 DCNB 的活性增加有关（Yu，1992）。

12.2 植物次生性物质对棉铃虫 GSTs 的诱导表达

12.2.1 三种植物次生性物质对棉铃虫 GSTs 酶活力的诱导作用

棉铃虫幼虫取食 0.01%的 2-十三烷酮、槲皮素和单宁酸 2 d 后，其中肠和脂肪体中的 GSTs 酶活性都有所改变（表 12.3）。中肠 GSTs 的酶比活力都增加，分别是对照的 1.85、2.47 和 1.25 倍，而脂肪体 GSTs 的比活力都减小，分别为对照的 0.85、0.65 和 0.52 倍。即中肠 GSTs 表现诱导作用而脂肪体 GSTs 表现抑制作用。另外以单头昆虫的酶活力来表示棉铃虫中肠的酶活力时，2-十三烷酮和单宁酸的诱导倍数均比以每毫克蛋白的酶活力的诱导倍数高，而槲皮素则相反。这说明 2-十三烷酮和单宁酸诱导后可能引起棉铃虫中肠的总蛋白含量增加，而槲皮素诱导后棉铃虫中肠的总蛋白含量却减少。植物次生性物质对脂肪体总蛋白含量的影响没有测定。

表 12.3 植物次生性物质对棉铃虫 GSTs 酶活力的影响

处理	GSTs 酶比活力 /[nmol/(mg 蛋白·min)]	单头 GSTs 酶活力 /[nmol/(只·min)]
中肠		
对照	246.4±14.0(1)a	284.9±16.2(1)b
2-十三烷酮	457.5±23.1(1.85)b	630.4±31.8(2.21)a
槲皮素	608.2±9.6(2.47)c	587.7±9.3(2.06)d
单宁酸	308.5±14.4(1.25)d	470.3±21.9(1.65)c
脂肪体		
对照	336.6±11.1(1)a	—
2-十三烷酮	286.9±8.6(0.85)b	—
槲皮素	220.2±3.8(0.65)c	—
单宁酸	178.2±5.4(0.52)d	—

注：—表示没有测定。

12.2.2　3 种植物次生性物质对棉铃虫 GSTs 动力学参数的影响

由表 12.4 可见，3 种植物次生性物质诱导后，中肠和脂肪体 GSTs 对两底物 CDNB 和 GSH 的表观米氏常数(app. K_m)值都没有明显改变，说明诱导没有引起 GSTs 同工酶的改变或没有产生新的同工酶。而表观最大反应速度(app. V_{max})的变化趋势与酶比活力的变化基本一致。

表 12.4　植物次生性物质对棉铃虫 GSTs 动力学特性的影响

处理	app. K_{mCDNB} /(mmol/L)	app. $V_{maxCDNB}$ /[nmol/(mg 蛋白 · min)]	app. K_{mGSH} /(mmol/L)	app. V_{maxGSH} /[nmol/(mg 蛋白 · min)]
中肠				
对照	0.43±0.08	451.6±25.7	1.12±0.32	654.6±132.2
2-十三烷酮	0.46±0.16	634.8±104.3	0.71±0.18	928.5±144.1
槲皮素	0.46±0.16	634.8±104.3	0.71±0.18	928.5±144.1
单宁酸	0.39±0.05	421.8±25.0	0.91±0.04	715.4±193.1
脂肪体				
对照	0.46±0.16	634.8±104.3	0.71±0.18	928.5±144.1
2-十三烷酮	0.44±0.06	477.9±26.6	0.97±0.19	826.0±89.8
槲皮素	0.51±0.09	419.5±30.49	1.08±0.16	719.3±62.8
单宁酸	0.37±0.08	293.4±20.8	1.16±0.25	554.5±72.2

12.2.3　植物次生性物质对棉铃虫 GSH 含量的影响

用 3 种植物次生性物质处理 48 h 后，测定中肠和脂肪体的还原型谷胱甘肽(GSH)含量，结果见表 12.5。与对照相比，处理后棉铃虫中肠和脂肪体的 GSH 含量都没有明显改变，说明这三种植物次生性物质对棉铃虫体内 GSH 含量没有明显的影响。但中肠内的 GSH 含量明显高于脂肪体。

表 12.5　植物次生性物质对棉铃虫 GSH 含量的影响

处理	GSH 含量/(nmol/mg 蛋白)	
	中肠	脂肪体
对照	864±135 a	619±59 b
2-十三烷酮	818±98 a	559±43 b
槲皮素	934±155 a	599±148 b
单宁酸	879±171 a	574±14 b

注：同行不同字母表示差异显著($p<0.05$)。

植物次生性物质对解毒酶的作用主要包括两个方面：一方面是诱导解毒酶活性增高，从而增加对其自身或其他异源有毒物质的代谢，另一方面是抑制昆虫对有毒物质的代谢，这就使植物次生性物质和杀虫药剂在较低的剂量下就有很高的毒性。因此植物次生性物质作用后对昆虫体内酶的活性可能既有诱导作用，又有抑制作用。本实验室的研究证实植物次生性物质不同剂量或不同时间处理后，对棉铃虫 P450 和 GSTs 的酶活性往往表现诱导和抑制交替出现的现象（未发表）。本研究发现 0.01%的槲皮素、2-十三烷酮和单宁酸处理 48 h 后，中肠 GSTs 均表现诱导增加作用，而脂肪体 GSTs 则表现抑制作用。这可能是因为在这两种组织中，GSTs 同工酶的种类或含量有差异，而不同的同工酶对植物次生性物质的作用不同。这在其他生物中也有报道。如 Krajka-Kuzniak 和 Baer-Dubowska（2003）报道用单宁酸处理小鼠后，其肾脏的 GST 活性增加而肝脏中 GST 的活性减少。诱导和抑制的机制还不清楚。

因为 GSH 是 GST 酶促反应体系的底物，它的含量多少可能是酶对外源有毒物质进行代谢的重要因子。有研究发现杀虫药剂可以影响昆虫体内 GSH 含量的变化。如拟赤谷盗 *Tribolium castaneum*（Herbst）对氟氯氰菊酯的抗性品系中细胞质 GSH 的含量增加 2 倍，GST 活性增加 4～6 倍。Motayama 和 Dauterman（1975）的研究结果显示家蝇的有机磷抗性品系 GSH 的含量增加。他们认为因为 GSH 通常是反应的限速步骤，GSH 的增加促进了对有机磷的降解。本研究发现植物次生性物质处理后，棉铃虫中肠和脂肪体 GSH 含量均没有明显的变化。可能这 3 类植物次生性物质对棉铃虫 GSH 没有明显影响。这在其他文献中也有报道。Thiboldeaux（1998）研究发现胡桃醌对 *Actias luna* 和 *Callosamia promethea* 幼虫的中肠 GSH 含量都没有明显影响。Darby（1980）也发现苯巴比妥对哺乳动物肝脏的 GSH 生物合成没有影响。他们认为 GSH 的含量可能是被诱导的 GSTs 活性的限制因子。

本研究发现，3 种植物次生性物质诱导后，主要是棉铃虫 GSTs 的酶活力发生改变而 GSTs 对底物的亲和力却没有影响，这说明诱导引起 GSTs 量的改变而没有质的变化。这与大多数的研究结果相符。对小菜蛾抗性和敏感品系的 GSTs 活性进行比较后发现，抗性品系比敏感品系高出 2～4 倍，两个品系的 K_m 值无明显差异，说明 GSTs 活性增高与小菜蛾的抗性形成有关，而抗性品系 GSTs 没有发生质的变化（唐振华和周成理，1991）。Reidy 等（1990）的研究结果也表明赤拟谷盗对氟氯氰菊酯的抗性与 GSH 含量和 GST 活性的提高有关，分别是 2 倍和 4～6 倍。抗性比敏感品系的 $V_{maxCDNB}$ 提高 4～6 倍，但 K_{mCDNB} 值相似。动力学分析、电泳纯化和部分纯化的结果都表明抗性和敏感品系的 CDNB 和 DCNB 的差异是量而不是质的差异，抗性与一种 GST 同工酶的表达增加有关。但也有少量文献报道诱导引起了昆虫 GSTs 同工酶的组成改变或合成了新的同工酶。Lagadic 等（1993）用硫丹诱导埃及棉叶虫 *Spodoptera littoralis*（Boisd.）引起 GST 对 CDNB 和 GSH 的 K_m 值都发生很大变化，但 V_{max} 却没有明显变化。说明硫丹诱导可能产生了新的 GST 同工酶或是同工酶的组成发生变化。Yu（1999）报道用花椒毒素诱导草地黏虫后，脂肪体中产生了两种新的 GSTs 同工酶。

12.3 单宁酸对棉铃虫 GSTs 的诱导

12.3.1 单宁酸对 GSTs 活性发育期变化趋势的影响

图 12.1 显示出单宁酸对棉铃虫 GSTs 活性发育期变化的影响。由图 12.1 可见，棉铃虫各个发育阶段的 GSTs 活性不同。正常情况下，棉铃虫卵期（E1）的 GSTs 活性最低，进入幼虫期后酶活性基本呈上升趋势，五龄和六龄幼虫的活性达到最高，蛹期活性下降，成虫期活性又

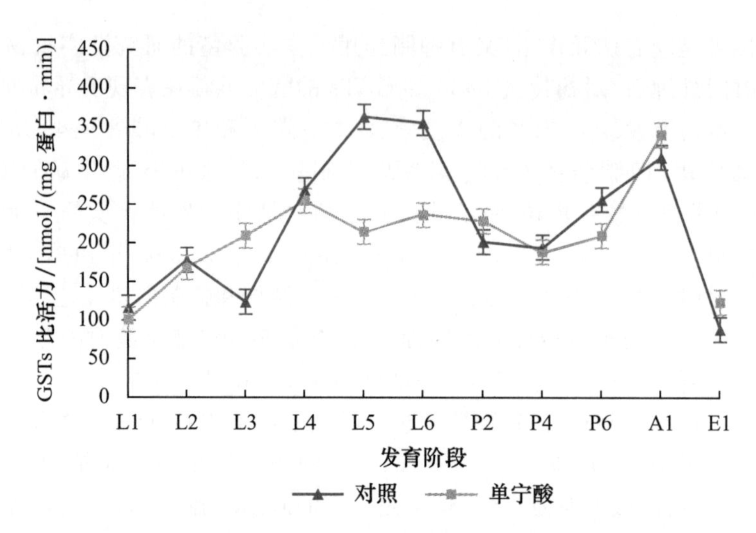

L1～L6：一至六龄幼虫；P2～P6：2～6 日龄蛹；A1：1 日龄成虫；E1：1 日龄卵。

图 12.1　对照和单宁酸处理的棉铃虫 GST 比活力发育期变化

迅速上升，达到了与六龄幼虫相当的活性水平。用含有 0.005％单宁酸的人工饲料饲喂棉铃虫初孵幼虫后，其 GSTs 的比活力变化规律与对照有所不同。从一龄到四龄幼虫，GSTs 的比活力逐渐升高，除三龄外与对照差别不大。但四龄后 GSTs 的比活力反而降低，存在明显的抑制作用。处理后蛹期和成虫期与对照相比没有明显差别，卵期活性稍有增加。用含 0.005％的单宁酸饲养棉铃虫，其 GSTs 活性除了在三龄幼虫期表现明显的诱导作用外，其他发育阶段呈抑制作用或没有明显变化。值得注意的是，对照品系在五至六龄和成虫期有两个活性峰，但单宁酸处理后，由于五龄和六龄幼虫的 GSTs 活性受到明显的抑制，只在成虫期有一个活性高峰。

12.3.2　单宁酸对棉铃虫 GSTs 活性影响的剂量效应

用含有 0.005％～1％单宁酸的饲料饲喂五龄棉铃虫幼虫，3 d 后取六龄老熟幼虫解剖中肠和脂肪体，分别测定其 GSTs 比活力。图 12.2 显示不同剂量的单宁酸对棉铃虫幼虫 GSTs 的影响不同。低剂量的单宁酸(0.005％)对中肠和脂肪体 GSTs 都表现诱导效应，分别为对照的 1.19 和 1.24 倍。0.01％以上的剂量对中肠 GSTs 都有明显的抑制作用，对脂肪体 GSTs 也有一定的抑制作用，但与对照相比差异均不显著。低剂量的诱导效应说明棉铃虫对单宁酸存在解毒机制，即 GSTs 活性的诱导增加增强了对单宁酸的代谢，这可能是棉铃虫对外界刺激的一种适应机制。但随着浓度的增加，单宁酸对棉铃虫的毒害作用增加，棉铃虫的正常生长发育受阻，即幼虫龄期延长，体重下降，棉铃虫的适应能力包括生理代谢可能也受影响，GSTs 的活力不但没有升高，反而有所下降。

12.3.3　单宁酸对棉铃虫 GSTs 影响的时间效应

用 0.1％单宁酸处理不同时间后，分别测定棉铃虫六龄老熟幼虫的中肠和脂肪体的

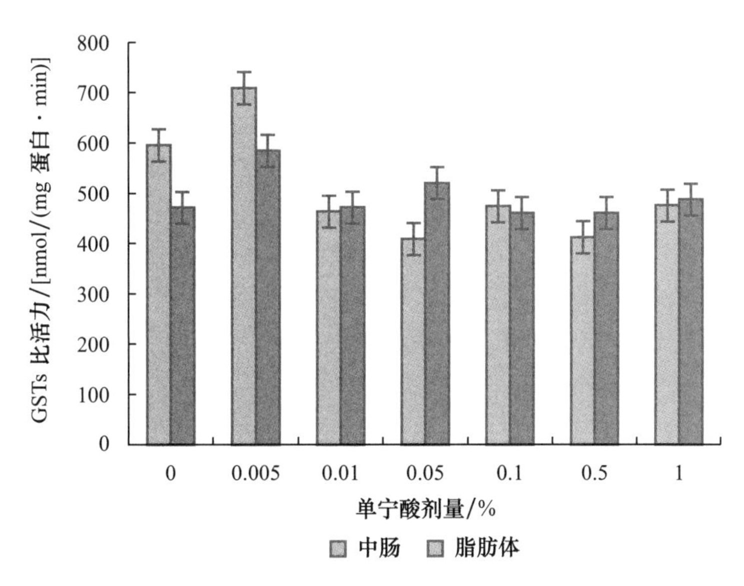

图 12.2　不同浓度的单宁酸对棉铃虫六龄幼虫 GSTs 比活力的影响

GSTs 比活力。结果(图 12.3)表明,短时间处理(24 h 后)对棉铃虫中肠和脂肪体 GSTs 均表现诱导作用,分别为对照的 1.15 和 1.41 倍。脂肪体 GSTs 在处理 48 h 后达到诱导高峰,诱导增加 56%,处理 96～168 h 后也出现诱导效应,但 GSTs 活性增加的幅度减小。处理 24～72 h 后,中肠 GSTs 活性逐渐降低,但随着处理时间的增加,酶的活性又开始升高,恢复到与对照相当的水平。从整体来看,昆虫取食单宁酸之后,中肠和脂肪体 GSTs 活性都有诱导增加的趋势。

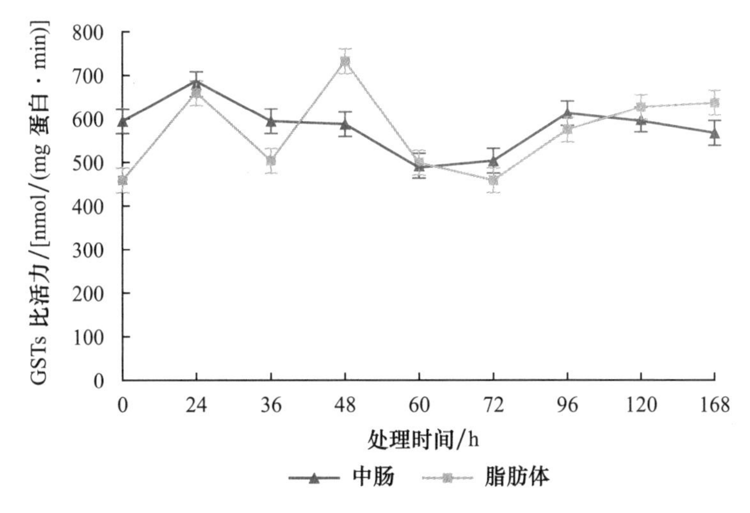

图 12.3　单宁酸对棉铃虫幼虫 GSTs 诱导的时间效应

12.3.4　单宁酸多代连续处理对棉铃虫六龄幼虫 GSTs 比活力的影响

采用培养基混药法,在 0.005%～0.05%(湿量比)的浓度下,用单宁酸连续处理棉铃虫幼虫4代，表12.6显示出GSTs比活力的变化。F1代处理的剂量为0.005%，中肠GSTs比活力稍有降低，对脂肪体GSTs比活力影响不大。F2代，剂量增加，对中肠GSTs比活力的抑制作用比F1代明显，对脂肪体GSTs的抑制作用更为明显，比活力仅为对照的45%。F3代虽然剂量增加，但对中肠和脂肪体GSTs活性的抑制作用与F2代相似。F4代处理的剂量为F1代的10倍，中肠GSTs比活力有较强的抑制作用，但脂肪体GSTs比活力与对照无显著差异。棉铃虫中肠GSTs随单宁酸剂量的增加和饲养代数的增多，其抑制作用也逐渐增加，但脂肪体GSTs抑制作用出现较晚，而且F3代后抑制作用又减小，到F4代恢复到对照水平。用单宁酸处理后，对F1至F4代棉铃虫幼虫GSTs活性均表现一定程度的抑制作用，从而可能降低了虫体内解毒酶对单宁酸的代谢解毒。

表12.6　单宁酸4代连续处理对棉铃虫六龄幼虫GSTs比活力的影响

代数	剂量/%	组织	GSTs比活力/[nmol/(mg蛋白·min)](平均±SD)	
			对照	单宁酸
F1	0.005	中肠	404.95±27.81	344.74±13.31*
		脂肪体	326.05±20.71	313.52±36.35
F2	0.01	中肠	376.95±6.37	277.17±9.87**
		脂肪体	223.12±10.85	100.04±2.70**
F3	0.02	中肠	418.43±25.62	245.80±13.00**
		脂肪体	200.78±14.76	174.80±13.80*
F4	0.05	中肠	451.88±9.09	279.54±8.74**
		脂肪体	331.10±9.63	315.08±15.02

注：* 与对照相比在0.05水平上差异显著($p=0.05$)；** 与对照相比在0.01水平上差异显著($p=0.01$)。

12.3.5　单宁酸对棉铃虫幼虫生长发育的影响

用0.01%，0.05%，0.1%，0.5%和1%的单宁酸分别处理三龄棉铃虫幼虫(体重8～12 mg)各30头左右，5 d后观察棉铃虫死亡率及龄期并称量体重。表12.7显示单宁酸对棉铃虫生长发育的抑制作用有明显的剂量效应。饲料中单宁酸的含量(湿重比)在0.1%以上时，对棉铃虫幼虫的生长发育有明显的抑制作用，低于0.1%时抑制作用不明显。0.5%以上时对棉铃虫还表现拒食作用，并有少数死亡。单宁酸对棉铃虫幼虫的抑制作用主要表现为龄期延长和体重下降。三龄幼虫处理5 d后，对照和0.01%，0.05%的单宁酸处理的幼虫均达到六龄，0.1%的剂量稍有抑制作用，少数仍处于五龄期，而0.5%和1%处理的则全部或大部分处于五龄期。实验中还发现，单宁酸对低龄幼虫的抑制作用更强，仅用0.1%的剂量处理棉铃虫一龄幼虫，其生长发育就明显受抑制，并有拒食效应；用0.5%或1%的高剂量处理，棉铃虫根本不能发育到六龄。但用1%的高剂量处理六龄幼虫，对其生长发育却没有明显的影响。说明随着昆虫的生长，虫体对外源有毒物质的适应性增加可能与其体内解毒酶活性的增加有关。

表 12.7 不同剂量的单宁酸对棉铃虫幼虫生长发育的影响

剂量/%	死亡率/%	龄期	体重*(平均±SD)
0(对照)	0	6	0.45±0.03
0.01	0	6	0.44±0.05
0.05	0	6	0.44±0.05
0.1	0	90%和10% a	0.37±0.05**
0.5	5.9	5	0.27±0.03**
1	6.7	90%和10% b	0.27±0.02**

注：** 与对照相比差异极显著($p=0.01$)；a 表示 90%的个体是六龄，而 10%的个体为五龄；b 表示 90%的个体是五龄，而 10%的个体为四龄。

12.3.6 单宁酸连续处理对棉铃虫对杀虫药剂敏感性的影响

表 12.8 是单宁酸处理的 F4 代的棉铃虫品系和对照品系对甲基对硫磷和溴氰菊酯的生物测定结果。单宁酸处理的 F4 代棉铃虫对溴氰菊酯的 LD_{50} 值下降，说明棉铃虫对溴氰菊酯的敏感性增加。但单宁酸品系对甲基对硫磷的 LD_{50} 值的 95%置信限与对照有重叠，说明二者没有明显的差异。处理品系毒力回归方程的 b 值都比对照低，说明单宁酸处理引起品系对药剂反应的异质性增加。F4 代棉铃虫由于处理的单宁酸剂量较高，对棉铃虫的生长发育有抑制作用，对棉铃虫有较高的毒性。另外由于单宁酸对棉铃虫包括 GSTs 在内的一些解毒酶的抑制作用，可能降低了棉铃虫对杀虫药剂的代谢能力。

表 12.8 棉铃虫取食单宁酸后对两种杀虫药剂敏感性的影响

药剂	品系	回归方程 b 值	LD_{50}(95%置信限)
甲基对硫磷	对照	1.859±0.298	0.257 8(0.188 2～0.410 6)
	单宁酸	1.178±0.261	0.242 1(0.146 2～0.648 2)
溴氰菊酯	对照	3.344±0.448	0.022 2(0.017 6～0.025 9)
	单宁酸	1.415±0.279	0.015 2(0.004 7～0.02)

12.4 讨论

12.4.1 植物次生性物质与昆虫 GSTs 的关系

因为许多植物次生性物质是 GSTs 的底物，植食性昆虫中的 GSTs 可能参与对取食过程中遇到的植物次生性物质的解毒(Wadleigh 和 Yu，1987)。另外，植物次生性物质对植食性昆虫 GSTs 的诱导作用已有许多报道(Yu，1989；Lee，1991；Yu，1996)。如用 0.1%的花椒毒素诱导草地黏虫，引起黏虫中肠、脂肪体和马氏管中 GSTs 对 DCNB 的活性分别比对照提高 76，59 和 32 倍(Yu，1999)，花椒毒素诱导后脂肪体中产生了两种新的 GSTs 同工酶。用含

0.01%的芸香苷、2-十三烷酮和槲皮素的人工饲料饲养棉铃虫 1～4 代后，中肠 GSTs 的活性诱导增加了4～18 倍(高希武等，1997)。

植物次生性物质对昆虫体内解毒酶的诱导存在剂量效应、时间效应和组织的差异性，以及不同植物次生性物质种类的差异性。单宁酸对棉铃虫 GSTs 也有明显的剂量效应、时间效应和组织特异性。对五龄幼虫进行处理，3 d 后 0.005%的单宁酸对中肠和脂肪体中的 GSTs 活性均表现明显的诱导作用，而高于此剂量则表现抑制作用或没有明显影响。0.1%的浓度处理棉铃虫，处理 24 h 后中肠和脂肪体 GSTs 活性都被诱导增加，此后都有下降又升高的变化趋势。单宁酸连续多代处理棉铃虫幼虫，GSTs 活性也基本呈抑制作用。用单宁酸低剂量、短时间处理棉铃虫幼虫，GSTs 出现诱导增加可能是昆虫的一种应急性适应，增加了对次生性物质的解毒代谢。但处理剂量增加或时间延长，反而抑制了酶的活性，昆虫对次生性物质的适应性也下降。其他植物次生性物质槲皮素、芸香苷和 2-十三烷酮对棉铃虫幼虫 GSTs 不同处理时间或处理剂量下，有诱导效应，有时也表现抑制作用(未发表)。董钧锋等(2002)研究发现烟碱和辣椒素对烟青虫 GSTs 有显著的诱导作用，番茄苷则对其有抑制作用，而烟碱、番茄苷、辣椒素和棉酚对棉铃虫 GSTs 均无显著影响。植物次生性物质对昆虫 GSTs 诱导和抑制的具体机制还有待进一步的研究。

12.4.2　GSTs 的发育期变化规律

GSTs 活性在昆虫各个发育时期都存在，但可能随发育期的变化而变化，不同昆虫的变化趋势也可能不同。铜绿丽蝇(*Lucilia cuprina*) GSTs 活性在蛹期达到最高，成虫期活性下降至蛹期的 15%(Kotze 和 Rose，1987)。黑尾果蝇(*D. melanogaster*) GSTs 对 CDNB 的活性在卵中最高，成虫期最低(Hunaiti 等，1995)。Feng 等(2001)研究了云杉卷叶蛾(*Choristoneura fumiferana*)的 GST(*Cf*GST)的 mRNA 和蛋白的表达随发育期变化的规律，发现 *Cf*GST 在六龄幼虫中表达量达到峰值，其 mRNA 和蛋白在蛹期检测不到。发育期表达的模式表明昆虫 GSTs 除参与解毒外可能还有其他作用(Feng 等，2001)。

本研究发现棉铃虫 GSTs 活性随发育期不同而有明显变化。卵期活性最低，五龄和六龄幼虫的活性最高，蛹期活性下降，但成虫期活性升高，几乎达到与末龄幼虫相当的酶活力水平。这与张常忠等(2001)的结果稍有不同。0.005%的单宁酸对棉铃虫 GSTs 活性的发育期变化规律也有一些影响，主要表现为对五龄和六龄幼虫 GSTs 活性的抑制作用，比活力分别为对照的 59%和 67%。

棉铃虫一龄幼虫取食 0.1%的单宁酸，生长发育明显减慢，而取食同样剂量的六龄幼虫，却能够正常发育。这说明随着幼虫的生长，它们对单宁酸的适应性也在增加。Hedin 等(1988)的研究也表明棉铃虫幼虫对棉酚的抗性随着棉铃虫的发育而增加。这种适应能力可能是因为 Mullin(1985)所报道的机制。他认为昆虫通过诱导解毒酶如多功能氧化酶、水解酶和酯酶的合成来适应植物次生性物质。本研究证实解毒酶 GSTs 的酶活力随着龄期的增加而显著增加，这说明 GSTs 在对植物次生性物质的代谢解毒方面也起着重要作用。由于解毒酶活性的增加会增加对杀虫药剂等外源有毒物质的代谢，从而减低杀虫药剂的效果，因此进行棉铃虫防治时，应在三龄之前施药。

12.4.3　单宁酸对棉铃虫的作用机制

植物体内具有抗虫性的植物次生性物质主要有萜烯类化合物、黄酮类和单宁类化合物。单宁类化合物是棉花中重要的具有抗生性的物质，现已被证明具有多抗性(武予清和郭予元，2001；姜永幸和郭予元，1996)。单宁在棉花中以两种方式存在，即缩合单宁和水解单宁。水解单宁的毒性及引起昆虫拒食的效应比缩合单宁高5～10倍。Chan等(1978)的研究结果表明缩合单宁的抗虫阈值介于0.1%～0.2%之间，单宁酸比缩合单宁对棉铃虫生长的抑制效果更强。我们的研究发现人工饲料中单宁酸的含量在0.1%以上时对棉铃虫一龄幼虫表现明显的抑制作用，龄期延长并有拒食作用。0.5%以上的剂量甚至导致棉铃虫的死亡。

单宁对昆虫的作用机制目前尚无定论，可能的机制有以下几点：与昆虫中肠肠壁蛋白质结合，影响中肠的渗透性和对营养物质的吸收；降低中肠消化酶的活性及降低血淋巴及蛋白质含量等(姜永幸和郭予元，1996)。本研究的结果表明单宁酸抑制了棉铃虫的取食，幼虫的生长发育缓慢，体重下降，高浓度的单宁酸甚至导致棉铃虫的死亡。单宁酸对棉铃虫解毒酶GSTs的活性有一定程度的抑制作用。本实验室的研究发现较高浓度的单宁酸对棉铃虫细胞色素P450的含量也有较强的抑制作用(未发表)。这些解毒酶活性的降低可能影响了棉铃虫对单宁酸的解毒代谢，因此增加了单宁酸对棉铃虫的毒害作用。另外，本研究发现单宁酸处理后棉铃虫幼虫GSTs的活性降低，棉铃虫对溴氰菊酯的敏感性也增加，说明单宁酸通过影响棉铃虫体内解毒酶的活性间接影响了棉铃虫对杀虫药剂的抵抗能力。在许多其他昆虫中也发现了寄主植物或植物次生性物质能够影响昆虫对杀虫药剂的敏感度(董向丽等，1998；谭维嘉和赵焕香，1990；Loganathan和Gopalan，1985)。

本文关于单宁酸对棉铃虫的影响仅进行了初步的研究，对棉铃虫其他生理和生化方面的作用机制还有待于进一步的研究。单宁酸在其抗虫性应用和延缓杀虫药剂抗性方面的可能有一定的应用价值，但仍需要大量的研究工作。

参考文献

[1] 董钧锋，张继红，王琛柱．植物次生性物质对烟青虫和棉铃虫食物利用及中肠解毒酶活性的影响．昆虫学报，2002，45(3)：296-300.

[2] 董向丽，高希武，郑炳宗．植物次生性物质诱导作用对杀虫药剂毒力影响研究．昆虫学报，1998b，43(增刊)：111-116.

[3] 高希武，董向丽，郑炳宗，等．棉铃虫谷胱甘肽-S-转移酶(GSTs)：杀虫药剂和植物次生性物质的诱导与GSTs对杀虫药剂的代谢．昆虫学报，1997，40(2)：122-127.

[4] 姜永幸，郭予元．棉花中次生代谢物质与棉花抗性机制的研究，中国植物保护研究进展．北京：中国科学技术出版社，1996：451-457.

[5] 谭维嘉，赵焕香．取食不同寄主植物的棉铃虫对溴氰菊酯敏感性的变化．昆虫学报，1990，33(2)：155-160.

[6] 唐振华，周成理．抗性小菜蛾中的谷胱甘肽-S-转移酶．昆虫学研究集刊，1991，10：1-4.

[7] 武予清，郭予元．棉花单宁-黄酮类化合物对棉铃虫的抗性潜力．生态学报，2001，21(1)：

286-289.

[8] 张常忠,高希武,郑炳宗．棉铃虫谷胱甘肽-S-转移酶的活性分布和发育期变化及植物次生性物质的诱导作用．农药学报,2001,3(1):30-35.

[9] Chan B G,et al. Condensed tannin,an antibiotic chemical from Gossypium hi rsut um. J Insect Physiol,1978,24(2):113-118.

[10] Che-Mendoza A, Penilla RP, Rodríguez DA. Insecticide resistance and glutathione S-transferases in mosquitoes: A review. African Journal of Biotechnology, 2009, 8(8): 1386-1397.

[11] Darby F J. Lack of effect of phenobarbitone administered in vivo on glutathione synthesis by rat liver supernatants. Biochem Pharmacol,1980,29:2695.

[12] Despre L,David J P, Gallet C. The evolutionary ecology of insect,resistance to plant chemicals. TRENDS in Ecology and Evolution,2007,22:298-307.

[13] Enayati A A,Ranson H,Hemingway J. Insect glutathione transferases and insecticide resistance. Insect Mol Biol,2005,14:3-8.

[14] Feng Q L,Davey K G,Pang ASD,et al. Developmental expression and stress induction of glutathione S-transferases in the spruce budworm,*Choristoneura fumiferana*. J Insect Physiol,2001,47:1-10.

[15] Gui Z,C Hou,T Liu,G Qin,M Li and B Jin. Effects of insect viruses and pesticides on glutathione S-transferase activity and gene expression in Bombyx mori. J Econ Entomol,2009,102:1591-1598.

[16] Hedin P A,Parrott W L,Jenkins J N,et al. Elucidating mechanisms of tobacco budworm resistance to allelochemicals by dietary tests with insecticide synergist. Pestic Biochem Physiol,1988,32:55-61.

[17] Hunaiti A A,Elbetieha A M,Obeidat M A,et al. Developmental studies on *Drosophila melanogaster* glutathione S-transferase and its induction by oxadiazolone. Insect Biochem Physiol,1995,25(10):1115-1119.

[18] Kostaropoulos I,Papadopoulos A I,Metaxakis A,et al. Glutathione S-transferase in the defense against pyrethroid insecticides. Insect Mol Biol,2001a,31:313-319.

[19] Kostaropoulos I, Papadopoulos A I, Metaxakis A, et al. The role of glutathione S-transferases in the detoxification of some organophosphorus insecticides in larvae and pupae of the yellow mealworm, *Tenebrio molitor* (Coleoptera: Tenebrionidae). Pest Manag Sci,2001b,57(6):501-508.

[20] Kotze A C,Rose H A. Glutathione S-transferase in the Australian sheep blowfly,*Lucilia cuprina* (Wiedeman). Pestic Biochem Physiol,1987,29:77-86.

[21] Krajka-Kuzniak V,Baer-Dubowska W. The effects of tannic acid on cytochrome P450 and phase II enzymes in mouse liver and kidney. Toxicol Lett,2003,143(2):209-216.

[22] Ku C C,Chiang F M,Hsin C Y,et al. Glutathione transferase isozymes involved in insecticide resistance of diamondback moth larvae. Pestic Biochem Physiol,1994,50:191-197.

[23] Lagadic L,Cuany A,Berge J B,et al. Purification and partial characterization of gluta-

thione S-transferases from insecticide-resistant and lindane-induced susceptible *Spodoptera littoralis*(Biosd.)larvae. Insect Biochem Physiol,1993,23(4):467-474.

[24] Lee K. Glutathiones S-transferase activities in phytophagous insects:induction and inhibition by plant phototoxins and phenols. Insect Biochem,1991,21(4):353-361.

[25] Loganathan M,Gopalan M, Effect of host plants on the susceptibility of *Heliothis armigera* to insecticides. Indian J Plant Prot,1985,13:1-4.

[26] Lumjuan N,McCarroll L,Prapanthadara LA,Hemingway J,Ranson H. Elevated activity of an Epsilon class glutathione transferase confers DDT resistance in the dengue vector, Aedes aegypti. Insect Biochem Mol Biol,2005,35:861-871.

[27] Mittapalli O, Neal J J, Shukle R H. Tissue and life stage specificity of glutathione S-transferase expression in the Hessian fly,Mayetiola destructor:Implications for resistance to host allelochemicals,2007,13pp. Journal of Insect Science 7:20,available online:insectscience. org/7. 20.

[28] Motoyama N,Dauterman W C. Interstrain comparison of glutathione-dependent reactions in susceptible and resistant houseflies. Pestic Biochem Physiol,1975,5:489.

[29] Mullin C A. Detoxification enzyme relationships in arthropods of differing feeding strategies, *in*: Hedin, P. A. , Ed. Bioregulators for Pest Control Amer. Chem. Soc. Symposium. Series. No. 276. Amer Chem Soc,Washington,DC,1985,267.

[30] Prapanthadara L, Koottathep S, Promtet N, et al. Correlation of glutathione S-transferase and DDT dehydrochlorinase activities with DDT susceptibility in Anopheles and Culex mosquitos from northern Thailand. Southeast Asian J Trop Med Public Health,2000,31(Suppl. 1):111-118.

[31] Reidy G F,Rose H A,Visetson S,et al. Increased glutathione S-transferase activity and glutathione content in an insecticide-resistant strain of *Tribolium castaneum* (Herbst). Pest Biochem Physio,1990,36:269-276.

[32] Rogers M E,Jani M K,Vogt R G. An olfactory-specific glutathione-S-transferase in the sphinx moth *Manduca sexta*. J Exper Biol. ,1999,202:1625-1637.

[33] Thiboldeaux R L, Lindroth R L, Tracy J W, Effects of juglone (5-hydroxy-1, 4-naphthoquinone)on midgut morphology and glutathione status in Saturniid moth larvae. Comp Biochem Physiol Part C,1998,120:481-487.

[34] Vontas J G,Small G J,Nikou D C,et al. Purification,molecular cloning and heterologous expression of a glutathione S-transferase involved in insecticide resistance from the rice brown planthopper,*Nilaparvata lugens*. Biochem J,2002,362:329-337.

[35] Wadleigh R W,Yu S J. Glutathione transferase activity of fall armyworm larvae toward α,β-unsaturated carbonyl allelochemicals and its induction by allelochemicals. Insect Biochem,1987,17:759-764.

[36] Yu S J. Consequences of induction of foreign compound-metabolizing enzymes in insects. p. 153-174. In:Brattsten L B & Ahmad S(eds.),Molecular Aspects of Insects-Plant Associations. New York:Plenum Press,1986.

[37] Yu S J. Purification and characterization of glutathione transferases from five phytophagous lepidoptera. Pest Biol Physiol,1989,35:97-105.

[38] Yu S J. Detection and biochemical characterization of insecticides resistance in fall armyworm(Lepidoptera:Noctuidae). J Econ Entomol,1992,85:675-682.

[39] Yu S J. Insect glutathione S-transferases. Zool Studies,1996,35(1):9-19.

[40] Yu S J. Induction of new glutathione S-transferase isozymes by allelochemicals in the fall armyworm. Pestic Biol Physiol,1999,63:163-171.

第13章

植物次生性物质对棉铃虫GSTs mRNA水平的影响

半定量PCR，通过PCR产物量的多少来直接反映逆转录物中模板量，进而说明相应的mRNA水平的高低。半定量PCR对基因定量快速、敏感、特异而准确，不必担心放射性污染，目前成为分子生物学技术研究的热点之一（Rajagopal等，2009；Gong等，2005）。实时荧光定量PCR通过对PCR扩增反应中每一个循环产物荧光信号的实时检测从而实现对起始模板定量的分析。在实时荧光定量PCR反应中，引入了一种荧光化学物质，随着PCR反应的进行，PCR反应产物不断累计，荧光信号强度也等比例增加。每经过一个循环，收集一个荧光强度信号，这样就可以通过荧光强度变化监测产物量的变化，从而得到一条荧光扩增曲线图。利用实时荧光定量PCR，不必担心扩增的指数范围和放射性污染，也不再需要跑胶和手工收集数据。此外，其灵敏度大大提高，所有实验在封闭系统内完成，可变因素大大减少。实时荧光定量PCR技术是DNA定量技术的一次飞跃，其能够进行基因表达差异分析，例如比较经过不同处理样本之间特定基因的表达差异（如药物处理、物理处理、化学处理等）。近年来在研究昆虫解毒酶系表达差异方面也越来越多地利用荧光定量PCR技术（Lertkiatmongkol等，2010；Zou等，2011）。

汤方等（2005）研究发现植物次生性物质能够诱导棉铃虫体内GSTs活性增加，但是关于外源物质诱导棉铃虫GSTs活性增加的分子机制已经有文献报道（Yang等，2005）。本文采用半定量PCR技术对槲皮素和2-十三烷酮等植物次生性物质诱导前后棉铃虫幼虫GSTs mRNA的相对表达量进行比较研究，接着又利用实时荧光定量PCR技术对不同剂量的槲皮素和2-十三烷酮等植物次生性物质诱导棉铃虫幼虫GSTs mRNA的表达量进行了比较，进一步验证半定量PCR的结果，以期从mRNA水平对植物次生性物质诱导GSTs活性增加的机制进行探讨，为进一步从基因水平全面揭示植物次生性物质对棉铃虫GSTs的诱导机制提供基础。

13.1 2-十三烷酮和槲皮素诱导对棉铃虫不同组织GSTs mRNA含量影响

13.1.1 植物次生性物质诱导棉铃虫GSTs mRNA组织特异性表达

用半定量PCR技术对槲皮素和2-十三烷酮等植物次生性物质诱导前后棉铃虫各个组织GSTs mRNA的相对表达量进行了比较(图13.1),发现对照、槲皮素和2-十三烷酮诱导组棉铃虫各组织部位GSTs mRNA的表达存在差异。脂肪体GSTs mRNA的表达最强,其次是中肠,头和体壁中的量较少(图13.1至图13.3)。槲皮素和2-十三烷酮诱导组各组织部位的表达明显发生了变化。2-十三烷酮对GSTs mRNA的表达诱导作用比槲皮素强(图13.4至图13.6)。

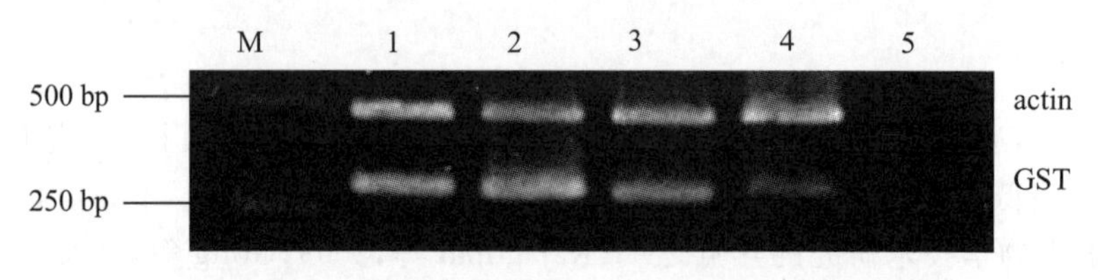

M. Marker;1. 中肠;2. 脂肪体;3. 头;4. 体壁;5. 阴性对照

图13.1 棉铃虫各组织GSTs mRNA表达

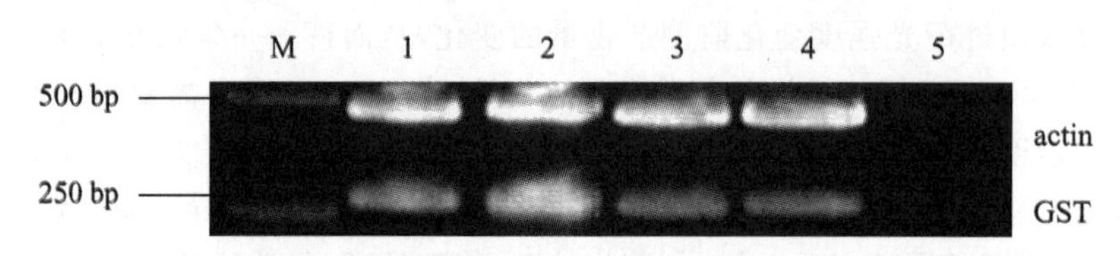

M. Marker;1. 中肠;2. 脂肪体;3. 头;4. 体壁;5. 阴性对照

图13.2 槲皮素诱导的棉铃虫各组织GSTs mRNA表达

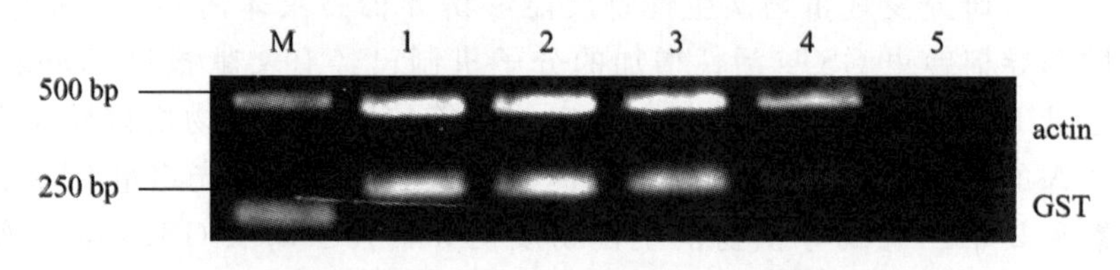

M. Marker;1. 中肠;2. 脂肪体;3. 头;4. 体壁;5. 阴性对照

图13.3 2-十三烷酮诱导的棉铃虫各组织GSTs mRNA表达

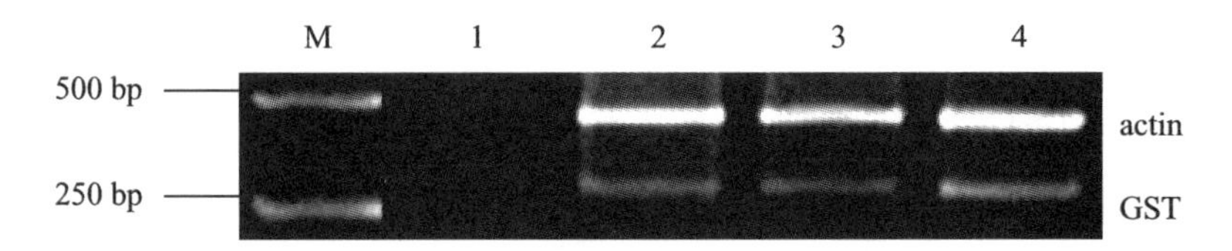

M. Marker；1. 阴性对照；2. 中肠；3. 槲皮素诱导的中肠；4. 2-十三烷酮诱导的中肠

图 13.4 棉铃虫中肠 GSTs mRNA 表达

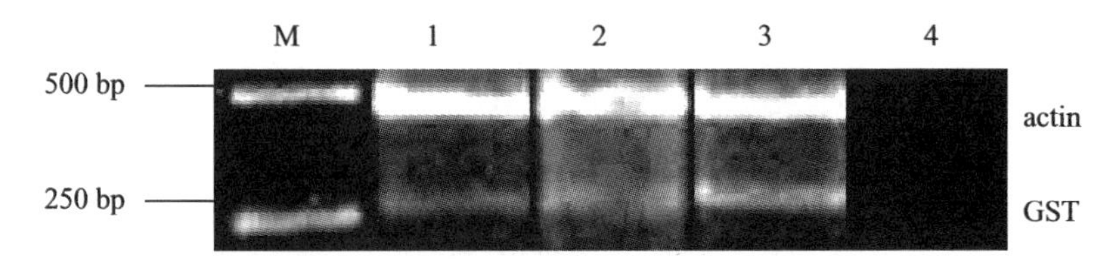

M. Marker；1. 脂肪体；2. 槲皮素诱导的脂肪体；3. 2-十三烷酮诱导的脂肪体；4. 阴性对照

图 13.5 棉铃虫脂肪体 GSTs mRNA 表达

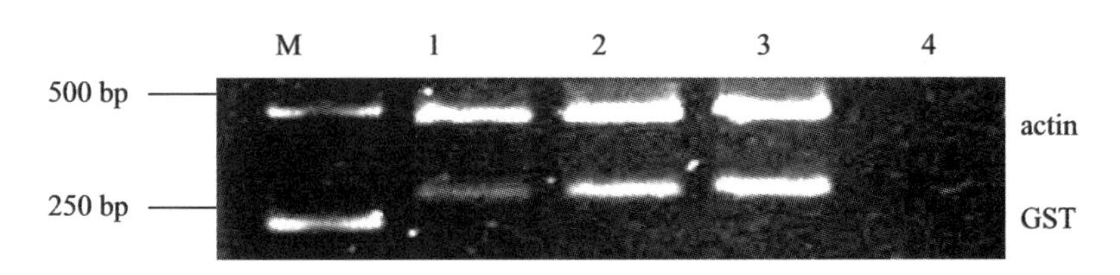

M. Marker；1. 头；2. 槲皮素诱导的头；3. 2-十三烷酮诱导的头；4. 阴性对照

图 13.6 棉铃虫头 GSTs mRNA 表达

13.1.2 植物次生性物质诱导棉铃虫 GSTs mRNA 的相对表达量

对照、槲皮素和 2-十三烷酮诱导的棉铃虫各组织部位 GSTs mRNA 的相对表达量差异较大。对照及其处理都是脂肪体 GSTs mRNA 相对表达量最多，其次是中肠，最后是头和体壁，脂肪体 GSTs mRNA 的相对表达量明显高于其他 3 个部位的 mRNA 的相对表达量，而中肠 GSTs mRNA 的相对表达量与头部的差异不显著，但是它们都高于体壁 GSTs mRNA 的相对表达量。对照棉铃虫脂肪体、中肠和头 mRNA 的表达量分别为体壁的 4.03、2.61 和 2.23 倍；槲皮素诱导的棉铃虫脂肪体、中肠和头 mRNA 的表达量分别为体壁的 3.43、2.06 和 1.77 倍；2-十三烷酮诱导的棉铃虫脂肪体、中肠和头 mRNA 的表达分别是体壁的 4.19、3.54 和 3.00 倍(图 13.7)。

槲皮素和 2-十三烷酮使得各组织部位的相对表达量发生了变化。2-十三烷酮或槲皮素诱导棉铃虫之后，脂肪体 mRNA 的相对表达量分别为对照的 1.30 和 1.23 倍，中肠 mRNA 的相对表达量分别为对照的 1.33 和 1.24 倍，头 mRNA 的相对表达量分别为对照的 1.22 和 1.20 倍。2-十三烷酮对 GSTs mRNA 的相对表达量影响比槲皮素强。2-十三烷酮对中肠和脂肪体 GSTs mRNA 相对表达量的影响与槲皮素的影响及其对照有显著的差异，而槲皮素的影响与对照之间没有显著的差异。2-十三烷酮对头 GSTs mRNA 的相对表达量的影响与槲皮素对头 GSTs mRNA 的相对表达量的影响及其对照差异都是显著的(图 13.8)。

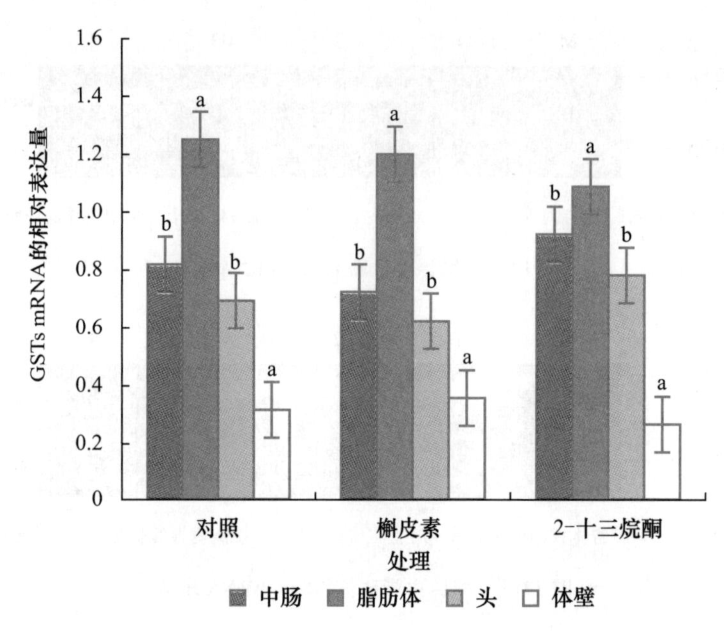

图 13.7　**棉铃虫各组织 GSTs mRNA 的相对表达量**

不同的小写字母表示棉铃虫各组织 GSTs mRNA 的相对表达量差异显著($p<0.05$)。

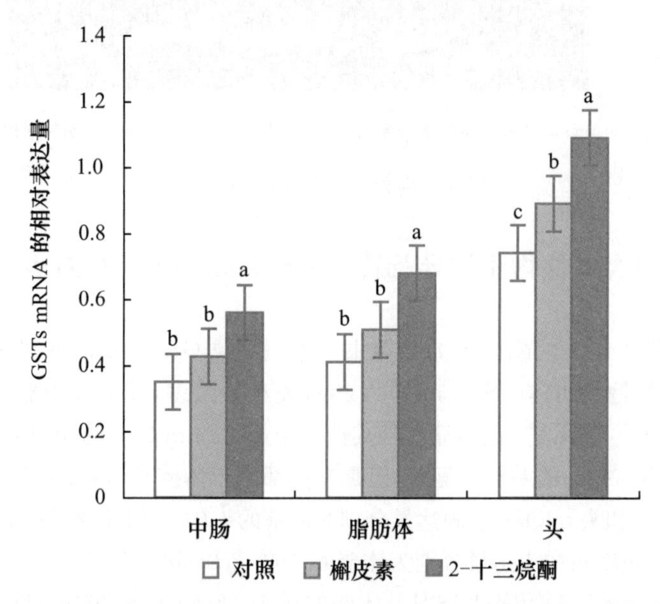

图 13.8　**植物次生性物质对棉铃虫幼虫各组织 GSTs mRNA 相对表达量的诱导作用**

不同的小写字母表示植物次生性物质对棉铃虫同一组织 GSTs mRNA 的相对表达量的诱导作用差异显著($p<0.05$)。

13.2　植物次生性物质对棉铃虫 GSTs mRNA 诱导表达的剂量效应

利用实时荧光定量 PCR 技术对不同剂量的槲皮素和 2-十三烷酮等植物次生性物质诱导棉铃虫幼虫 GSTs mRNA 的表达量进行了比较，发现槲皮素和 2-十三烷酮对棉铃虫幼虫

GSTs mRNA 的诱导表达具有明显的剂量效应(图 13.9 和图 13.10)。在 0.01%～0.1%的范围内,槲皮素和 2-十三烷酮的剂量越大,对中肠与脂肪体 GSTs mRNA 表达的诱导作用就越强。槲皮素对棉铃虫中肠 GSTs mRNA 表达的诱导作用达到 2.06 倍;对脂肪体 GSTs mRNA 表达的诱导作用达到 1.99。2-十三烷酮对棉铃虫中肠 GSTs mRNA 表达的诱导作用达到 2.13 倍;对脂肪体 GSTs mRNA 表达的诱导作用达到 1.94 倍。

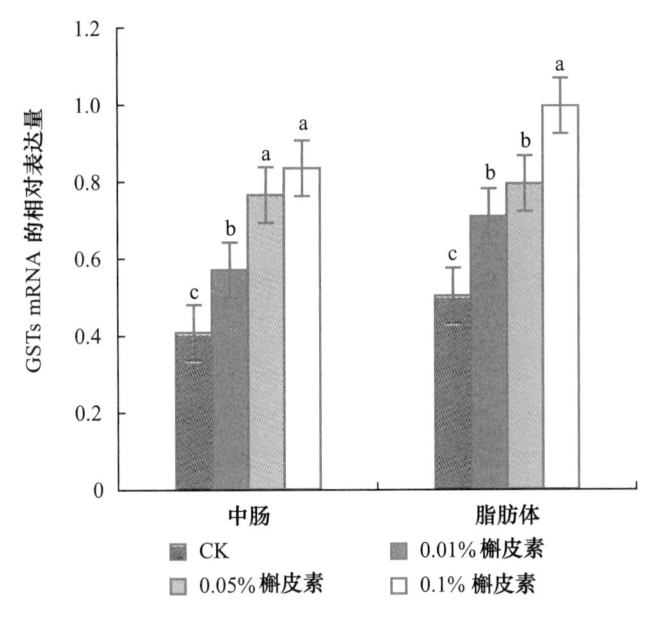

图 13.9 槲皮素对棉铃虫 GSTs mRNA 诱导的剂量效应

不同的小写字母表示棉铃虫同一组织 GSTs mRNA 的相对表达量差异显著($p<0.05$)。

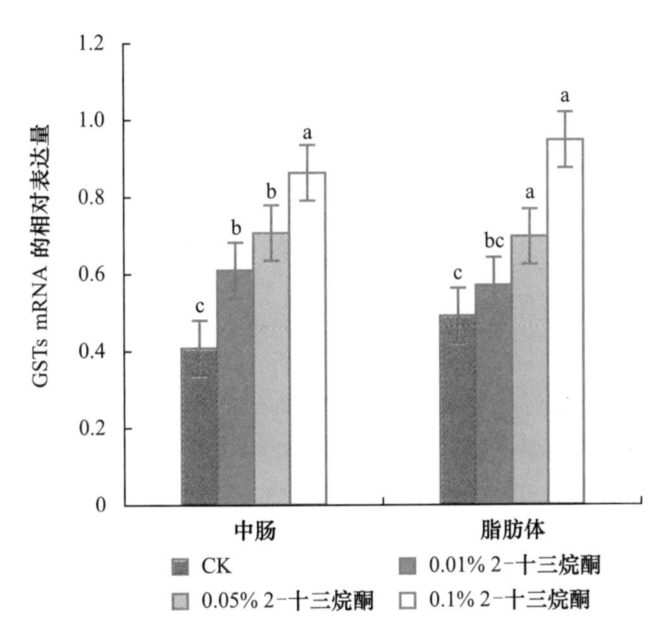

图 13.10 2-十三烷酮对棉铃虫 GSTs mRNA 诱导的剂量效应

不同的小写字母表示棉铃虫同一组织 GSTs mRNA 的相对表达量差异显著($p<0.05$)。

利用实时荧光定量 PCR 来研究了不同剂量的植物次生性物质 2-十三烷酮和槲皮素诱导棉铃虫 GSTs 活性增加的机制，结果表明不同剂量 2-十三烷酮和槲皮素诱导棉铃虫 GSTs mRNA 表达量的增加与 2-十三烷酮和槲皮素诱导棉铃虫 GSTs 活性增加的剂量效应是一致的。这和利用半定量 PCR 的研究结果是一致的。进一步说明了 GSTs mRNA 的转录量增加是植物次生性物质诱导棉铃虫 GSTs 活性增加的主要机制。

诱导引起 GSTs 活性的增加可能有两种机制。一种是昆虫体内原有的一种或几种 GSTs 同工酶过量表达，另一种是诱导引起合成新的同工酶。我们的研究发现植物次生性物质诱导棉铃虫 GSTs 活性增加的机制是植物次生性物质诱导 GSTs 的过量表达，并且诱导发生在转录水平，这与其他人的研究结果是一致的，例如 Snyder 等于 1995 年研究发现苯巴比妥对烟草天蛾 GSTs 的诱导与幼虫中肠 GST-1 mRNA 水平提高有关；Tang 和 Tu 于 1995 年研究发现戊巴比妥诱导果蝇 GSTs 活性的提高是由于相应 mRNA 水平的提高；Yu 于 1999 年研究发现诱导引起 mRNA 水平的提高。本试验的结果表明植物次生性物质诱导棉铃虫 GSTs 活性增加的机制可能主要是植物次生性物质能够诱导 GSTs mRNA 表达量的增加。

参考文献

[1] 汤方，梁沛，高希武．2-十三烷酮和槲皮素诱导棉铃虫谷胱甘肽-S-转移酶组织特异性表达．自然科学进展，2005(7)：33-38.

[2] Gong M Q，Gu Y，Hu X B，Sun Y，Ma L，Li X L，Sum L X，Sun J，Qian J，Zhu C L. Cloning and Overexpression of CYP6F1，a Cytochrome P450 Gene，from Deltamethrin-resistant Culex pipiens pallens. Acta Biochimica et Biophysica Sinica，2005，37(5)：317-326.

[3] Lertkiatmongkol P，Pethuan S，Jirakanjanakit N，Rongnoparut P. Transcription analysis of differentially expressed genes in insecticide-resistant Aedes aegypti mosquitoes after deltamethrin exposure. J Vector Ecol，2010 Jun，35(1)：197-203.

[4] Rajagopal R，Arora N，Sivakumar S，et al. Resistance of Helicoverpa armigera to Cry1Ac toxin from Bacillus thuringiensis is due to improper processing of the protoxin. Biochem J，2009，419：309-316.

[5] Snyder M J，Walding J K，Feyereisen R. Glutathione S-transferases from larval *Manduca sexta* midgut：sequence of two cDNAs and enzyme induction. Insect Biochem Physiol，1995，25(4)：455-465.

[6] Tang A H，Tu C P D. Pentobarbital-induced changes in Drosophila glutathione S-transferases *D*21 mRNA stability. J Biol Chem，1995，270(23)：13819-13825.

[7] Yang Z，Zhang F，He Q，He G. Molecular Dynamics of Detoxification and Toxin-Tolerance Genes in Brown Planthopper(Nilaparvata lugens Stål.，Homoptera：Delphacidae) Feeding on Resistant Rice Plants. Archives of Insect Biochemistry and Physiology，2005，59：59-66.

[8] Yu S J. Induction of new glutathione S-transferase isozymes by allelochemicals in the fall armyworm. Pestic Biol Physiol，1999，63：163-171.

[9] Zou F M，Lou D S，Zhu Y H，Wang S P，Jin B R，Gui Z Z. Expression profiles of glutathione S -transferase genes in larval midgut of Bombyx mori exposed to insect hormones. Mol Biol Rep，2011 Jan，38(1)：639-647.

第14章

棉铃虫谷胱甘肽-S-转移酶对杀虫药剂的代谢

研究昆虫解毒酶对外源性物质(如植物次生性物质、杀虫剂等)的代谢,通常有两种方式,即活体代谢和离体代谢。活体代谢需要鉴定代谢产物的有效成分,一般采用质谱、高效液相色谱、核磁共振等手段来检测和分析,对实验设备条件要求较高,如 Snyder 等(1994)对菸草天蛾 *Manduca sexta* 活体代谢尼古丁的研究。离体代谢比较经济且便于操作(Jia 和 Liu,2007)。离体代谢通常采用同位素标记法,即先对被代谢物进行同位素标记,在离体条件下与酶液充分作用后检测未被代谢的底物量,从而确定代谢量的多少;此法需要同位素标记、液闪记数等技术和设备。

这一章采用一种方便快捷且具有特异性的离体代谢测定方法,即谷胱甘肽消耗法。此法最早高希武等(1997)发现并用于昆虫 GSTs 对杀虫剂的代谢研究,本研究对该方法作了进一步的优化和完善。

14.1 谷胱甘肽消耗法测定代谢的条件

14.1.1 谷胱甘肽消耗法测定代谢的原理

该方法的发现最早是受到乙酰胆碱酯酶(AChE)活性测定方法的启发。AChE 测定最常用的是 Ellman(1961)介绍的方法,用乙酰硫代胆碱(ASCh)作为底物,AChE 将其催化分解为硫代胆碱和乙酸,硫代胆碱的巯基(—SH)可打开二硫双硝基苯甲酸(DTNB)的二硫键,生成黄色的 2-巯基-5-硝基苯甲酸,可以用分光光度计在 412 nm 波长测量光吸收值,经过换算可得出已发生反应的乙酰硫代胆碱量,并以此计算 AChE 活性。Gorun 等(1978)对该方法作了改进,使测定更加准确简便。

高希武等(1997)在用还原型谷胱甘肽(GSH)作为底物测定昆虫 GSTs 活性时,联想到硫代胆碱的巯基(—SH)可打开二硫双硝基苯甲酸(DTNB)的二硫键,认为 GSH 也具有—SH,

故也能与 DTNB 反应而染色，这样就使得用分光光度计测定 GSH 的消耗成为可能。通过计算 GSH 的消耗率可以估算与其发生共轭反应的底物量，这样就可以估计代谢反应进行的程度了。这就是谷胱甘肽消耗法测定代谢的原理和由来。

14.1.2 谷胱甘肽消耗法测定代谢的方法

14.1.2.1 最适 GSH 量

按上述测定方法，分别加入 20 mmol/L 的 GSH 的体积依次为 10 μL、20 μL、50 μL、100 μL、150 μL、200 μL，4 mmol/L 的 DTNB 的体积为 100 μL。反应后测量结果(图 14.1)显示，GSH 的体积从 10～100 μL，反应体系的 OD_{412} 值呈明显的上升趋势；GSH 的体积从 100～150 μL，反应体系的 OD_{412} 值无明显变化。在该反应体系中，100 μL 的 20 mmol/L 的 GSH 已接近反应所需的最大量。

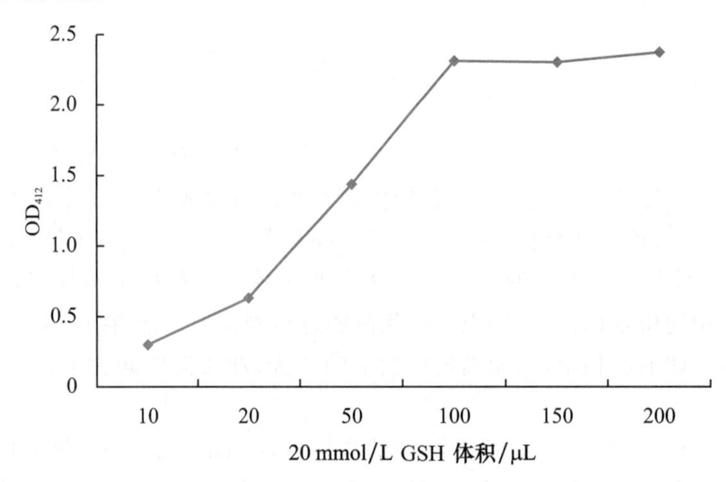

图 14.1 反应的最适 GSH 量

14.1.2.2 最适 DTNB 量

按上述测定方法，分别加入 4 mmol/L 的 DTNB 的体积依次为 10 μL、20 μL、50 μL、100 μL、200 μL、250 μL，20 mmol/L 的 GSH 的体积为 50 μL。反应后测量结果(图 14.2)显示，DTNB 的体积从 10 μL 到 100 μL，反应体系的 OD_{412} 值呈明显的上升趋势；DTNB 的体积从 100 μL 到 250 μL，反应体系的 OD_{412} 值无明显变化。在该反应体系中，100 μL 的 4 mmol/L 的 DTNB 已接近反应所需的最大量。

结果表明，在上述反应体系中，最适合的 GSH 量(20 mmol/L)和 DTNB 量(4 mmol/L)均为 100 μL。考虑到本实验的出发点是为了测定 GSH 的消耗量，必须将 GSH 全部反应，才能准确估算代谢量的多少，所以下面的研究采用 GSH(20 mmol/L)的体积为 50 μL。

14.1.2.3 参比和对照的设置

按上述测定方法，需要设置参比和对照。参比可有两种设置方法：一种是由酶液＋被代谢物＋DTNB＋缓冲液组成，另一种是由酶液＋DTNB＋缓冲液组成；测定结果表明两种参比设置方法是有差异的(表 14.1)。对照也可有两种设置方法：一种是由酶液＋GSH＋DTNB＋缓冲液组成，另一种是由 GSH＋DTNB＋缓冲液组成；表 14.1 显示两种对照设置方法也有差异。

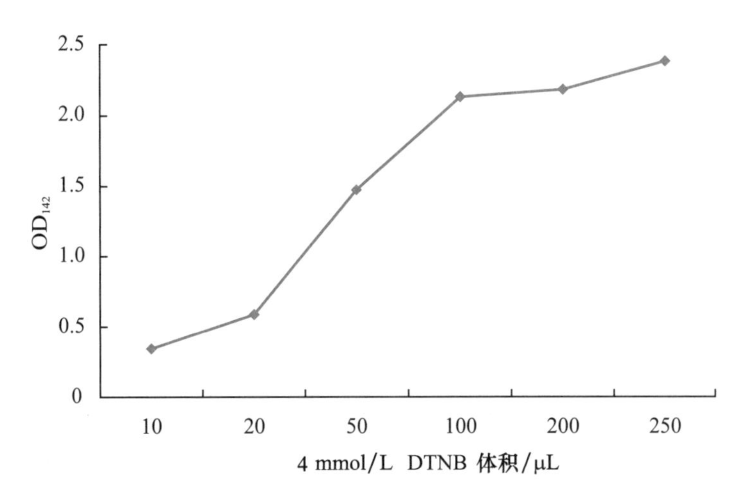

图 14.2 反应的最适 DTNB 量

表 14.1 不同参比和对照设置方法的比较

编号	酶液量/μL	20 mmol/L GSH/μL	30 mmol/L CDNB/μL	缓冲液/mL	DTNB/μL	OD_{412}
(1)	200	100	0	3.6	100	2.327 0±0.009 5
(2)	0	100	0	3.8	100	2.318 7±0.004 2
(3)	200	100	100	3.6	100	0.975 0±0.028 8
(4)	200	0	0	3.7	100	0.030 7±0.004 5
(5)	200	0	100	3.6	100	0

第(1)组同第(2)组比较，多加了 200 μL 酶液，OD_{412}值增加 0.008 3；第(4)组同第(5)组比较，少加了 100 μLCDNB，OD_{412}值增加 0.030 7。该结果表明酶液中含有少量的内源性 GSH，所以加了酶液的第(1)组比没加酶液的第(2)组的 OD_{412}值略有提高；第(5)组加入的 CDNB，可在酶液中 GSTs 的作用下与 GSH 进行轭合反应，从而将内源性 GSH 消耗掉，故 OD_{412}值小于第(4)组。

鉴于以上分析，测定时如以第(1)组作为对照，则应以第(4)组为参比；若以第(2)组作为对照，则应以第(5)组为参比。本论文下面的研究均采用以第(1)组为对照、第(4)组为参比的设置方法，以消除因酶液中含有的内源性 GSH 而引起的误差。

反应在 0.1 mmol/L、pH6.5 的磷酸缓冲液中进行；摇匀后在恒温水浴 30℃下反应 30 min。

14.2 对 CDNB、溴氰菊酯、甲基对硫磷和灭多威的代谢测定

不同处理组棉铃虫中肠和脂肪体对 4 种药剂的代谢测定结果(表 14.2 和表 14.3)显示，各处理组酶液对 CDNB 比对其他 3 种药剂的代谢能力都高，其代谢率均达到 50%。各处理组酶液对溴氰菊酯的代谢能力都很弱，槲皮素组中肠、脂肪体和 2-十三烷酮组中肠的代谢率依次为 2.83%、0.20%和 1.97%，其余处理均未检测出 GSH 的消耗。对照组和各处理组的中肠和

脂肪体 GSTs 对甲基对硫磷和灭多威均有一定的代谢能力。

表 14.2 显示 4 种诱导物处理棉铃虫幼虫后，其中肠 GSTs 对 4 种药剂代谢能力的变化。①对 CDNB 的代谢：除甲基对硫磷诱导组（诱导率为 59.31%）外，其他各诱导组中肠 GSTs 对 CDNB 的代谢能力均比对照组（70.75%）有所增强，其中槲皮素诱导组的代谢率最高，达到 83.03%；②对溴氰菊酯的代谢：槲皮素和 2-十三烷酮组表现出微弱的代谢能力；③对甲基对硫磷的代谢：芸香苷组比对照略有降低，另外 3 组均有大幅度的提高，甲基对硫磷组的代谢率达到 30.34%，比对照提高近 2 倍；④对灭多威的代谢：甲基对硫磷组比对照组降低，其余 3 组均有明显提高，芸香苷组最高，达到 24.52%。

表 14.2 不同诱导物处理的棉铃虫中肠 GSTs 对 4 种药剂的代谢*

诱导处理/代谢底物		处理的 OD_{412} 值	代谢率/%**
对照	CDNB	0.723 0±0.009 5	70.75
	溴氰菊酯	2.541 0±0.058 9	0
	甲基对硫磷	2.216 9±0.007 5	10.31
	灭多威	2.122 0±0.016 5	14.15
槲皮素	CDNB	0.419 3±0.004 5	83.03
	溴氰菊酯	2.401 9±0.022 4	2.83
	甲基对硫磷	1.760 8±0.012 4	28.52
	灭多威	1.961 4±0.018 4	20.65
芸香苷	CDNB	0.608 8±0.005 8	75.37
	溴氰菊酯	2.818 3±0.026 3	0
	甲基对硫磷	2.270 8±0.022 2	8.13
	灭多威	1.865 7±0.054 1	24.52
2-十三烷酮	CDNB	0.479 6±0.003 6	80.60
	溴氰菊酯	2.423 0±0.081 4	1.97
	甲基对硫磷	1.948 3±0.007 1	21.17
	灭多威	1.989 3±0.040 0	19.52
甲基对硫磷	CDNB	1.005 7±0.019 1	59.31
	溴氰菊酯	2.851 8±0.017 3	0
	甲基对硫磷	1.721 8±0.015 2	30.34
	灭多威	2.198 3±0.037 1	11.06

注：* 对照 OD_{412}：2.471 7±0.077 2；** 代谢率＝（对照 OD_{412} 值－处理组 OD_{412} 值）/对照 OD_{412} 值。

表 14.3 显示 4 种诱导物处理棉铃虫幼虫后，其脂肪体 GSTs 对 4 种药剂代谢能力的变化。①对 CDNB 的代谢：各诱导组脂肪体 GSTs 对 CDNB 的代谢能力均比对照组有明显降低，其中甲基对硫磷诱导组的代谢率最低，比对照下降近 30%；②对溴氰菊酯的代谢：仅槲皮素组表现出微弱的代谢能力（0.2%）；③对甲基对硫磷的代谢：芸香苷组比对照略有降低，另外 3 组均有大幅度的提高，甲基对硫磷组的代谢率达到 30.34%，比对照提高近 2 倍；④对灭多威的代谢：甲基对硫磷组比对照组降低，其余 3 组均有明显提高，芸香苷组最高，达到 24.52%。

表 14.3 不同诱导物处理的棉铃虫脂肪体 GSTs 对 4 种药剂的代谢

诱导处理/代谢底物		处理的 OD_{412} 值	代谢率/%**
对照	CDNB	0.453 5±0.007 8	81.65
	溴氰菊酯	2.502 0±0.029 7	0
	甲基对硫磷	2.156 8±0.015 1	12.74
	灭多威	2.076 7±0.004 8	15.98
槲皮素	CDNB	0.609 3±0.005 0	73.35
	溴氰菊酯	2.466 7±0.039 0	0.20
	甲基对硫磷	1.856 8±0.063 6	24.88
	灭多威	1.731 8±0.003 4	29.93
芸香苷	CDNB	0.681 2±0.009 9	72.44
	溴氰菊酯	2.496 7±0.007 8	0
	甲基对硫磷	2.326 9±0.007 8	5.86
	灭多威	1.470 0±0.007 5	0.07
2-十三烷酮	CDNB	0.919 2±0.018 9	62.81
	溴氰菊酯	2.534 2±0.010 1	0
	甲基对硫磷	1.831 8±0.008 8	25.89
	灭多威	2.307 7±0.007 2	6.64
甲基对硫磷	CDNB	1.153 9±0.037 2	53.31
	溴氰菊酯	2.481 7±0.001 9	0
	甲基对硫磷	1.758 5±0.003 1	28.86
	灭多威	2.437 6±0.034 1	1.38

注：* 对照 OD_{412}：2.471 7±0.077 2；** 代谢率=（对照 OD_{412} 值－处理组 OD_{412} 值）/对照 OD_{412} 值。

经过 3 种植物次生性物质的诱导，槲皮素和芸香苷组中肠和脂肪体 GSTs 对 CDNB 的代谢都有不同程度的增加；2-十三烷酮组中肠 GSTs 的代谢增加，而脂肪体的代谢减少，表现出诱导对不同组织的选择性。甲基对硫磷诱导组中肠和脂肪体 GSTs 的 CDNB 的代谢都明显减少（图 14.3）。

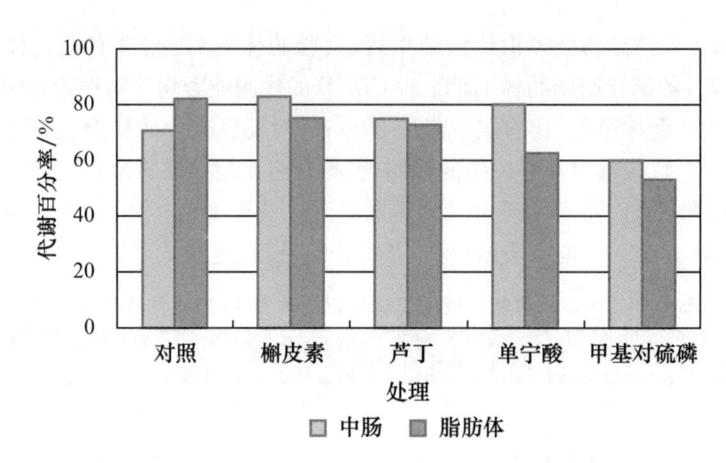

图 14.3 不同诱导物处理的 GSTs 对 CDNB 的代谢

对照和各处理的脂肪体 GSTs 对溴氰菊酯没有代谢能力，槲皮素组和 2-十三烷酮组中肠 GSTs 对溴氰菊酯有微弱的代谢(图 14.4)。

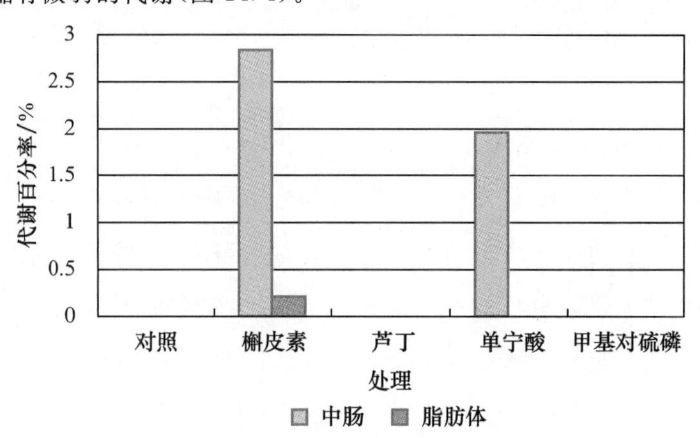

图 14.4 不同诱导物处理的 GSTs 对溴氰菊酯的代谢

槲皮素组、2-十三烷酮组和甲基对硫磷组中肠和脂肪体 GSTs 对甲基对硫磷的代谢能力比对照组明显增加，其 GSH 代谢率提高 1～2 倍。芸香苷组中肠和脂肪体 GSTs 对甲基对硫磷的代谢明显下降。GSTs 对甲基对硫磷的代谢测定表明，4 种诱导物对棉铃虫幼虫中肠和脂肪体没有诱导选择性(图 14.5)。

图 14.6 显示，槲皮素组中肠和脂肪体 GSTs 对灭多威的代谢能力比对照组都有明显增加；芸香苷组 2-十三烷酮组中肠 GSTs 对灭多威的代谢比对照组都明显增强，而脂肪体 GSTs 的代谢明显下降，表现出对中肠的诱导选择性；甲基对硫磷的诱导，使棉铃虫幼虫中肠和脂肪体 GSTs 对灭多威的代谢明显下降(图 14.6)。

Yang 等(1971)发现在有 GSH 存在的情况下，家蝇 Rutgers 多抗品系的可溶性酶液对二嗪磷的降解比敏感的 CSMA 品系要快。家蝇抗杀虫畏品系(Cornell-R strain)的抗性形成被认为是 AChE 敏感度降低、GSTs 活性升高和水解酶活性升高共同起作用的结果(Oppenoorth 等，1977)。Motoyama 和 Dauterman(1980)的工作也证实了 GSTs 酶系是一些昆虫和螨类对有机磷类药剂抗性的一个重要机制(Motoyama 和 Dauterman，1980；Jemec 等，2007)。Clark 和 Shamaan(1984)报道了昆虫 GSTs 对有机氯类的解毒作用。

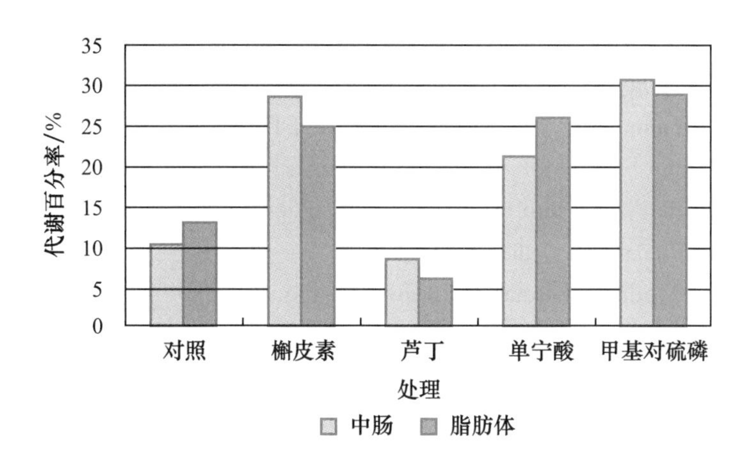

图 14.5 不同诱导物处理的 GSTs 对甲基对硫磷的代谢

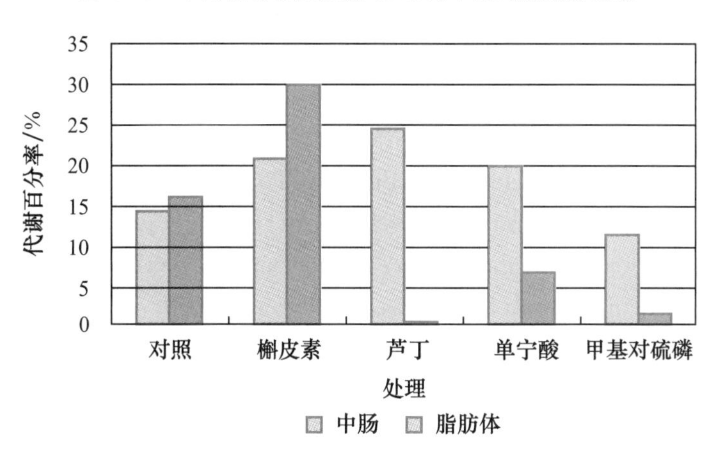

图 14.6 不同诱导物处理的 GSTs 对灭多威的代谢

从以上报道来看，昆虫 GSTs 主要对有机磷类和有机氯类杀虫药剂进行代谢，并与昆虫对这两类药剂的抗性有关（Yang 等，2009；Chen 等，2009）。Yu 等（2011）研究表明，GSTs 活性可作为昆虫暴露于有机磷杀虫剂的生物标记。本研究结果表明，棉铃虫 GSTs 对甲基对硫磷有明显的代谢作用，与上述报道结果相符；研究还发现，供试的 3 种植物次生性物质的诱导可以不同程度地加强棉铃虫 GSTs 对甲基对硫磷的代谢。对于其他种类的杀虫剂，如氨基甲酸酯类和菊酯类药剂，GSTs 则被认为是一种相对次要的解毒机制（Matsumura，1975）。但高希武等（1997）发现棉铃虫幼虫中肠 GSTs 对灭多威有着明显的代谢能力。本研究结果也表明，棉铃虫 GSTs 可以离体代谢灭多威，并且这种代谢作用可以被植物次生性物质的诱导所加强，证明昆虫 GSTs 对氨基甲酸酯类药剂也有解毒作用。

参考文献

[1] 高希武，董向丽，郑炳辉，等．棉铃虫的谷胱甘肽-S-转移酶（GSTs）：杀虫药剂和植物次生性物质的诱导与 GSTs 对杀虫药剂的代谢．昆虫学报，1997，40：122-127.

[2] Chen C D，Nazni W A，Lee H L，Seleena B，Mohd S A. Biochemical Detection of Teme-

phos Resistance in Aedes(Stegomyia)aegypti(Linnaeus)from Dengue-endemic Areas of Selangor State,Malaysia. Proc ASEAN Congr Trop Med Parasitol,2008,3:6-20.

[3] Clark A G and Shamaan N A. Evidence that the DDT dehydrochlorinase frome the house fly is a glutathione S-transferase. Pesti Biochem Physiol,1984,22:249-251.

[4] Ellman G L,et al. A new and rapid colorimetric determination of acetylcholinesterase activity. Biochem Pharmacol,1961,7:88-92.

[5] Gorun V,et al. Modified Ellman procedure for assay of cholinesterases in crude enzymatic preparations. Anal Biochem,1976,86:324-326.

[6] Jemec A,Tisler T,Drobne D,Sepcic K,Fournier D,Trebse P. Comparative toxicity of imidacloprid,of its commercial liquid formulation and of diazinon to a non-target arthropod, the microcrustacean Daphnia magna. Chemosphere,2007,68:1408-1418.

[7] Jia L, Liu X. The Conduct of Drug Metabolism Studies Considered Good Practice(Ⅱ):In Vitro Experiments. Curr Drug Metab,2007,8(8):822-829.

[8] Matsumura F. Toxicology of Insecticides. NewYork:Plenum,1975:503.

[9] Motoyama N & Dauterman W C. Glutathione S-transferases:their role in the metabolism of organophosphorus insecticides. Rev Biochem Toxicol,1980,2:49-69.

[10] Oppenoorth F J,et al. Insentive acetylcholinesterase,high glutathione S-transferase and hydrolytic activity as resistance factors in a tetraachlorvinphos-resistant strain of house fly. Pestic Biochem Physiol,1977,7:34.

[11] Snyder M J,et al. Metabolic fate of the allelochemical nicotine in the tobacco hornworm *Manduca sexta*. Insect Biochem Mol Biol,1944,24:837-846.

[12] Yang R S H et al. Metablism in vitro of diazinon and diazoxon in resistant and susceptible house flies. J Agr Food Chem,1971,19:14.

[13] Yang M L,Zhang J Z, Zhu K Y,Xuan T,Liu X J,Guo Y P,Ma E B. Mechanisms of organophosphate resistance in a Teld population of oriental migratory locust,Locusta migratoria manilensis(Meyen). Arch Insect Biochem Physiol,2009,71:3-15.

[14] Yu Q Y,Fang S M,Zuo W D,Dai F Y,Zhang Z,Lu C. Effect of Organophosphate Phoxim Exposure on Certain Oxidative Stress Biomarkers in the Silkworm. Journal of Economic Entomology,2011,104(1):101-106.

第15章

寄主植物损伤对棉铃虫GSTs活性的影响

15.1 研究思路

谷胱甘肽-S-转移酶(GSTs)和羧酸酯酶(CarE)是生物体内重要的解毒酶系之一。已有研究表明寄主植物和植物次生性物质2-十三烷酮能够诱导棉铃虫体内GSTs和CarE活性的增加。但目前有关寄主植物挥发性化合物以及植物次生性物质熏蒸对昆虫解毒酶系活性影响的研究还较少。不同的寄主植物含有不同的次生性物质和不同配比的营养成分,这些次生性物质对植食性昆虫的取食和生长发育等起阻碍作用,能引起植食性昆虫忌避、拒食、中毒或干扰其消化和对营养成分的吸收(Elsayed,2011)。Ebrahimi等(2008)研究发现,寄主植物对小菜蛾的发育和繁殖特性有显著影响。Mojeni(2008)研究了鹰嘴豆等几种寄主植物对棉铃虫发育和繁殖的影响,发现取食不同寄主植物的雌性棉铃虫产卵量有明显差异。同时植食性昆虫也发展了多种对寄主植物的适应方式,其中利用解毒酶系进行解毒和排毒是其适应寄主植物的重要方式之一(钦俊德,1987;Berenbaum和Zangerl,2008;Agrawal,2005)。

选用普通棉花品种中棉35(或小麦、玉米),种子催芽后播于无菌沙土中(温度26~30℃,相对湿度50%~60%)。待两片子叶展开后,转移到装有营养液的塑料杯中,在日光温室内培养2~3周供试。营养液配方为0.75 mmol/L K_2SO_4,0.25 mmol/L KH_2PO_4,0.1 mmol/L KCl,0.65 mmol/L $MgSO_4$,2 mmol/L $Ca(NO_4)_2$,0.1 mmol/L Fe-Na EDTA,1×10^{-2} mmol/L H_3BO_3,1×10^{-3} mmol/L $MgSO_4$,1×10^{-3} mmol/L $ZnSO_4$,4×10^{-4} mmol/L $CuSO_4$,5×10^{-6} mmol/L $(NH_4)_6Mo_2O_4$。

棉铃虫1998年采自河北邯郸,于室内用人工饲料长期饲养。饲养条件为:25℃,相对湿度为75%,光照周期为16∶8(*L*∶*D*)h。棉蚜为本实验室人工饲养多代的棉蚜品系,饲养温度25~35℃,相对湿度60%~80%,日光温室自然光周期。

选用长势一致的棉苗,预先处理普通棉花苗、机械损伤棉花苗(叶片针刺50孔,直径1~

2 mm)和蚜虫取食棉花苗(每株 50 头)。每个处理 10 株棉花幼苗。各处理棉苗罩尼龙网,并在棉苗的塑料杯外壁贴双面胶,确保棉铃虫在试验中不会爬到棉株取食。

在 4 个容积为7.5 L 的干燥器内(每个干燥器中放置足量人工饲料供试虫取食),设人工饲料、棉花苗挥发物接收棉铃虫、伤口(针刺 50 孔)棉花苗诱导挥发物接收棉铃虫以及棉蚜取食(每株 50 头)诱导挥发物接收棉铃虫共 4 组 4 个处理。

将棉铃虫三龄幼虫分为 4 部分,一部分置于上述人工饲料干燥器中,只喂食人工饲料,作为对照;另外三部分置于上述已放置不同棉花处理的 3 个干燥器中,分别用棉花挥发物、机械损伤棉花和蚜虫取食诱导棉花诱导挥发物处理棉铃虫,每个处理 3 个重复。12、24、36、48、72 或 96 h 后测定棉铃虫三龄幼虫谷胱甘肽-S-转移酶活性。

15.2 棉蚜取食和机械损伤棉花挥发物对棉铃虫幼虫 GSTs 活性的影响

棉铃虫置于放有棉花、机械损伤棉花和棉蚜取食棉花的干燥器中至预设时间间隔后,分别测定其谷胱甘肽-S-转移酶比活力值,结果见表 15.1;图 15.1 为综合示意图。

表 15.1 不同棉花处理的密闭容器内棉铃虫 GSTs 的比活力值

处理时间/h	棉花		机械损伤棉花		棉蚜棉花	
	比活力/[nmol/(min·mg 蛋白)]	相对倍数	比活力/[nmol/(min·mg 蛋白)]	相对倍数	比活力/[nmol/(min·mg 蛋白)]	相对倍数
0	41.12±3.28 d	1	41.12±3.28 c	1	41.12±3.28 d	1
12	56.88±4.45 c	1.38	35.03±0.48 d	0.85	60.61±1.03 b	1.47
24	68.19±3.59 b	1.66	61.39±2.29 a	1.49	82.98±5.49 a	2.02
36	30.29±1.89 e	0.74	52.09±4.68 b	1.27	48.93±4.45 c	1.19
48	91.11±7.23 a	2.22	58.49±1.60 a	1.42	62.57±4.08 b	1.52
72	88.25±3.71 a	2.15	58.61±1.63 a	1.43	60.59±2.79 b	1.47

注:表中各值为 3 个重复的平均值±标准误差;同列中不同小写字母表示不同处理间差异显著($p<0.05$)。

棉铃虫被棉花挥发物诱导 12~24 h 内,棉铃虫体内 GSTs 活性呈上升趋势,24 h 后 GSTs 活性为 68.19 nmol/(min·mg 蛋白),为对照的 1.66 倍。到 36 h 后,GSTs 活性显著下降,仅为对照的 0.74,此时棉花挥发物对棉铃虫体内 GSTs 活性有一定程度的抑制,但在随后的48 h 和 72 h 时间间隔,GSTs 活性又极显著增至最高,比活力分别为为 91.11 nmol/(min·mg 蛋白)和 88.25 nmol/(min·mg 蛋白),为对照的 2.22 倍和 2.15 倍。

棉铃虫被机械损伤棉花挥发物处理 12 h 后,棉铃虫体内 GSTs 活性低于对照,仅为对照的 0.85,此时机械损伤棉花挥发物对棉铃虫体内 GSTs 活性有一定程度的抑制,但在随后的时间间隔,机械损伤棉花挥发物对棉铃虫体内 GSTs 具有显著的诱导作用,24 h 时间间隔,GSTs 活性最高,比活力 61.39 nmol/(min·mg 蛋白),为对照的 1.49 倍,36 h 略有降低,但也显著高于对照,为对照的 1.27 倍,之后的 48 h 和 72 h 时间间隔 GSTs 活性又上升到 24 h 的 GSTs 活性水平。

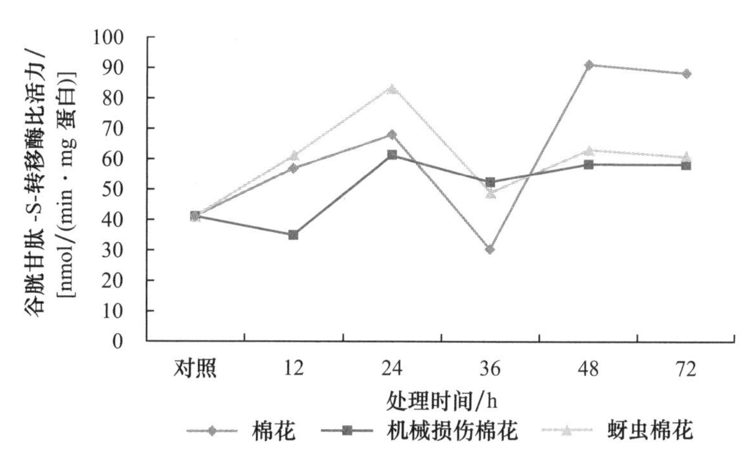

图 15.1 不同棉花处理棉铃虫 GSTs 的活性变化

被棉蚜取食棉花挥发物诱导 12～24 h 内，棉铃虫体内 GSTs 活性呈上升趋势，到 24 h，GSTs 活性升到最高，为 82.98 nmol/(min·mg 蛋白)，为对照的 2.02 倍。到 36 h 时间间隔，GSTs 活性略有下降，但仍显著高于对照，比活力为对照的 1.19 倍，随后的各时间间隔，GSTs 活性又显著升高，同 12 h 水平相当。从整体来看，棉铃虫用棉蚜取食棉花挥发性化合物短时间处理后，体内 GSTs 活性有诱导增加的趋势。

图 15.1 表明，棉花挥发物、机械损伤诱导棉花挥发物和棉蚜取食诱导棉花挥发物诱导棉铃虫三龄幼虫 GSTs 活性明显增加，最高分别是对照的 2.22 倍(48 h)、1.49 倍(24 h)和 2.02 倍(24 h)

棉花挥发物和机械损伤诱导挥发物分别在 36 h 和 12 h 对棉铃虫三龄幼虫 GSTs 活性有抑制作用，棉铃虫 GSTs 比活力分别为 30.29 nmol/(min·mg 蛋白)和 35.03 nmol/(min·mg 蛋白)，分别为对照的 0.74 倍和 0.85 倍。其他时间间隔内棉铃虫 GSTs 比活力相对对照均有不同程度的增加。

本研究结果表明，棉花挥发物、机械损伤棉花挥发物和棉蚜取食棉花挥发物对棉铃虫三龄幼虫 GSTs 的影响不仅与棉花挥发物的不同有关，而且具有一定的时间效应。

棉花挥发物对棉铃虫三龄幼虫 GSTs 活性总体表现为显著诱导作用后经过一个短暂的抑制(36 h)，最后升至最高；这表明 12 h、24 h 时，棉铃虫加大了对棉花挥发物的代谢，36 h 棉花挥发物对棉铃虫产生一定毒害作用，但随着时间的增加，棉铃虫体内 GSTs 比活力迅速升至最高水平，反映了棉铃虫对外界刺激的一种适应；

机械损伤棉花挥发物处理 12 h 后对棉铃虫产生一定的毒害作用并抑制了酶活；但随着时间的增加，棉铃虫体内 GSTs 比活力有不同程度的增加，说明棉铃虫加大了对机械损伤棉花挥发物的代谢。

棉蚜取食棉花挥发物短时间处理棉铃虫后，从整体来看，棉铃虫体内 GSTs 活性明显增强。

15.3 麦蚜取食和机械损伤对棉铃虫三龄幼虫 GSTs 活性的影响

棉铃虫置于装有小麦、机械损伤小麦和麦蚜取食小麦的干燥器中至预设时间间隔后，分别测定其 GSTs 比活力值,结果见表 15.2,图 15.2 为综合示意图。

表 15.2 不同小麦处理的密闭容器内棉铃虫 GSTs 的比活力值

处理时间/h	小麦		机械损伤小麦		麦蚜小麦	
	比活力/[nmol/(min·mg 蛋白)]	相对倍数	比活力/[nmol/(min·mg 蛋白)]	相对倍数	比活力/[nmol/(min·mg 蛋白)]	相对倍数
0	31.85±2.73 e	1	31.85±2.73 c	1	31.85±2.73 e	1
12	34.18±0.06 de	1.07	47.09±2.83 a	1.48	39.73±2.62 d	1.25
24	39.19±1.84 cd	1.23	39.48±3.65 b	1.24	48.45±2.42 c	1.52
36	46.09±2.50 b	1.45	52.09±4.68 a	1.64	58.81±1.50 a	1.85
48	41.90±3.61 bc	1.32	48.90±2.86 a	1.52	59.87±0.31 a	1.88
72	53.29±4.25 a	1.67	53.89±2.21 a	1.69	53.27±4.57 b	1.67

注:表中各值为 3 个重复的平均值±标准误差;同列中不同小写字母表示不同处理间差异显著($p<0.05$)。

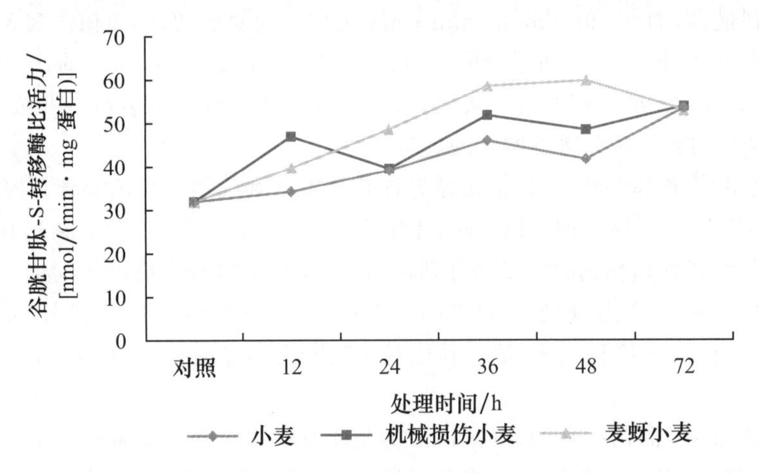

图 15.2 不同小麦处理棉铃虫 GSTs 的活性变化

小麦挥发物诱导棉铃虫体内 GSTs 活性具有明显的时间效应。棉铃虫被小麦挥发物诱导 12 h 后,小麦挥发物对棉铃虫体内 GSTs 活性提高没有诱导作用,而对其他时间间隔 GSTs 活性提高均表现出明显的诱导作用。被诱导 24 h、36 h 和 72 h 后体内 GSTs 活性有明显的增加,分别为对照的 1.23 倍和 1.45 倍和 1.32 倍。从整体来看,棉铃虫用小麦挥发物短时间处理后,体内 GSTs 活性有诱导增加的趋势。

机械损伤小麦挥发物诱导棉铃虫体内 GSTs 活性具有明显的时间效应。被诱导 12 h、36 h、48 h 和 72 h 后体内 GSTs 活性极其显著地高于对照,分别为对照的 1.48 倍、1.64 倍、1.52 倍和 1.69 倍。24 h 时间间隔内 GSTs 比活力低于以上几个时间点,但也显著高于对照,为 39.48 nmol/(min·mg 蛋白),为对照的 1.24 倍。从整体来看,棉铃虫用机械损伤小麦短时间处理后,体内 GSTs 活性有诱导增加的趋势。

麦蚜取食小麦挥发物诱导棉铃虫体内 GSTs 活性具有明显的时间效应。被诱导 12~48 h 内,棉铃虫体内 GSTs 活性呈上升趋势,到 48 h,GSTs 活性升到最高,为 59.87 nmol/(min·mg 蛋白),为对照的 1.88 倍。到 72 h,GSTs 活性略有下降,但仍显著高于对照,且高于 24 h,比活力为 53.27 nmol/(min・mg 蛋白),为对照的 1.67 倍。从整体来看,棉铃虫用麦蚜取食小麦挥发物短时间处理后,体内 GSTs 活性有诱导增加的趋势。

从图 15.2 分析可以看出:小麦挥发物、机械损伤诱导小麦挥发物和麦蚜取食诱导小麦挥发物诱导棉铃虫幼虫 GSTs 活性明显增加;小麦和麦蚜取食小麦处理的棉铃虫幼虫 GSTs 活性整体上看呈直线上升,机械损伤小麦处理为波浪式上升,最高分别是对照 1.67 倍(72 h)、1.69 倍(72 h)和 1.88 倍(48 h)但三个处理到最后 72 h 时 GSTs 比活力达到同一水平,均为对照的 1.7 倍左右。小麦挥发物、机械损伤小麦挥发物和麦蚜取食小麦挥发物对棉铃虫幼虫 GSTs 各时间间隔均诱导显著,最低也分别是对照的 1.07 倍(12 h)、1.24 倍(24 h)和 1.25 倍(12 h)。

小麦挥发物处理 12 h 后对棉铃虫 GSTs 活性有明显诱导作用;但随着时间的增加,棉铃虫体内 GSTs 比活力有不同程度的增加,说明棉铃虫加大了对机械损伤棉花挥发物的代谢。

机械损伤小麦挥发物和麦蚜取食小麦挥发物短时间处理棉铃虫后,从整体来看,棉铃虫体内 GSTs 活性明显增强。各时间间隔均显著高于对照,说明棉铃虫加大了对这两种小麦挥发物的代谢,反映了棉铃虫对外界刺激的一种适应机制。

15.4　玉米螟取食和机械损伤对棉铃虫三龄幼虫 GSTs 活性的影响

棉铃虫置于装有玉米、机械损伤玉米和玉米螟取食玉米的干燥器中至预设时间间隔后,分别测定其谷胱甘肽-S-转移酶比活力值,结果见表 15.3,图 15.3 为综合示意图。

表 15.3　不同玉米处理的密闭容器内棉铃虫 GSTs 的比活力值

处理时间/h	玉米		机械损伤玉米		玉米螟玉米	
	比活力/[nmol/(min・mg 蛋白)]	相对倍数	比活力/[nmol/(min・mg 蛋白)]	相对倍数	比活力/[nmol/(min・mg 蛋白)]	相对倍数
0	22.66±1.67 c	1	22.66±1.67 cd	1	22.66±1.67 d	1
12	19.12±1.58 c	0.84	20.09±1.70 d	0.89	17.31±0.98 d	0.76
24	27.40±2.60 c	1.21	29.18±2.67 b	1.29	29.99±2.71 c	1.32
36	89.21±2.28 a	3.94	52.07±1.66 a	2.30	77.72±1.55 a	3.43
48	25.30±1.71 c	1.12	26.12±2.12 bc	1.15	40.67±3.04 b	1.79
72	79.73±7.21 b	3.52	54.09±3.58 a	2.39	75.16±5.77 a	3.32

注:表中各值为 3 个重复的平均值±标准误差;同列中不同小写字母表示不同处理间差异显著($p<0.05$)。

用玉米挥发物短时间处理后,按预设时间分别测定棉铃虫 GSTs 的比活力。棉铃虫被玉米挥发物诱导 12 h 后,玉米挥发物对棉铃虫体内 GSTs 活性提高没有诱导作用,而对其他时间间隔 GSTs 活性提高均表现出明显的诱导作用。被诱导 36 h 和 72 h 棉铃虫体内 GSTs 活性有明显的增加,分别为 89.21 nmol/(min・mg 蛋白)和 79.73 nmol/(min・mg 蛋白),为对照的 3.94 倍和 3.52 倍。其他时间间隔内 GSTs 比活力相对对照均有不同程度的增加。从整体来看,棉铃虫用玉米挥发物短时间处理后,体内 GSTs 活性有诱导增加的趋势。

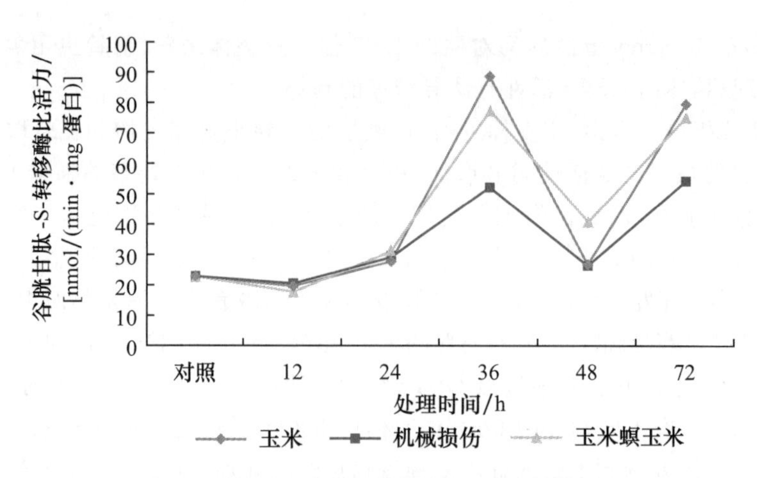

图 15.3 不同玉米处理棉铃虫 GSTs 的活性变化

用机械损伤玉米挥发物短时间处理后,按预设时间分别测定棉铃虫 GSTs 的比活力。处理 12 h 后,棉铃虫体内 GSTs 活性被抑制,为对照的 0.89,而其他时间间隔 GSTs 活性均显著高于对照。被机械损伤玉米挥发物诱导 36 h 和 72 h 后体内 GSTs 活性有明显的增加,分别为 89.21 nmol/(min·mg 蛋白)和 79.73 nmol/(min·mg 蛋白),为对照的 2.30 倍和 2.39 倍。其他时间间隔内 GSTs 比活力相对对照均有显著差异。从整体来看,棉铃虫用机械损伤玉米挥发物短时间处理后,体内 GSTs 活性有诱导增加的趋势。

用玉米螟取食玉米短时间处理后,按预设时间分别测定棉铃虫 GSTs 的比活力。棉铃虫被诱导 12 h 后,玉米螟取食玉米挥发物对棉铃虫体内 GSTs 活性没有诱导作用,而对其他时间间隔 GSTs 活性均表现出明显的诱导作用。被诱导 36 h 和 72 h 后,棉铃虫体内 GSTs 活性有明显的增加,分别为对照的 3.43 倍和 3.32 倍。48 h 后体内活性又略有下降,但与其他时间点活性水平相当,为对照的 1.79 倍。从整体来看,棉铃虫用玉米螟取食玉米挥发物短时间处理后,体内 GSTs 活性有诱导增加的趋势。

表 15.3、图 15.3 表明:玉米挥发物、机械损伤诱导玉米挥发物和玉米螟取食诱导玉米挥发物诱导棉铃虫三龄幼虫 GSTs 活性明显增加,最高分别是对照 3.94 倍(36 h)、2.39 倍(72 h)和 3.43 倍(36 h)。除机械损伤诱导挥发物在 12 h 对棉铃虫三龄幼虫 GSTs 活性有轻微抑制作用,棉铃虫比活力为 20.09 nmol/(min·mg 蛋白),为对照的 0.89 倍,其他时间间隔内棉铃虫 GSTs 比活力相对对照均有不同程度的增加。

本研究结果表明,玉米挥发物、机械损伤玉米挥发物和玉米螟取食玉米挥发物对棉铃虫三龄幼虫 GSTs 的影响不仅与玉米挥发物的不同有关,而且具有一定的时间效应。

玉米挥发物、机械损伤诱导玉米挥发物和玉米螟取食诱导玉米挥发物短时间处理棉铃虫后,按预设时间分别测定棉铃虫 GSTs 的比活力。12 h 后,玉米挥发物、机械损伤玉米挥发物和玉米螟取食玉米挥发物对棉铃虫体内 GSTs 活性没有诱导作用或有抑制作用,被诱导 36 h 和 72 h 后棉铃虫体内 GSTs 活性有明显的增加,其他时间间隔内 GSTs 比活力相对对照均有不同程度的增加。从整体来看,棉铃虫用玉米挥发物、机械损伤玉米挥发物和玉米螟取食玉米挥发物短时间处理后,体内 GSTs 活性有诱导增加的趋势。

说明 3 种玉米挥发物处理 12 h 后对棉铃虫产生一定的毒害作用并抑制了酶活;但随着时间的增加,棉铃虫体内 GSTs 比活力有不同程度的增加,说明棉铃虫加大了对玉米所产生的挥发性次生性物质的代谢，反映了棉铃虫对外界刺激的一种适应机制。

15.5 不同寄主植物对棉铃虫各部位 GSTs 活性的影响

刚孵化出的棉铃虫幼虫分为四部分，一部分喂食人工饲料直到五龄，作为对照。另外三部分分别喂食含玉米、小麦、棉花混合的人工饲料直到五龄。将五龄幼虫在冰浴上分别解剖中肠、脂肪体、头和体壁，分别测定其 GSTs 比活力值，结果见表 15.4。

表 15.4 取食不同寄主植物叶片棉铃虫各组织部位 GSTs 比活力值 nmol/(min·mg 蛋白)

寄生植物	组织与部位			
	中肠	脂肪体	头	体壁
CK	1 032.67±73.14 b (1)	1 109.97±64.99 c (1)	327.56±14.84 b (1)	456.59±17.48 a (1)
玉米	2 083.1±132.15 a (2.02)	2 120.3±189.90 b (1.91)	263.45±11.48 c (0.80)	376.64±24.46 b (0.82)
棉花	922.47±30.91 b (0.89)	3 047.7±648.91 a (2.75)	416.71±29.25 a (1.27)	434.34±33.76 a (0.95)
小麦	2 182.7±219.02 a (2.11)	1 710.85±278.62 bc (1.54)	354.48±18.69 b (1.08)	324.32±12.92 c (0.71)

注：表中各值为 3 个重复的平均值±标准误差；同列中不同小写字母表示不同处理间差异显著($p<0.05$)。

喂食含玉米、小麦、棉花混合的人工饲料的不同处理的棉铃虫，取食玉米、小麦饲料的棉铃虫五龄幼虫中肠 GSTs 活性显著高于对照，而棉花处理对棉铃虫中肠 GSTs 活性几乎无诱导作用。

取食棉花饲料的棉铃虫五龄幼虫脂肪体 GSTs 活性极其显著地高于对照，是对照的 2.75 倍，玉米处理也显著高于对照，是对照的 1.91 倍，而小麦处理对棉铃虫脂肪体 GSTs 活性几乎无诱导作用。

取食棉花饲料的棉铃虫五龄幼虫头部 GSTs 活性显著高于对照，是对照的 1.27 倍，小麦处理对棉铃虫头部 GSTs 活性几乎无诱导作用，玉米处理对棉铃虫头部 GSTs 甚至有一定程度的抑制，仅为对照的 0.80 倍。

棉花处理对棉铃虫体壁 GSTs 活性几乎无诱导作用，小麦、玉米处理对棉铃虫体壁 GSTs 有一定程度的抑制，仅为对照的 0.82 倍和 1.71 倍。

喂食含玉米、小麦、棉花混合的人工饲料的不同处理的棉铃虫中，棉花诱导的棉铃虫脂肪体、头部、体壁 GSTs 活性为最高，玉米、小麦诱导的棉铃虫中肠 GSTs 活性为最高。

参考文献

[1] 钦俊德．昆虫与植物的关系——论昆虫与植物相互作用及其演化．北京：科学出版

社,1987.

[2] Agrawal A. Future directions in the study of induced plant responses to herbivory. Entomol Exp Appl,2005,115:97-105.

[3] Elsayed G. Plant secondary substances and insects behaviour. Archives of Phytopathology and Plant Protection,2011,44(16):1534-1549.

[4] May R B and Arthur R. Zangerl. Facing the Future of Plant-Insect Interaction Research: Le Retour *à* la "Raison d'Être". Plant Physiol,2008,146(3):804-811.

[5] Mojeni T D. Effect of different host plants on the development and reproduction of Helicoverpa armigera(Hub.)(Lepidoptera;Noctuidae)in Golestan province,Northern Iran. Journal of Applied Biosciences,2008, 5:123-126.

[6] Najmeh E,Ali A T,Yaghoub F and Abbas A Z. Host Plants Effect on Preference,Development and Reproduction of Plutella xylostella. (L.)(Lepidoptera:Plutellidae) Under Laboratory Conditions. Advances in Environmental Biology,2008,2(3):108-114.

第16章

2-十三烷酮蒸汽对棉铃虫GSTs活性的影响

现已经证明一些植物次生性物质对昆虫 GSTs 有诱导作用,如槲皮素,棉酚,2-十三烷酮等。这些植物次生性物质因植物种类不同,对昆虫 GSTs 产生的诱导作用也不尽相同。有些通过诱导作用可以使昆虫对特定的杀虫药剂抗性增强,有些还会对害虫体内的解毒酶系产生诱导作用,导致抗性品种抗虫性的丧失。所以研究寄主及植物次生性物质对昆虫 GSTs 的诱导对农业生产有很大的指导意义。2-十三烷酮,是在野生番茄的叶片中发现的一种植物次生性物质,可诱导棉铃虫(汤方等,2005,Zhang 等,2001)、烟草天蛾(Snyder 等,1995)、(Francis 等,2005)GSTs 活性。2-十三烷酮和 2-十一烷酮对于簇芽夜蛾 *Manduca sexta* 幼虫中 GSTs 也有诱导作用。高希武等(1997)报道,经过芸香苷、2-十三烷酮和槲皮素饲喂的棉铃虫 GSTs 活性提高 4～18 倍,其中槲皮素诱导组对药剂甲基对硫磷的敏感度降低将近一半。

本章的目的就是要阐明植物次生性物质 2-十三烷酮熏蒸对棉铃虫 CarE 和 GSTs 的诱导机制,该结果对于进一步明确植物次生性物质和寄主植物等诱导作用对棉铃虫抗药性发展的影响,有针对性地制定害虫的抗性治理策略,实现重要害虫的可持续控制具有重要的理论和实践意义。探明植物挥发性化合物及 2-十三烷酮熏蒸对棉铃虫解毒酶系的影响机制,不仅可以进一步明确植物与昆虫之间的相互关系,筛选出对害虫解毒酶系具诱导或抑制作用的毒性次生性物质,而且对于研究棉铃虫抗药性基因的表达调控机制也有一定的参考价值。

在 4 个容积为 7.5 L 的干燥器内(每个干燥器中放置足量人工饲料供试虫取食),设人工饲料、一龄用药棉铃虫、二龄用药棉铃虫以及三龄用药棉铃虫共 4 组 4 个处理。

将初孵幼虫分成 A、B、C、D 四组,D 组只喂食人工饲料,作为对照,A 组从一龄开始用药,B 组从二龄开始用药,C 组从三龄初开始用药,此时 A、B、D 三组已经长大到三龄,以 C 组的时间为基准,C 组用药 12、24、36、48、72 或 96 h 后取出试虫冷冻待测,A、B、D 组的试虫也和 C 组的同步取样冷冻。药剂 2-十三烷酮浓度均为 1.67 g/m^3,每个处理 3 个重复,测定棉铃虫三龄幼虫谷胱甘肽-S-转移酶活性。

16.1 2-十三烷酮熏蒸棉铃虫一龄诱导组 GSTs 活性的变化

棉铃虫置于 2-十三烷酮浓度为 0.05 g/m³ 的干燥器中至预设时间间隔后，分别测定其谷胱甘肽-S-转移酶比活力值，结果见表 16.1，图 16.1 为综合示意图。

表 16.1 2-十三烷酮对不同龄期棉铃虫 GSTs 诱导的时间效应

处理时间/h	一龄		二龄		三龄	
	比活力/[nmol/(min·mg 蛋白)]	相对倍数	比活力/[nmol/(min·mg 蛋白)]	相对倍数	比活力/[nmol/(min·mg 蛋白)]	相对倍数
0	41.12±3.28 d	1.00	41.12±3.28 d	1.00	41.12±3.28 e	1.00
12	52.41±1.76 bc	1.27	58.27±0.83 b	1.42	50.79±1.94 cd	1.24
24	66.17±4.71 a	1.61	65.63±2.08 a	1.60	68.69±2.04 b	1.67
36	61.24±5.03 a	1.49	44.44±1.55 cd	1.08	55.59±2.79 c	1.35
48	48.55±1.92 c	1.18	46.33±1.94 c	1.13	47.82±3.54 d	1.16
72	58.65±4.66 ab	1.43	56.84±1.72 b	1.38	74.47±2.33 a	1.81

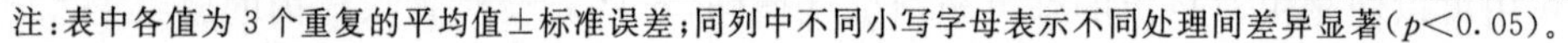

注：表中各值为 3 个重复的平均值±标准误差；同列中不同小写字母表示不同处理间差异显著（$p<0.05$）。

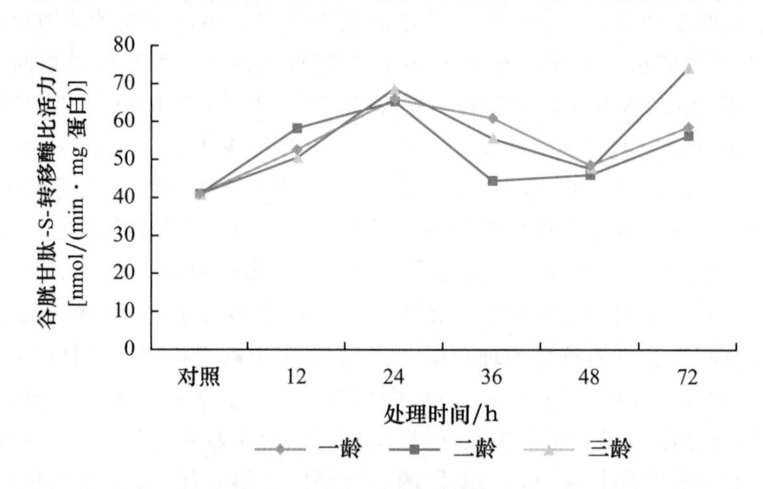

图 16.1 2-十三烷酮熏蒸诱导棉铃虫三龄幼虫谷胱甘肽-S-转移酶活性的变化

棉铃虫一龄幼虫用 2-十三烷酮短时间处理后，待棉铃虫长大至三龄时，按预设时间间隔，分别测定棉铃虫三龄幼虫 GSTs 的比活力。由表 16.1、图 16.1 可以看出：一龄诱导组棉铃虫被 2-十三烷酮熏蒸诱导后，各时间间隔 GSTs 活性具有明显的时间效应。

被熏蒸诱导 12 h、48 h 时间间隔，棉铃虫体内 GSTs 活性显著高于对照，为对照的 1.27 和 1.18 倍，24 h、36 h、72 h 时间间隔，2-十三烷酮熏蒸对棉铃虫体内 GSTs 活性具有极显著的诱导作用，24 h 时间间隔，GSTs 活性最高，为对照的 1.61 倍。

16.2 2-十三烷酮熏蒸棉铃虫二龄诱导组 GSTs 活性的变化

棉铃虫二龄幼虫用2-十三烷酮短时间处理后，待棉铃虫长大至三龄时，按预设时间间隔，分别测定棉铃虫三龄幼虫 GSTs 的比活力。棉铃虫被 2-十三烷酮熏蒸诱导后，各时间间隔 GSTs 活性均显著高于对照。被熏蒸诱导 24 h 时间间隔，棉铃虫体内 GSTs 活性极显著高于对照，为对照的 1.60 倍，36 h 时间间隔 GSTs 活性下降，仅为对照的 1.08 倍，与对照处于同一水平，随后 GSTs 活性逐渐升高，到 72 h 时间间隔，已升至对照的 1.38 倍。

16.3 2-十三烷酮熏蒸棉铃虫三龄诱导组 GSTs 活性的变化

棉铃虫三龄幼虫用2-十三烷酮短时间处理后，按预设时间间隔，分别测定棉铃虫三龄幼虫 GSTs 的比活力。棉铃虫被 2-十三烷酮熏蒸诱导后，各时间间隔 GSTs 活性均显著高于对照被熏蒸诱导 36 h 时间间隔内，棉铃虫体内 GSTs 活性一直升高，到 36 h 为对照的 1.67 倍，48 h时间间隔 GSTs 活性下降，仅为对照的 1.16 倍，随后的 72 h 时间间隔 GSTs 活性升至最高，为对照的 1.38 倍。

棉铃虫各龄期幼虫用2-十三烷酮短时间熏蒸处理后，按预设时间间隔，分别测定棉铃虫三龄幼虫 GSTs 的比活力。由表 16.1、图 16.1 可以看出：各龄期棉铃虫被 2-十三烷酮熏蒸诱导后，各时间间隔 GSTs 活性具有明显的时间效应。三个处理 GSTs 比活力 24 h 前上升，从24～48 h 呈下降趋势，48 h 以后又升至较高水平。

2-十三烷酮对棉铃虫幼虫 GSTs 的诱导表达随时间的变化呈现一定的规律，三组处理均为 12 h 和 72 hGSTs 活性较高。一龄和三龄组都是随时间的增加 GSTs 活性先降低后增高；二龄组的先增加后降低然后又增加。

2-十三烷酮短时间熏蒸诱导棉铃虫一龄、二龄和三龄幼虫 GSTs 活性明显增加，最高分别是对照 1.61 倍(24 h)、1.60 倍(24 h)和 1.81 倍(72 h)。

本研究结果表明，2-十三烷酮熏蒸对棉铃虫三龄幼虫 GSTs 的影响不仅与诱导时间的长短有关，而且具有一定的时间效应。2-十三烷酮短时间熏蒸对棉铃虫一龄、二龄和三龄幼虫 GSTs 活性各时间间隔均诱导显著。说明棉铃虫加大了对 2-十三烷酮的代谢，反映了棉铃虫对外界刺激的一种适应机制。

参考文献

[1]高希武，董向丽，郑炳宗，等．棉铃虫谷胱甘肽-S-转移酶(GSTs)：杀虫药剂和植物次生性物质的诱导与 GSTs 对杀虫药剂的代谢．昆虫学报，1997，40(2)：122-127.

[2]汤方，梁沛，高希武．2-十三烷酮和槲皮素诱导棉铃虫谷胱甘肽-S-转移酶组织特异性表达．自然科学进展，2005(7)：33-38.

[3]Francis F，Vanhaelen N，Haubruge E. Glutathione S-transferases in the adaptation to

plant secondary metabolites in the Myzus persicae aphid. Arch Insect Biochem Physiol, 2005,58(3):166-174.

[4]Snyder M J, Walding J K, Feyereisen R. Glutathione S-transferases from larval Manduca sexta midgut: sequence of two cDNAs and enzyme induction. Insect Biochem Mol Biol, 1995,25(4):455-465.

[5]Zhang C Z, Gao X W and Zheng B Z. Glutathione S-Transferases (GSTs) in Helicoverpa Armigera: Subcellular and Tissue Distribution of Activity, Developmental Changes and Induction of Allelochemicals. Chinese Journal of Pesticide Science, 2001, 1: 30-35.

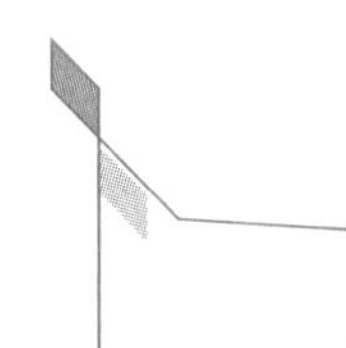

第17章

杀虫药剂和植物次生性物质对棉铃虫羧酸酯酶的诱导作用

羧酸酯酶(CarEs)是昆虫对杀虫药剂代谢最重要的酶系之一,特别是对拟除虫菊酯和有机磷类杀虫药剂的代谢(Dauterman,1985;Liang 等,2007;Cao 等,2008)。CarEs 也是杀虫药剂代谢中唯一不需要额外能量能够催化酯类化合物水解的一类酶系(Matsumura,1985)。已经证明 CarEs 在许多昆虫的抗药性中起着重要的作用(Soderlund,1990;Brattsten 1990;Cui 等,2007)。棉铃虫 *Helicoverpa armigera* (Hübner)是许多经济作物的主要害虫(Read 和 Paker,1981),目前,棉铃虫的抗药性已经成了化学防治能否奏效的重要因子,高希武等(高希武和梁同庭,1993;高希武等,1995),已经报道了一些化合物,能够改变棉铃虫体内 CarEs 以及其他解毒酶系的活性。本文主要是报道棉铃虫体内 CarEs 的发育期变化以及杀虫药剂和植物次生性物质对棉铃虫体内 CarEs 的诱导作用及其与棉铃虫耐药性的关系。

17.1 不同日龄棉铃虫幼虫羧酸酯酶比活力变化

图 17.1 显示出棉铃虫中肠羧酸酯酶(CarEs)比活力随幼虫发育阶段呈有规律的变化。5 日龄以前 CarEs 比活力增长比较缓慢,5 日龄以后 CarEs 比活力快速增长,8 日龄开始 CarEs 比活力下降,直到预蛹期,CarEs 比活力又开始上升。6 和 8 日龄幼虫 CarEs 比活力最高,分别为 162 mOD/(mg・min)和 145 mOD/(mg・min),相当于 1 日龄幼虫的 513 和 417 倍。棉铃虫每头幼虫的 CarEs 总活力(OD/min)与日龄呈明显的正相关,CarEs 活性呈指数增长(图 17.2)。以尚未取食的初孵幼虫的 CarEs 总活性为标准,5 日龄棉铃虫幼虫 CarEs 活性是初孵幼虫 CarEs 活性的 615%,平均每天增长 103%;6 日龄幼虫在 1 d 内 CarEs 活性增长了 925%;8 日龄幼虫在 2 d 内 CarEs 增长了 2 113 倍,平均每天增长 106.5%;9 日龄幼虫在 1 d 内 CarEs 活性增长了 34%;12 日龄幼虫在 3 d 内 CarEs 活性增长了 254%,平均每天增长 84.7%;13 日龄幼虫在 1 d 内 CarEs 活性增长了 50.8%。以上各时期内 CarEs 活性相对增长

速度，以6日龄幼虫(相当于三龄幼虫)增长最快，9日龄幼虫增长最慢，但是仍达到34%的增长率。

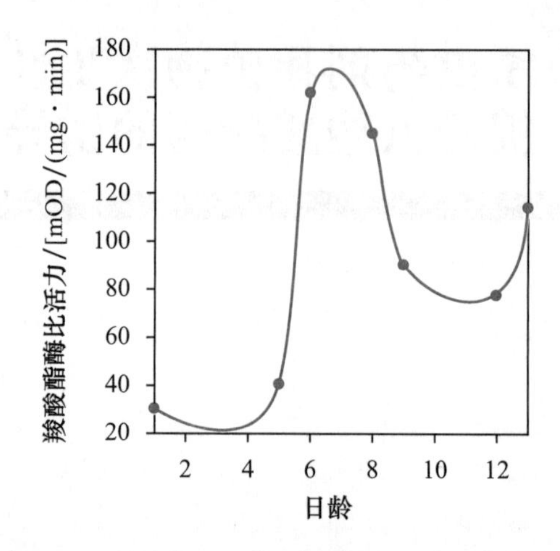

图 17.1　棉铃虫幼虫羧酸酯酶比活力发育期变化

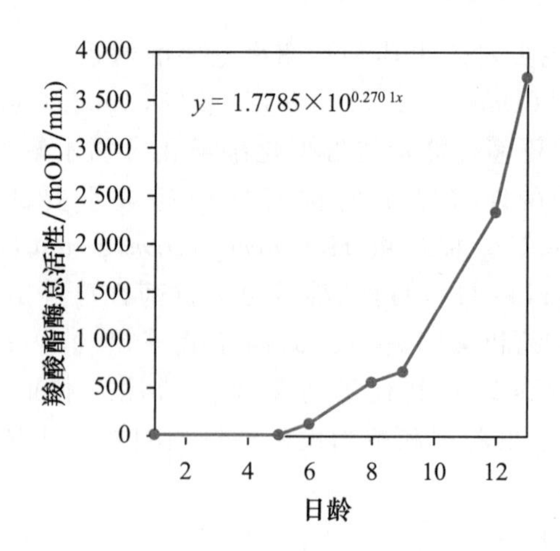

图 17.2　棉铃虫幼虫羧酸酯酶总活力(mOD/min)与日龄的关系

17.2　棉铃虫幼虫羧酸酯酶同工酶底物专一性

在对棉铃虫幼虫CarEs进行聚丙烯酰胺凝胶电泳后，将胶板分为两半，分别用α-NA和β-NA进行染色。结果表明以α-NA为底物时的染色速度明显高于以β-NA为底物时的染色速度，说明CarEs催化水解α-NA的能力高于β-NA。根据电泳扫描图将电泳图谱分成为9个区域，没有发现单一水解α-NA或β-NA的CarEs同工酶带。图17.3显示出9个区域同工酶对α-NA和β-NA水解活性的比值变化。比值小于1的同工酶带，说明该酶带水解α-NA的活性所占总活性的比例小于对β-NA水解所占的比例。E2、E4、E5、E6、E7和E9对β-NA的水解活性高于α-NA，E1、E3和E8对上述两种底物的水解活性正好相反，对α-NA活性高于β-NA。说明CarEs不同的同工酶对α-NA和β-NA的水解活性是不同的。E3水解α-NA的能力最强，占全部水解 α-NA 酶活性的 31%；E6 水解 β-NA 的能力最强，占全部水解 β-NA 酶活性的 32%。对 α-NA 和 β-NA 水解能力都较强的是 E6。实际上，E6 包含了几个同工酶带。

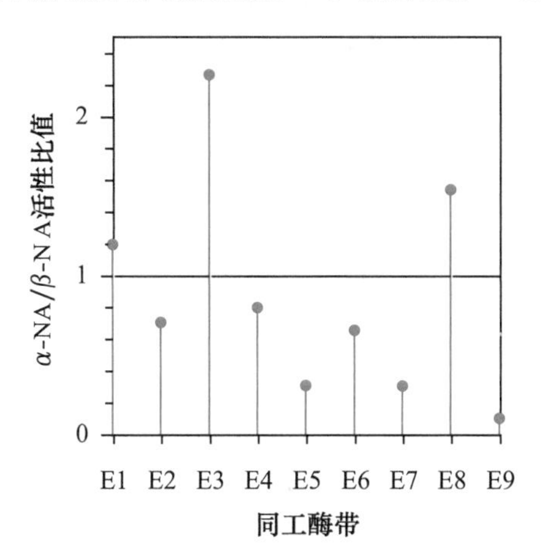

图 17.3 棉铃虫幼虫同工酶对 **α-NA** 和 **β-NA** 水解活性的变化

17.3 杀虫药剂对棉铃虫幼虫羧酸酯酶的诱导作用

表 17.1 显示出用低于死亡率 5% 的剂量点滴处理棉铃虫三龄幼虫(平均体重10.5 mg/头)48 h 后，对 CarEs 的影响。在试验的药剂中，处理后 48 h CarEs 活性除灭多威外均明显降低；对底物的亲和力除灭多威和增效磷明显升高外，其余均明显降低。对硫磷对 CarEs 底物亲和力的影响，在不同的试验中有所差异。用剂量为 7.97×10^{-3} μg/头的对硫磷和剂量为 5.7×10^{-5} μg/头的溴氰菊酯处理棉铃虫幼虫 24 h 和 48 h 后的存活率均为 100%。在处理后48 h，对硫磷和溴氰菊酯处理组 α-NA CarEs 和 β-NA CarEs 的比活力均明显低于对照组。溴氰菊酯处理组和对照组随时间的延长其绝对值呈增长趋势，而对硫磷处理组则呈明显下降趋势，这可能与对硫磷和其氧化型代谢物对 CarEs 具有抑制作用而溴氰菊酯没有抑制作用有关。处理后 24 h 和 48 h，对照组棉铃虫 CarEs 对 α-NA 的米氏常数值呈显著增长趋势，对 β-NA 的米氏常数值无显著变化。而溴氰菊酯处理后 24 h 和 48 h，棉铃虫 CarEs 对 α-NA 的米氏常数值无显著影响，对 β-NA 的米氏常数值在 24 h 无显著影响；到处理后 48 h，对 β-NA 的米氏常数值显著提高，说明由于溴氰菊酯的作用，CarEs 对 β-NA 的亲和力有下降的趋势。表 17.2 显示出马拉硫磷处理后棉铃虫 CarEs 活性下降。α-NA CarEs 的活性是对照组的 49%，β-NA CarEs 的活性是对照组的 44%。从米氏常数(K_m值)的变化看，处理组 CarEs 对 α-NA 和 β-NA 的亲和力都显著降低。

表 17.1 杀虫药剂对棉铃虫羧酸酯酶的诱导作用(48 h)

杀虫药剂	活性		亲和力	
	α-NA	β-NA	α-NA	β-NA
对硫磷	降低	降低	?	?
马拉硫磷	降低	降低	降低	降低
倍硫磷	降低	降低	—	降低
增效磷	降低	降低	—	升高
灭多威	无变化	降低	升高	升高
溴氰菊酯	降低	降低	无变化	降低

注:?:表示没有肯定性结果。

表 17.2 马拉硫磷对棉铃虫三龄幼虫羧酸酯酶的诱导作用表格需要规范

项目	α-NA OD 值	β-NA OD 值	α-NA 亲和常数	β-NA 亲和常数
处理	01325(0149)	01413(0144)	01217(01213～01221)	01854(01844～01863)
对照	01665(1100)	0194(1100)	01139(01135～01144)	01461(01411～01524)

图 17.4 显示出马拉硫磷处理组和对照组的 CarEs 聚丙烯酰胺凝胶电泳后,同工酶活性的变化。E3 的活性明显降低,其次是 E6、E2 和 E1;而 E5 的活性则明显提高,其次是 E4。说明马拉硫磷对 E5 和 E4 同工酶活性具有明显的诱导增加作用,对其他同工酶具有抑制作用。由于 E1、E2、E3 和 E6 占的比例较大,使马拉硫磷诱导组的总的 CarEs 活性表现为降低。CarEs 在有机磷抗性中研究的最清楚的是马拉硫磷(Doichuangam,1989;He mingway,1985),在一些昆虫中已经证明,马拉硫磷的抗性与专一性的羧酸酯酶同工酶有关(唐振华和周成理,1993;Chang 和 Whalon,1987),图 17.4 中的 E4、E5 可能与棉铃虫对马拉硫磷的水解有关。

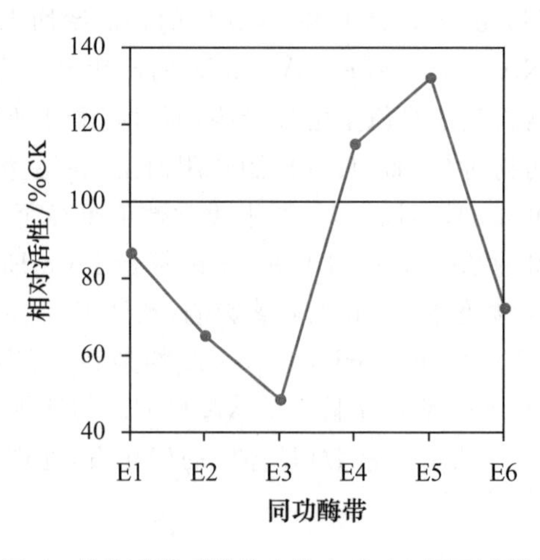

图 17.4 马拉硫磷对棉铃虫幼虫 CarEs 同工酶的诱导作用

17.4 植物次生性物质对棉铃虫羧酸酯酶的诱导作用

图 17.5 显示出用含有 0.1%的芸香苷(RF7)、2-十三烷酮(TF2)和槲皮素(QF2)的人工饲料和只用人工饲料(CK)饲养的 4 个棉铃虫种群 CarEs 的比活力变化。芸香苷 F7 代种群 CarEs 比活力和对照种群比提高了近 4 倍;2-十三烷酮 F2 和槲皮素 F2 代种群 CarEs 比活力分别提高了 3 倍和 2.5 倍。说明植物次生性物质对棉铃虫 CarEs 活性具有明显的诱导作用。

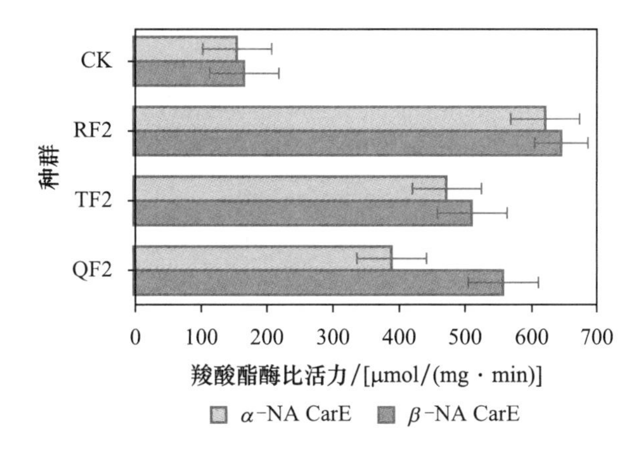

图 17.5 植物次生性物质对棉铃虫幼虫 CarEs 的诱导作用

17.5 讨论

研究结果表明不同日龄的棉铃虫幼虫 CarEs 比活力明显不同。三龄以前 CarEs3 比活力明显低于三龄以后,每头幼虫的 CarEs 总活力随日龄呈指数增长。棉铃虫幼虫 CarEs 比活力在三龄以后的突增可能与棉铃虫的耐药性增加有关,棉铃虫乙酰胆碱酯酶敏感度随发育期的变化也有类似的规律(Gao 等,1995)。棉铃虫幼虫 CarEs 活性变化与体重呈明显的线性关系,这可能是棉铃虫体重对耐药性影响的内在原因之一。CarEs 在有机磷类杀虫药剂的抗性中经常是一个主要因子(Brattsten,1990;Sun 等,2005;Miranda-Miranda 等,2009)。桃蚜(*Myzus persicae*)(Devonshire 和 Moores,1982)、家蝇(*Musca domestica*)(Oppenoorth,1985;Kao,1985)、棉蚜(*Aphis gossypii*)(郑炳宗等,1989)、棉粉虱(*Bemisia tabaci*)(Byrne 和 Devonshire,1993)以及一些蚊类(Vellani 和 He mingway,1987)等的抗性均与该酶活性的提高有关,在我们的试验中,低剂量(LD5)的诱导作用可以改变棉铃虫体内 CarEs 对底物的亲和力和活性,而且不同类型的药剂影响的质和量不同。试验的 3 种植物次生性物质对棉铃虫幼虫的 CarEs 均有明显的诱导作用。这些结果对于正确的选择药剂用于棉铃虫的防治具有重要的指导意义。

参考文献

[1]高希武,梁同庭．阿特拉津和敌敌畏对棉铃虫和家蝇羧酸酯酶以及 GSH-S-转移酶的诱导作用．昆虫学报,1993,36:166-177.

[2]高希武,郑炳宗,林彬．棉铃虫抗药性的毒理学和生物化学．见:中国科协第二届青年学术年会执行委员会编．生命科学进展．北京:中国科学技术出版社,1995.

[3]唐振华,周成理．解毒酯酶在小菜蛾幼虫抗药性中的作用．昆虫学报,1993,36(1):3-13.

[4]郑炳宗,高希武,王政国,等．棉蚜对有机磷和氨基甲酸酯类杀虫剂抗性机制研究．植物保护学报,1989,16:131-138.

[5]Brattsten L B. Resistance mechanisms to carbamate and organophosphate insecticides. In: Green M B, Lebaron H M, Moberg W K eds. Managing Resistance to Agrochemicals. Washington, DC: American Chemical Society, 1990.

[6]Byrne F, Devonshire A L. Insensitive acetylcholinesterase and esterase polymorphism in susceptible and resistant populations of the tobacco whitefly *Bemista tabaci* (Genn.). Pestic Biochem & Physiol, 1993, 45: 34-42.

[7]Cao C W, Zhang J, Gao X W, Liang P, Guo H L. Overexpression of carboxylesterase gene associated with organophosphorous insecticide resistance in cotton aphids, Aphis gossypii (Glover). Pesticide Biochemistry and Physiology, 2008, 90: 175-180.

[8]Chang C K, Whalon M E. Substrate specificities and multiple forms of esterases in the brown planthopper, *Nilaparvata lugens* (Stal). Pestic Biochem & Physiol, 1987, 27: 30-35.

[9]Cui F, Qu H, Cong J, Liu X L, Qiao C L. Do mosquitoes acquire organophosphate resistance by functional changes in carboxylesterases? FASEB J, 2007, 21(13): 3584-3591.

[10]Dauterman W C. Insect metabolism: extramicrosomal. In: Kerkut G A, Gilbert L I eds. Comprehensive Insect Physiology, Biochemistry, and Pharmacology, Vol 12. New York: Pergamon Press, 1985.

[11]Devonshire A L, Moores G D. A carboxylesterase with broad substrate specificity causes organophosphorus, carbamate and pyrethroid resistance in peach2potato aphids (*Myzus persicae*). Pestic Biochem & Physiol, 1982, 18: 235-246.

[12]Doichuangam K. The role of non2specific esterase in insecticide resistance to malathion in the diamondback moth, *Plutella xylostella* L. Comparative Biochemistry and Physiology-C, Comparative Pharmacology and Toxicology, 1989, 93: 181-185.

[13]Gao X W, Zheng B Z, Zhang F, et al. Substrate specificity and developmental changes of acetylcholinesterase(AchE) in cotton bollworm *Helicoverpa armigera* (Hübner). Entomologia Sinica, 1995, 3: 80-89.

[14]He mingway J. Malathion carboxylesterase enzymes in *A nopheles arabiensis* from Sudan. Pestic Biochem & Physiol, 1985, 23: 309-313.

[15]Kao L R, Motoyama N, Dauterman W C. The purification and characterization of estera-

ses from insecticide resistant and susceptible house flies. Pestic Biochem & Physiol, 1985, 23: 228-239.

[16]Liang P, Cui J Z, Yang X Q, Gao X W. Effects of host plants on insecticide susceptibility and carboxylesterase activity in Bemisia tabaci biotype B and greenhouse whitefly, Trialeurodes vaporariorum. Pest Manag Sci, 2007, 63(4): 365-371.

[17] Matsumura F. Metabolismof insecticides by animals and plants. In: Matsumura F 2th. Ed. Toxicology of Insecticides. New York: Plenum Press, 1985.

[18]Miranda-Miranda E, Cossio-Bayugar R, Quezada-Delgado MDR, Olvera-Valencia F, Neri-Orantes S, Age-Induced Carboxylesterase Expression in Acaricide-Resistant Rhipicephalus microplus. Research Journal of Parasitology, 2009, 4: 70-78.

[19]Oppenoorth F J. Biochemistry and genetics of insecticide resistance. In: Kerkut G A, Gilbert L I eds. Comprehensive Insect Physiology, Biochemistry, and Pharmacology, Vol 12, New York: Pergamon Press, 1985.

[20]Read W, Paker C S. *Heliothis* : a global problem. In: Proceedings of the International Workshop on *Heliothis* Management(1981), ICRISAT, 1982 .

[21]Soderlund D M, Bloomquist J R. Molecular Resistance in Arthropods. In: Roush R T, Tabashnik B E eds. Pesticide Resistance in Arthropods. New York: Chapman & Hall Press, 1990.

[22]Sun L, Zhou X, Zhang J, Gao X. Polymorphisms in a carboxylesterase gene between organophosphate-resistant and -susceptible Aphis gossypii(Homoptera: Aphididae)J Econ Entomol, 2005, 98(4): 1325-1332.

[23]Vellani F, He mingway J. The detection and interaction of multiple organophosphorus and carbamate insecticide resistance genes in field populations of *Culex pipens* from Italy. Pestic Biochem & Physiol, 1987, 27: 218-228.

第18章

寄主植物损伤对棉铃虫羧酸酯酶活性的影响

不同的寄主植物含有不同的次生性物质和不同配比的营养成分，这些次生性物质对植食性昆虫的取食和生长发育等起阻碍作用，能引起植食性昆虫忌避、拒食、中毒或干扰其消化和对营养成分的吸收；同时植食性昆虫也发展了多种对寄主植物的适应方式，其中利用解毒酶系进行解毒和排毒是其适应寄主植物的重要方式之一。以往的研究表明，昆虫的取食可诱使寄主植物的品质发生改变，这些变化可能影响昆虫的行为或生物学特性（李军等，2007；Jongsma 和 Bolter，1997；Karban 和 Baldwin，2001；Havill 和 Raffa，1999）。

植物被昆虫取食后可产生直接防御或间接防御。直接防御通过增加有毒的次生代谢产物或防御蛋白对昆虫生理代谢产生不利的影响，间接防御通过释放挥发性化合物吸引天敌昆虫，并以此控制植食性昆虫。特异性的昆虫激发子（insect specific elicitors）能够诱导挥发性化合物的释放。昆虫取食可以诱导利马豆和野生型烟草释放水杨酸甲酯（MeSA），但机械损伤不能诱导 MeSA 的释放。近年来研究发现，一些昆虫能够截获植物体水杨酸（SA）和茉莉酸（JA）发出的信号，在植物次生性物质产生之前就增加体内解毒酶活性，以此来抵抗植物的防御策略。昆虫的取食除对寄主植物造成机械损伤外，其口腔分泌物对植物有化学刺激作用，诱导植物挥发性信息化合物的变化。

18.1 棉蚜取食和机械损伤棉花挥发物对棉铃虫三龄幼虫 CarE 活性的影响

棉铃虫置于有棉花、机械损伤棉花和棉蚜取食棉花的干燥器中至预设时间间隔后，分别测定其谷胱甘肽-S-转移酶比活力值，结果见表 18.1，图 18.1 为综合示意图。

表 18.1 不同棉花处理的密闭容器内棉铃虫 CarE 的比活力值

处理时间/h	棉花		机械损伤棉花		棉蚜棉花	
	比活力/[mOD/(min·mg 蛋白)]	相对倍数	比活力/[mOD/(min·mg 蛋白)]	相对倍数	比活力/[mOD/(min·mg 蛋白)]	相对倍数
0	0.597±0.040 b	1	0.597±0.040 c	1	0.597±0.040 ab	1
12	0.561±0.043 b	0.94	0.404±0.028 d	0.68	0.491±0.009 c	0.82
24	0.811±0.080 a	1.36	0.749±0.009 b	1.25	0.548±0.041 b	0.92
36	0.372±0.019 c	0.62	0.847±0.055 a	1.42	0.422±0.017 d	0.71
48	0.591±0.019 b	0.99	0.718±0.043 b	1.20	0.646±0.005 a	1.08
72	0.447±0.037 c	0.75	0.537±0.040 c	0.90	0.560±0.029 b	0.94

注:表中各值为 3 个重复的平均值±标准误差;同列中不同小写字母表示不同处理间差异显著($p<0.05$)。

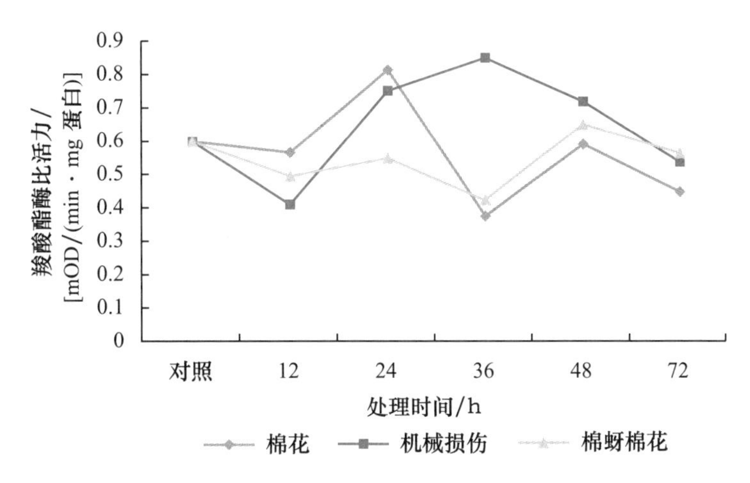

图 18.1 不同棉花处理棉铃虫 CarE 的活性变化

用棉花挥发物短时间处理后,分别测定棉铃虫 CarE 的比活力,棉花挥发物诱导棉铃虫体内 CarE 活性具有明显的时间效应。除 24 h 突然达到最高峰,为 0.811 mOD/(min·mg 蛋白),是对照的 1.36 倍;其余各时间段,棉花挥发性化合物对棉铃虫幼虫 CarE 有不同程度的抑制或无明显诱导作用,其中 36 h 时为最低,只有 0.372 mOD/(min·mg 蛋白),仅为对照的 0.62 倍。

用机械损伤棉花挥发物短时间处理后,分别测定棉铃虫 CarE 的比活力。机械损伤棉花挥发物对棉铃虫幼虫 CarE 的诱导表达具有明显的时间效应。随时间的延长,CarE 活性整体趋势为先降低后增高,最后又降低;处理 12 h 后,棉铃虫幼虫 CarE 活性为 0.404 mOD/(min·mg 蛋白),仅为对照的 0.68 倍,24~48 h,CarE 活性均高于对照,36 h 活性为最高,是对照的 1.42 倍,到 72 h CarE 活性又降低到对照水平。

用棉蚜取食棉花挥发物短时间处理后,分别测定棉铃虫 CarE 的比活力。棉蚜取食棉花挥发物对棉铃虫三龄幼虫 CarE 的诱导表达具有明显的时间效应。棉铃虫被棉蚜取食棉花挥发物诱导后,除 48 h CarE 活性为 0.646,为对照的 1.08 倍,其余各时间段,棉蚜取食棉花挥发物对棉铃虫幼虫 CarE 有不同程度的抑制或无明显诱导作用,处理 12 h、24 h、36 h 和 72 h 时间间隔 CarE 活性分别为对照的 0.82 倍、0.92 倍、0.71 倍和 0.94 倍;总体来讲,棉蚜取食棉花对棉铃虫幼虫 CarE 活性有不同程度的抑制。

从表 18.1、图 18.1 分析可以看出：棉花挥发物、机械损伤棉花挥发物和棉蚜取食棉花挥发物诱导棉铃虫三龄幼虫幼虫 CarE 活性最高分别是对照 1.36 倍(24 h)、1.42 倍(36 h)和 1.08 倍(48 h)。棉花挥发物和棉蚜取食棉花挥发物对棉铃虫幼虫 CarE 活性分别在 24 h 和 48 h 有显著诱导作用，其他时间间隔均产生不同程度的抑制作用。机械损伤诱导棉花挥发物在 24 h、36 h 和 48 h 对棉铃虫幼虫诱导显著，其他时间间隔也产生不同程度的抑制作用。

本研究结果表明，棉花挥发物、机械损伤棉花挥发物和棉蚜取食棉花挥发物对棉铃虫三龄幼虫 CarE 的影响不仅与玉米挥发物的不同有关，而且具有一定的时间效应。棉铃虫在不同棉花挥发物下的表达各异，这可能是为了适应而采取的一种策略。

18.2 麦蚜取食和机械损伤小麦挥发物对棉铃虫三龄幼虫 CarE 活性的影响

棉铃虫置于装有小麦、机械损伤小麦和麦蚜取食小麦的干燥器中至预设时间间隔后，分别测定其谷胱甘肽-S-转移酶比活力值，结果见表 18.2，图 18.2 为综合示意图。

表 18.2　不同小麦处理的密闭容器内棉铃虫 CarE 的比活力值

处理时间/h	小麦		机械损伤小麦		麦蚜小麦	
	比活力/[mOD/(min·mg 蛋白)]	相对倍数	比活力/[mOD/(min·mg 蛋白)]	相对倍数	比活力/[mOD/(min·mg 蛋白)]	相对倍数
0	0.597±0.040 b	1	0.597±0.040 bc	1	0.597±0.040 b	1
12	0.535±0.047 b	0.90	0.497±0.044 c	0.83	0.327±0.015 c	0.55
24	0.999±0.055 a	1.67	0.872±0.040 a	1.46	0.539±0.051 b	0.90
36	0.636±0.046 b	1.07	0.644±0.067 b	1.08	1.448±0.042 a	2.43
48	0.413±0.014 c	0.69	0.823±0.058 a	1.38	0.525±0.022 b	0.88
72	0.597±0.052 b	1.00	0.599±0.033 bc	1.00	0.585±0.038 b	0.98

注：表中各值为 3 个重复的平均值±标准误差；同列中不同小写字母表示不同处理间差异显著($p<0.05$)。

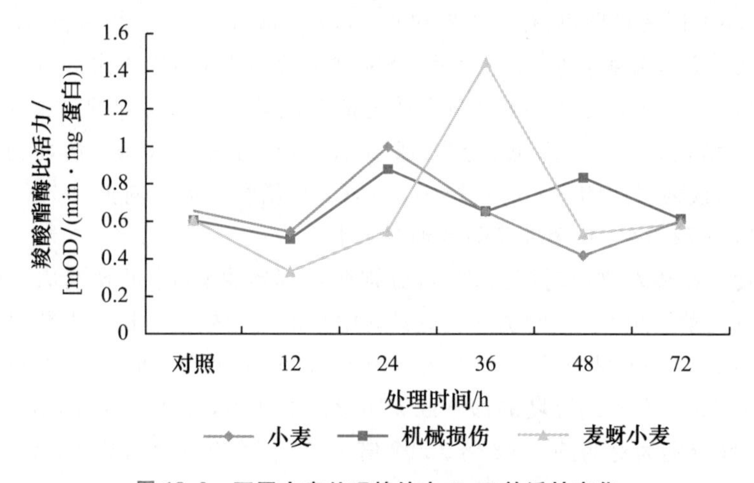

图 18.2　不同小麦处理棉铃虫 CarE 的活性变化

小麦挥发物诱导棉铃虫体内 CarE 活性具有明显的时间效应。棉铃虫被小麦挥发物诱导 12 h 后，与对照活性水平相当，说明小麦挥发物此时间点对棉铃虫无明显诱导作用。24 h 突然达到最高峰，为 0.999 mOD/(min·mg 蛋白)，是对照的 1.67 倍，之后逐渐降低，到 48 h 仅为对照的 0.69，72 h 又回复到对照水平。

小麦机械损伤挥发物诱导棉铃虫体内 CarE 活性具有明显的时间效应。棉铃虫被机械损伤小麦挥发物诱导 12 h 后，对棉铃虫体内 CarE 活性为 0.497 mOD/(min·mg 蛋白)，与对照活性水平相当，说明玉米挥发性化合物此时间点对棉铃虫无明显诱导作用。24～48 h 时间间隔 CarE 活性显著高于对照，分别是对照的 1.46、1.08 和 1.38 倍。到 72 h 降低到对照水平。

用麦蚜取食小麦挥发物短时间处理后，麦蚜取食挥发物诱导棉铃虫体内 CarE 活性具有明显的时间效应。棉铃虫被麦蚜取食小麦挥发物诱导 12 h 后，对棉铃虫体内 CarE 活性为 0.327 mOD/(min·mg 蛋白)，显著低于对照，仅为对照的 0.55 倍，CarE 处于被抑制状态。随后的时间间隔除 36 h 显著高于对照，为 1.448 mOD/(min·mg 蛋白)，是对照的 2.43 倍。其他时间间隔，棉铃虫体内 CarE 活性与对照相当，说明此段时间麦蚜取食小麦挥发物对棉铃虫几乎无明显诱导作用。

小麦挥发物、机械损伤小麦挥发物和麦蚜取食小麦挥发物对棉铃虫三龄幼虫幼虫 CarE 活性最高分别是对照 1.67 倍(24 h)、1.46 倍(24 h)和 2.43 倍(36 h)。小麦挥发物和麦蚜取食小麦挥发物对棉铃虫幼虫 CarE 活性分别在 24 h 和 36 h 有显著诱导作用，其他时间间隔均产生不同程度的抑制作用，可能是这两种小麦挥发物对棉铃虫毒害作用较强。机械损伤小麦挥发物在 24 h、36 h 和 48 h 对棉铃虫幼虫 CarE 诱导显著，其他时间间隔也产生不同程度的抑制作用或无明显诱导作用，体现了棉铃虫对机械损伤小麦挥发物由逐渐适应到不能适应的一个过程。

18.3 玉米螟取食和机械损伤玉米挥发物对棉铃虫三龄幼虫 CarE 活性的影响

棉铃虫置于装有玉米、机械损伤玉米和玉米螟取食玉米的干燥器中至预设时间间隔后，分别测定其羧酸酯酶比活力值，结果见表 18.3，图 18.3 为综合示意图。

表 18.3 不同玉米处理的密闭容器内棉铃虫 CarE 的比活力值

处理时间/h	玉米		机械损伤玉米		玉米螟玉米	
	比活力/[mOD/(min·mg 蛋白)	相对倍数	比活力/[mOD/(min·mg 蛋白)]	相对倍数	比活力/[mOD/(min·mg 蛋白)]	相对倍数
0	0.597±0.040 b	1	0.597±0.040 b	1	0.597±0.040 c	1
12	0.831±0.050 a	1.39	0.429±0.032 c	0.72	0.550±0.028 c	0.92
24	0.630±0.051 b	1.05	0.909±0.071 a	1.52	1.320±0.079 a	2.21
36	0.461±0.042 c	0.77	0.689±0.059 b	1.16	0.824±0.072 b	1.38

续表 18.3

处理时间/h	玉米		机械损伤玉米		玉米螟玉米	
	比活力/[mOD/(min·mg 蛋白)]	相对倍数	比活力/[mOD/(min·mg 蛋白)]	相对倍数	比活力/[mOD/(min·mg 蛋白)]	相对倍数
48	0.327±0.022 d	0.55	0.648±0.035 b	1.09	0.862±0.086 b	1.44
72	0.495±0.023 c	0.83	0.484±0.026 c	0.81	0.771±0.028 b	1.29

注：表中各值为 3 个重复的平均值±标准误差；同列中不同小写字母表示不同处理间差异显著($p<0.05$)。

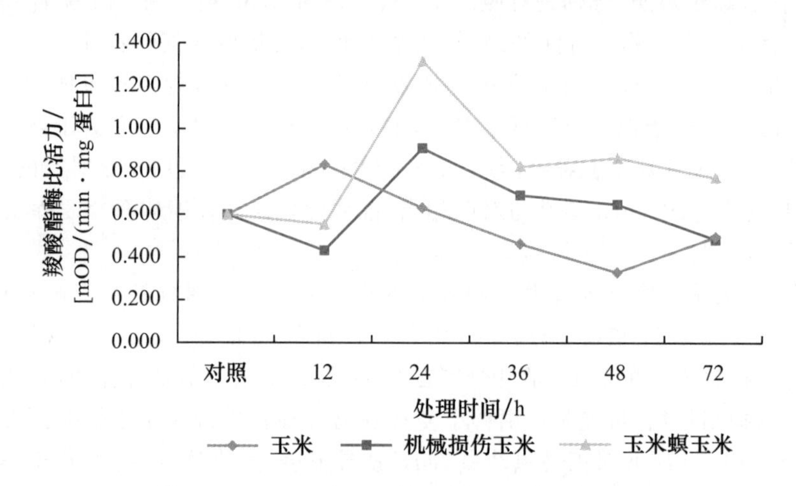

图 18.3 不同玉米处理棉铃虫 CarE 的活性变化

用玉米挥发物短时间处理后，按预设时间分别测定棉铃虫 CarE 的比活力。棉铃虫被玉米挥发性化合物诱导 12 h 后，体内 CarE 活性最高，为 0.831 mOD/(min·mg 蛋白)，显著高于对照，24 h 与对照活性水平相当，说明玉米挥发物此时间点对棉铃虫无明显诱导作用。随后的各时间间隔，CarE 活性均显著低于对照，48 h 后为最低，仅为对照的 0.55 倍。

用机械损伤玉米挥发物短时间处理后，按预设时间分别测定棉铃虫 CarE 的比活力。棉铃虫被机械损伤玉米挥发物诱导 12 h 后，棉铃虫体内 CarE 活性为 0.429 mOD/(min·mg 蛋白)，显著低于对照，24 h 后 CarE 活性增至最高，显著高于对照，是对照的 1.522 倍，随后 CarE 活性不断降低，36 h 和 48 h 机械损伤玉米挥发物对棉铃虫几乎无明显诱导作用。到72 h甚至有一定程度的抑制，仅为对照的 0.811 倍。

用玉米螟取食玉米挥发物短时间处理后，按预设时间分别测定棉铃虫 CarE 的比活力。棉铃虫被玉米螟取食玉米挥发物诱导 12 h 后，棉铃虫体内 CarE 活性与对照相当，说明此时玉米螟取食玉米挥发物对棉铃虫几乎无明显诱导作用，24 h 后 CarE 活性增至最高，极显著高于对照，是对照的 2.21 倍，随后 CarE 活性降低，且各时间间隔 CarE 活性处于同一水平，但均显著高于对照。

由表 18.3、图 18.3 可以看出：玉米挥发物、机械损伤玉米挥发物和玉米螟取食玉米挥发物诱导棉铃虫三龄幼虫 CarE 活性诱导最高分别是对照 1.39 倍(12 h)、1.52 倍(24 h)和 2.21 倍(24 h)。

玉米挥发物对棉铃虫三龄幼虫 CarE 比活力除 12 h 后活性显著高于对照，说明棉铃虫加大了对玉米所产生的挥发性次生性物质的代谢，而其他时间均无诱导或抑制作用，可能是随着时间的延长,玉米挥发物浓度不断增大,对棉铃虫产生一定的毒害作用并抑制了酶活。

机械损伤诱导玉米挥发物对棉铃虫三龄幼虫 CarE 活性总体表现为先抑制后产生显著诱导作用,最后又趋于抑制。12 h 对棉铃虫幼虫抑制,到 24 h 产生明显诱导作用,且为最高;这表明 12 h 时,玉米螟取食玉米挥发物对棉铃虫产生一定毒害作用,随着时间的增加,棉铃虫体内 CarE 比活力有不同程度的增加,说明棉铃虫加强了对玉米所产生的挥发性次生性物质的代谢,反映了棉铃虫对外界刺激的一种适应;但到最后 72 h 阶段,由于玉米螟取食玉米挥发物浓度的不断增加,棉铃虫已不能适应,导致棉铃虫体内 CarE 被抑制。

玉米螟取食玉米挥发物除 12 h 对棉铃虫幼虫无明显诱导作用,其他时间均诱导显著,且 24 h 时为最高,说明棉铃虫加强了对玉米所产生的挥发性次生性物质的代谢,一直保持较高的活性,说明棉铃虫很好地适应了玉米螟取食玉米挥发物的作用。可见,不同玉米处理挥发物对棉铃虫 CarE 活性的影响差别很大。

18.4 不同寄主植物对棉铃虫各部位 CarE 活性的影响

刚孵化出的棉铃虫幼虫分为四部分,一部分喂食人工饲料直到五龄,作为对照。另外三部分分别喂食含玉米、小麦、棉花的人工饲料直到五龄。将五龄幼虫在冰浴上分别解剖中肠、脂肪体、头和体壁,分别测定其羧酸酯酶比活力值,结果见表 18.4。

表 18.4 取食不同寄主植物叶片棉铃虫各组织部位 CarE 比活力值 mOD/(min · mg 蛋白)

寄主植物	组织与部位			
	中肠	脂肪体	头	体壁
对照	1.155±0.053 b (1)	0.177±0.019 b (1)	0.503±0.031 a (1)	0.207±0.021 c (1)
玉米	1.857±0.077 a (1.61)	0.197±0.003 b (1.11)	0.347±0.018 ab (0.69)	0.209±0.004 c (1.01)
棉花	1.261±0.099 b (1.09)	0.427±0.019 a (2.41)	0.256±0.014 b (0.51)	0.286±0.010 b (1.38)
小麦	1.214±0.126 b (1.05)	0.193±0.012 b (1.09)	0.379±0.146 ab (0.75)	0.424±0.015 a (2.05)

注:表中各值为 3 个重复的平均值±标准误差;同列中不同小写字母表示不同处理间差异显著($p<0.05$)。

取食玉米饲料的棉铃虫五龄幼虫中肠 CarE 活性显著高于对照,是对照的 1.61 倍,而棉花、小麦处理对棉铃虫中肠 CarE 活性几乎无诱导作用。

取食棉花饲料的棉铃虫五龄幼虫脂肪体 CarE 活性显著高于对照,是对照的 2.41 倍,而棉花、小麦处理对棉铃虫中肠 CarE 活性几乎无诱导作用。

取食玉米、棉花、小麦饲料的棉铃虫五龄幼虫头部 CarE 活性均低于对照,分别为对照的

0.69、0.51 和 0.75 倍。说明各处理对棉铃虫头部 CarE 有不同程度的抑制。

取食棉花饲料的棉铃虫五龄幼虫体壁 CarE 活性显著高于对照，是对照的 1.38 倍，玉米处理对棉铃虫体壁 CarE 活性几乎无诱导作用，小麦处理对棉铃虫体壁 CarE 活性极其显著的高于对照，为对照的 2.05 倍。

玉米、小麦、棉花对棉铃虫五龄幼虫中肠、脂肪体、头部、体壁 CarE 诱导差异显著。喂食含玉米、小麦、棉花的人工饲料的棉铃虫中，棉花诱导的棉铃虫脂肪体 CarE 活性为最高、玉米诱导的棉铃虫中肠 CarE 活性为最高、小麦诱导的棉铃虫体壁 CarE 活性为最高；玉米、小麦、棉花对棉铃虫五龄幼虫头部 CarE 均为抑制作用。

参考文献

[1]李军，赵惠燕，Udo HEIMBACH，Thomas THIEME. 两种麦蚜取食诱导小麦抗性品种后对后来取食蚜生物学特性的影响 . Acta Entomologica Sinica，2007，50(2)：197 -201.

[2]Havill N P，Raffa K F，Effects of eliciting treatment and genotypic variation on induced resistance in *Populus*：Impacts on gypsy moth development and feeding behavior. Oecologia，1999，120：295-303.

[3]Jongsma M A，Bolter C. The adaptation of insect to plant protease inhibitors. J Insect Physiol，1997，43：885-896.

[4]Kessler A，Baldwin I T. Defensive function of herbivore-induced plant volatile emissions in nature. Science，2001，291：2141-2144.

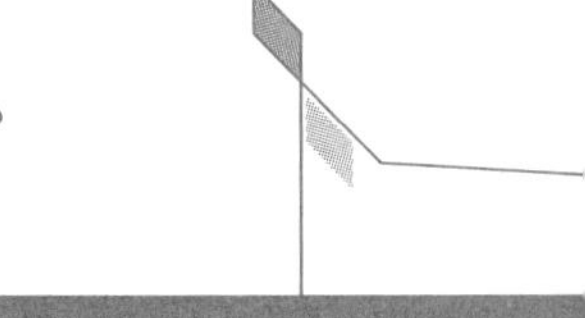

第19章 2-十三烷酮对棉铃虫三龄幼虫羧酸酯酶活性的影响

Dowd 等(1983)报道了大豆抗性品种叶片的抽提液可以使大豆夜蛾(*Psedoplusia includens*)幼虫体内羧酸酯酶活性降低,诱导粉纹夜蛾幼虫体内的羧酸酯酶活性提高。不同寄主植物对棉蚜体内羧酸酯酶的活性也有明显的影响,取食茄子和马铃薯的棉蚜具有比较低的 CarE 活性,而取食西瓜的 CarE 活性则比较高(Saito T,1993)。槲皮素对烟粉虱羧酸酯酶(CarE)和谷胱甘肽-S-转移酶(GSTs)的诱导作用具有明显的剂量效应和时间效应。低剂量的槲皮素可诱导羧酸酯酶(CarE)和谷胱甘肽-S-转移酶(GSTs)活性的增加,而高剂量的槲皮素对 2 种解毒酶没有诱导增加作用,甚至还有抑制作用。低剂量的槲皮素短时间处理烟粉虱后,可持续诱导 2 种解毒酶活性的增加,可能是昆虫的一种应急性适应,增加了对次生性物质的解毒代谢。而高浓度的槲皮素对烟粉虱有较强的毒害作用并抑制了酶活,所以酶的比活力反而下降(牟少飞,2006)。Tang 等(2011)通过体外实验发现,次生性物质可以抑制杨小舟蛾(*Micromelalopha troglodyta*)体内羧酸酯酶活性。

19.1 2-十三烷酮熏蒸棉铃虫一龄诱导组 CarE 活性的变化

棉铃虫置于 2-十三烷酮浓度为 0.05 g/m^3 的干燥器中至预设时间间隔后,分别测定其 CarE 比活力值,结果见表 19.1,图 19.1 为综合示意图。

棉铃虫一龄幼虫用 2-十三烷酮短时间处理后,待棉铃虫长大至三龄时,按预设时间间隔,分别测定棉铃虫三龄幼虫 CarE 的比活力。由表 19.1、图 19.1 可以看出:棉铃虫被 2-十三烷酮熏蒸诱导后,各时间间隔 CarE 活性具有明显的时间效应。

被熏蒸诱导 12 h、24 h 和 36 h 时间间隔,棉铃虫体内 CarE 活性显著高于对照,36 h 为最高是对照的 1.21 倍,随后 48 h 和 72 h CarE 活性降低至对照水平。

表 19.1　2-十三烷酮对不同龄期棉铃虫 CarE 诱导的时间效应

处理时间/h	一龄		二龄		三龄	
	比活力/[nmol/(min·mg 蛋白)]	相对倍数	比活力/[nmol/(min·mg 蛋白)]	相对倍数	比活力/[nmol/(min·mg 蛋白)]	相对倍数
0	0.477±0.010 d	1.00	0.477±0.010 c	1.00	0.477±0.010 c	1.00
12	0.514±0.020 c	1.08	0.727±0.015 a	1.52	0.675±0.017 a	1.41
24	0.538±0.007 b	1.13	0.635±0.035 b	1.33	0.588±0.017 b	1.23
36	0.575±0.010 a	1.21	0.730±0.031 a	1.53	0.649±0.054 ab	1.36
48	0.462±0.002 d	0.97	0.486±0.005 c	1.02	0.610±0.041 ab	1.28
72	0.460±0.003 d	0.96	0.428±0.001 d	0.90	0.455±0.003 c	0.95

注：表中各值为 3 个重复的平均值±标准误差；同列中不同小写字母表示不同处理间差异显著（$p<0.05$）。

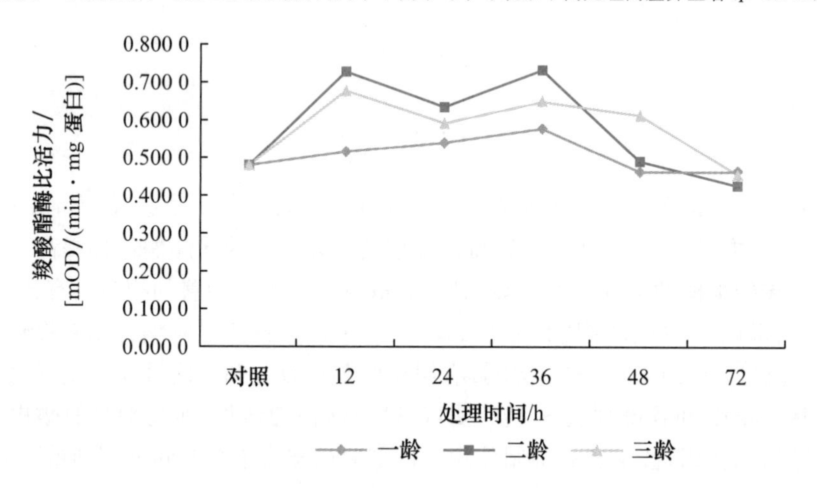

图 19.1　2-十三烷酮熏蒸诱导棉铃虫三龄幼虫 CarE 活性的变化

19.2　2-十三烷酮熏蒸棉铃虫二龄诱导组 CarE 活性的变化

棉铃虫二龄幼虫用 2-十三烷酮短时间处理后，待棉铃虫长大至三龄时，按预设时间间隔，分别测定棉铃虫三龄幼虫 CarE 的比活力。棉铃虫被 2-十三烷酮熏蒸诱导后，各时间间隔 CarE 活性具有明显的时间效应。

被熏蒸诱导 12～36 h，棉铃虫体内 CarE 活性均高于对照，12 h、36 h 极显著高于对照，24 h 略低，但也为对照的 1.33 倍；至 48 h CarE 活性与对照水平相当，随后 72 h CarE 活性降到最低，为对照的 0.90 倍，说明 2-十三烷酮熏蒸对棉铃虫二龄幼虫 CarE 活性有抑制作用。

19.3　2-十三烷酮熏蒸棉铃虫三龄诱导组 CarE 活性的变化

棉铃虫三龄幼虫用 2-十三烷酮短时间处理后，按预设时间间隔，分别测定棉铃虫三龄幼虫谷胱甘肽-S-转移酶的比活力。由表 19.1、图 19.1 可以看出：被熏蒸 12 h 为最高，是对照的

1.41 倍,之后的 24、36 和 48 h 也显著高于对照,分别是对照的 1.23、1.36 和 1.28 倍,至 72 h 降至对照水平,整体来看是升高又降低的趋势。

棉铃虫各龄期幼虫用 2-十三烷酮短时间熏蒸处理后,按预设时间间隔,分别测定棉铃虫三龄幼虫 CarE 的比活力。图 19.1 表明:2-十三烷酮短时间熏蒸诱导棉铃虫一龄、二龄和三龄幼虫 CarE 活性明显增加,最高分别是对照 1.21 倍(36 h)、1.53 倍(36 h)和 1.41 倍(12 h)。

由表 19.1、图 19.1 可以看出:2-十三烷酮熏蒸对棉铃虫幼虫的 CarE 诱导表达随时间的变化呈现一定的规律,均为先产生显著诱导作用,说明棉铃虫加大了对 2-十三烷酮的代谢,反映了棉铃虫对外界刺激的一种适应机制;到最后(72 h)相对对照无明显诱导或抑制作用,说明随着处理时间的延长,2-十三烷酮对棉铃虫产生一定的毒害作用并抑制了酶活。

参考文献

[1]Dowd P F, et al. Influence of soybean leaf extraction on ester cleavage in cabbage and soybean loopers(Lepidoptera:Noctuidae). Journal of Economic Entomology,1983,76:700-703.

[2]Mu S F, Liang P, Gao X W. Effects of quercetin on specific activity of carboxylesterase and glutathione S-transferases in Bemisia tabaci. Chinese Bulletin of Entomology,2006,43,491-495.

[3]Saito T. Insecticide resistance of the cotton aphid, *Aphis gossypii Giover* (Homoptera: Aphididae): Qualitative variations of aliesterasea ctivity. Appl Entomol Zool,1993,28:263-265.

[4]Tang F, Wang Y, Gao X. In vitro Inhibition of Carboxylesterases by Insecticides and Allelochemicals in Micromelalopha troglodyta(Graeser)(Lepidoptera:Notodontidae)and Clostera anastomosis(L.)(Lepidoptera:Notodontidae). Journal of Agricultural and Urban Entomology,2008,25(3):193-203.

第20章

2-十三烷酮对棉铃虫羧酸酯酶代谢活性的影响

2-十三烷酮是野生番茄中重要的次生性代谢产物，已经明确其对棉铃虫细胞色素 P450 的诱导作用，而对羧酸酯酶的代谢活性的诱导效应的报道相对较少。我们应用经 0.2%2-十三烷酮短期诱导的棉铃虫幼虫连续诱导 6 代的棉铃虫幼虫，以常用的 α-乙酸萘酯(α-NA)，β-乙酸萘酯(β-NA)等模式底物，以及拟除虫菊酯杀虫剂高效氯氰菊酯为底物，研究了 2-十三烷酮诱导作用对上述 3 种底物代谢活性的影响。

20.1 试验处理

试验用的棉铃虫，1998 年采自河北省邯郸市，人工饲料饲养。饲养条件：光照 16 h，温度 (26±1)℃，相对湿度 70%～80%。成虫补充营养为 10%糖水。为了研究 2-十三烷酮对羧酸酯酶诱导Ⅱ型拟除虫菊酯代谢活性的影响，饲养至六龄初的棉铃虫幼虫移入含有 0.2%2-十三烷酮的饲料中饲养 48 h，作为诱导幼虫，而对照幼虫为同龄期的人工饲料饲养的幼虫。室内应用 2-十三烷酮连续诱导 6 代的棉铃虫种群为长期诱导处理(简称抗性种群)。前 5 代的诱导处理为人工饲料中加入 0.02%～0.2%的 2-十三烷酮，从初孵幼虫开始诱导，第 6 代维持 0.2% 的浓度，饲养至六龄末作为抗性种群幼虫。

20.2 2-十三烷酮对棉铃虫羧酸酯酶代谢活性的影响

20.2.1 高效氯氰菊酯及其代谢产物的高效液相色谱分离分析

试验设空白药剂对照(图 20.1)，空白酶液对照(图 20.2)。高效氯氰菊酯代谢产物的高效液相色谱分离分析见图 20.3。从图 20.3 至图 20.5,可以看出,高效氯氰菊酯的主要代谢产物有 3 种,分别为 3-PBA,*trans*-和 *cis*-DCCA。我们以高效氯氰菊酯算部分的代谢产物 *trans*-和 *cis*-DCCA 的生成量来表征羧酸酯酶的代谢活性。产物 *trans*-和 *cis*-DCCA 的标准曲线分别如图 20.4 和图 20.5 所示。

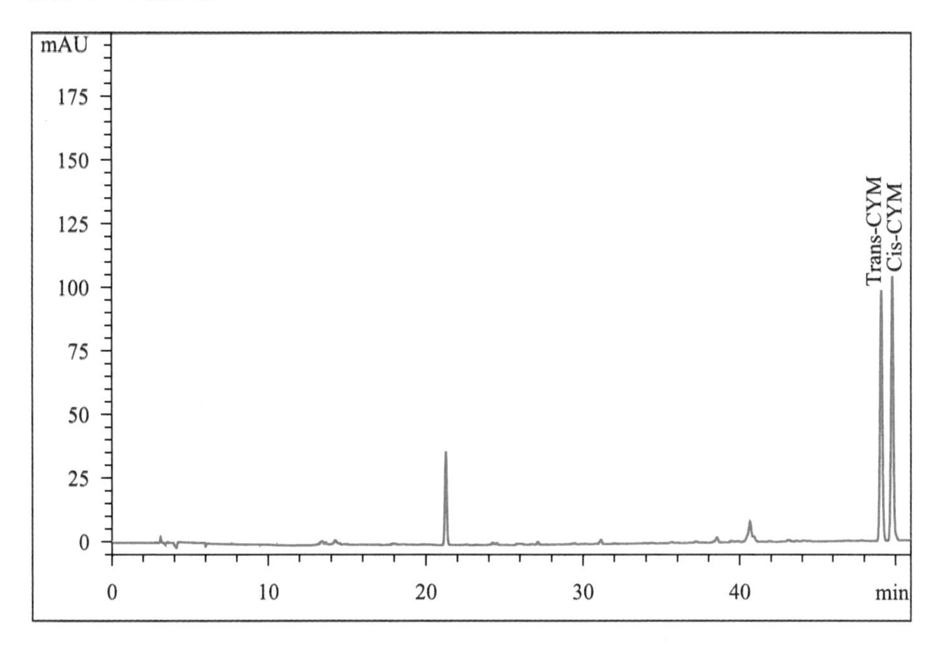

图 20.1　空白药剂(高效氯氰菊酯)对照的高效液相色谱分离分析图

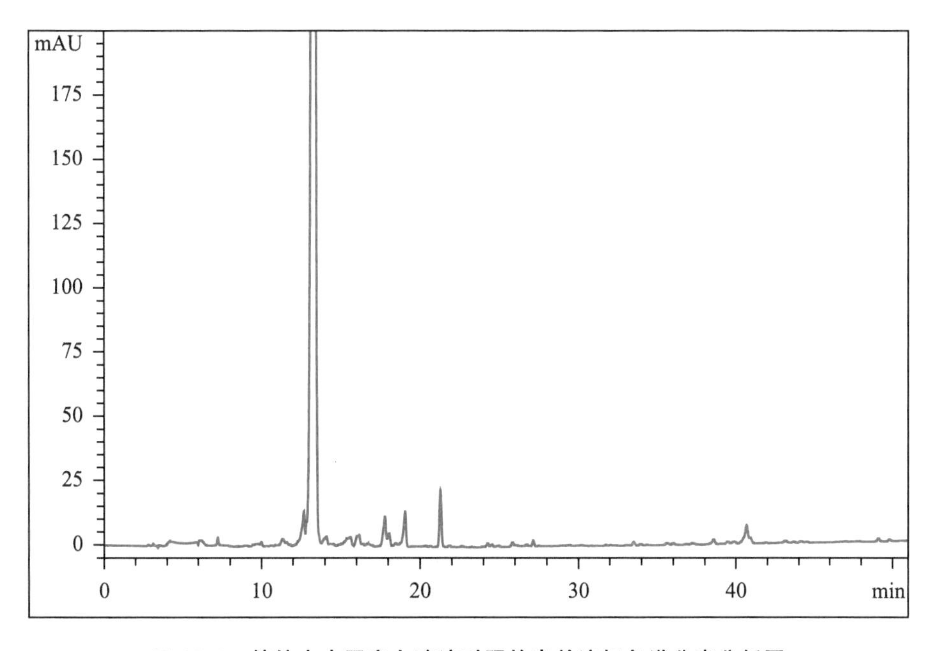

图 20.2　棉铃虫中肠空白酶液对照的高效液相色谱分离分析图

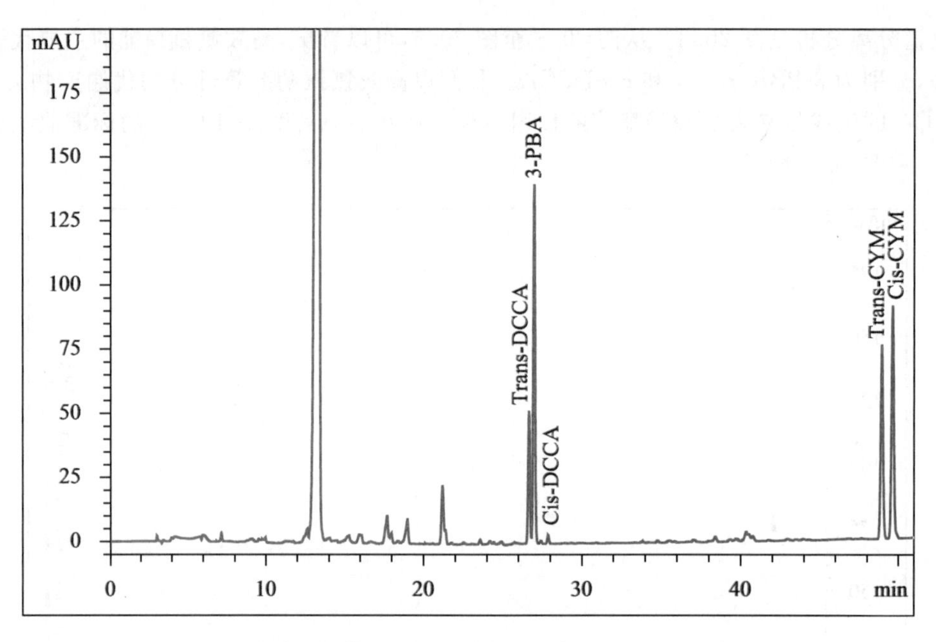

图 20.3 高效氯氰菊酯及其代谢产物的高效液相色谱分离分析

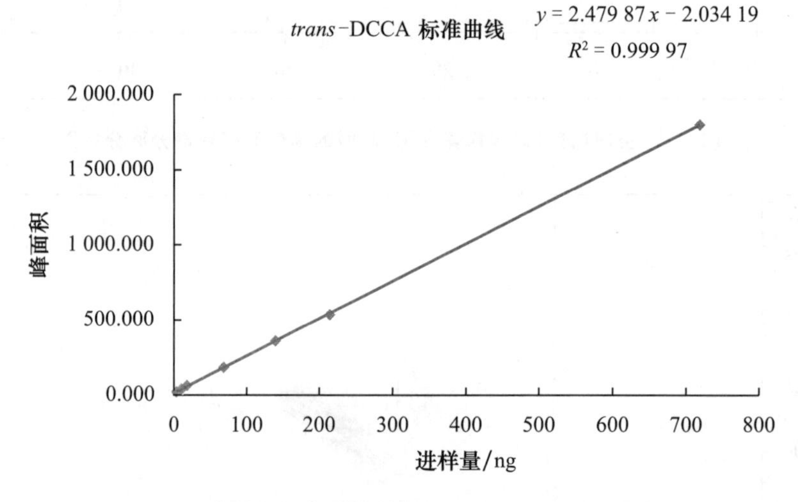

图 20.4 高效氯氰菊酯代谢产物 *trans*-DCCA 的标准曲线

20.2.2 2-十三烷酮对棉铃虫羧酸酯酶代谢活性的影响

棉铃虫中肠对常用模式底物 α-NA 和 β-NA，以及常用的含酯键的杀虫剂高效氯氰菊酯的水解代谢活性见表 20.1。与对照组幼虫相比(control larvae)，2-十三烷酮短期诱导幼虫(induction larvae)对模式底物 α-NA 和 β-NA 的代谢活性显著提高，而对杀虫剂高效氯氰菊酯的水解代谢活性无明显变化，表明六龄棉铃虫幼虫接触 2-十三烷酮 48 h 后，其对非特异性酯酶(general esterases)有明显的诱导作用，而对拟除虫菊酯专一性水解酯酶无诱导作用；2-十三烷酮长期诱导幼虫，即抗性幼虫(resistance larvae)对模式底物 α-NA 和 β-NA 的代谢活性

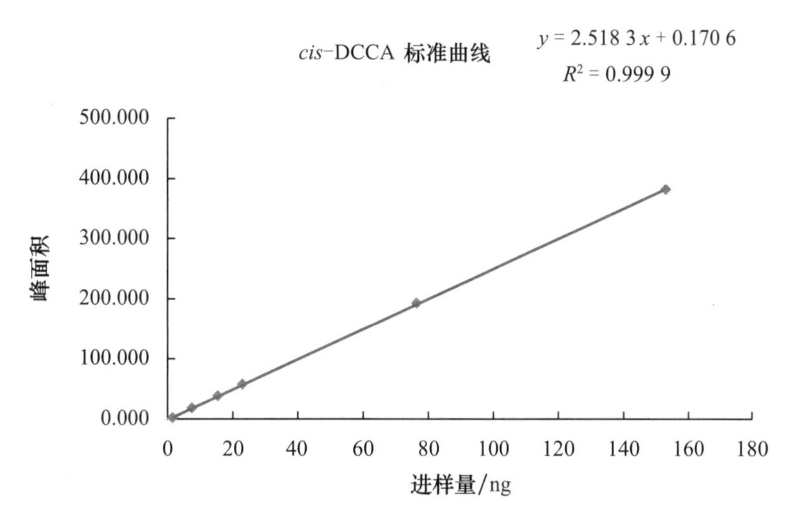

图 20.5 高效氯氰菊酯代谢产物 *cis*-DCCA 的标准曲线

无明显变化，而对杀虫剂高效氯氰菊酯的水解代谢活性有明显抑制作用，表明经 2-十三烷酮长期诱导后，棉铃虫产生了对 2-十三烷酮的适应性，其非特异性酯酶的总活性表现为没有变化，但抑制了高效氯氰菊酯水解代谢酯酶的活性。

表 20.1 棉铃虫中肠对高效氯氰菊酯、*α*-NA 和 *β*-NA 的水解代谢活性*

幼虫	Beta-cypermethrin /[pmol DCCA/(mg 蛋白 . min)]	*α*-NA [nmol/(mg 蛋白 . min)]	*β*-NA
对照	141.43±7.33 a	342.10±6.25 b	406.61±0.74 b
诱导	135.95±6.99 a	586.57±44.79 a	806.46±58.08 a
抗性	94.30±1.71 b	318.63±3.02 b	434.59±11.32 b

注：* 不同字母间具有显著差异($p<0.05$)。

20.3 讨论

昆虫取食植物次生性物质后，其体内的羧酸酯酶能够被不同程度的诱导(高希武等，1998；高希武等，1999；牟少飞等，2006；张爱萍等，2008)或抑制(牟少飞等，2006；张爱萍等，2008)。在植物次生性物质对昆虫羧酸酯酶代谢活性的影响研究中，通常以模式底物 α-NA 和 β-NA 的代谢活性来表征，且其表征的是非特异性酯酶的活性。而对特异性酯酶，如拟除虫菊酯代谢酯酶，要表征其代谢活性，应用模式底物来表征是否科学，值得探讨。为了更准确地表征拟除虫菊酯特异性代谢酯酶，常利用拟除虫菊酯杀虫剂类似物作为底物来测定(Riddles 等，1983；Butte 和 Kemper，1999；Shan 和 Hammock，2001；Wheelock 等，2003；Huang 和 Ottea，2004；Orihuela 等，2006)。为了更加准确地表征植物次生性物质对拟除虫菊酯特异性代谢酯酶的活性，我们在棉铃虫中肠对高效氯氰菊酯代谢途径研究的基础上，直接测定了棉铃虫中肠羧酸酯酶对高效氯氰菊酯的代谢活性。测定结果表明，无论是应用模式底物，还是应用高效氯氰菊酯作为底物，棉铃虫六龄幼虫经 2-十三烷酮短期诱导与长期诱导后，其体内非特异性酯酶，以及高效氯氰菊酯特异性代谢酯酶的诱导效应是不同的，均表现为长期诱导后的酯酶活性低于短期诱导后的活性。本研究同时表明，应用模式底物 α-NA 和 β-NA 来表征棉铃虫中肠拟除虫菊酯特异性代谢酯酶是不准确的，与实际情况是不符合，所以，为了更准确地表征昆虫体内拟除虫菊酯特异性代谢酯酶的活性，最好测定昆虫对拟除虫菊酯的直接代谢活性来表示。

参考文献

[1]高希武，董向丽，赵颖，郑炳宗．槲皮素对棉铃虫体内一些解毒酶系和靶标酶的诱导作用．农药学学报，1999，1：56-60.

[2]高希武，赵颖，王旭，董向丽，郑炳宗．杀虫药剂和植物次生性物质对棉铃虫羧酸酯酶的诱导作用．昆虫学报，1998，41：5-11.

[3]牟少飞，梁沛，高希武．槲皮素对B型烟粉虱羧酸酯酶和谷胱甘肽-S-转移酶活性的影响．昆虫知识，2006，43：491-495.

[4]张爱萍，宋敦伦，史雪岩，梁沛，高希武．三种植物次生性物质对B型烟粉虱羧酸酯酶活性及其对药剂敏感度的影响．农药学学报，2008，10：292-296.

[5]Butte W and Kemper K. A spectrophotometric assay for pyrethroid-cleaving enzymes in human serum. Toxicology Letters，1999，107：49-53.

[6]Huang H and Ottea J A. Development of pyrethroid substrates for esterases associated with pyrethroid resistance in the tobacco budworm，Heliothis virescens(F.). Journal of Agricultural and Food Chemistry，2004，52：6539-6545.

[7]Orihuela P L S，Picollo M I，Audino P G，Barrios S，Zerba E and Masuh H. 7-Coumaryl permethrate and its cis-and trans-isomers as new fluorescent substrates for examining pyrethroid-cleaving enzymes. Pest Management Science，2006，62：1039-1044.

[8]Riddles P W，Schnitzerling H J and Davey P A. Application of trans and cis isomers of p-nitrophenyl-(1R，S)-3-(2，2-dichlorovinyl)-2，2-dimethylcyclopropanecarboxylate to the assay of pyrethroid-hydrolyzing esterases. Anal Biochem，1983，132：105-109.

[9]Shan G and Hammock B D. Development of Sensitive Esterase Assays Based on a-Cyano-Containing Esters. Analytical Biochemistry，2001，299：54-62.

[10]Wheelock C E，Wheelock A M，Zhang R，Stok J E，Morisseau C，Le Valley S E，Green C E and Hammock B D. Evaluation of a-cyanoesters as fluorescent substrates for examining interindividual variation in general and pyrethroid-selective esterases in human liver microsomes. Analytical Biochemistry，2003，315：208-222.

第21章

2-十三烷酮诱导的棉铃虫基因的表达差异

基因芯片(DNA microarray)又称 DNA 芯片、DNA 微阵列、表达谱芯片。1995 年,Stanford 大学的 Pat Brown 制作出第一块以玻璃为载体的基因微矩阵芯片,并被应用于人类基因组的研究(吴兴海等,2006;严春光等,2006)。其最大的优点在于能够在一微小的基片表面集成大量的分子识别探针,同一时间内平行分析大量的基因,进行大信息量的筛选与检测分析。DNA 微阵列分析技术在研究果蝇和冈比亚按蚊抗性基因的表达差异中已经得到广泛应用(Vontas 等,2005;David 等,2005;Strode 等,2006)。Willoughby 等(2006)利用微阵列技术证明了在杀虫剂抗性的果蝇中,P450 基因的过量表达起着重要作用。Strode 等(2008)通过构建埃及伊蚊的 P450,GSTs 及酯酶和胆碱酯酶等 235 个抗性有关的基因的微阵列芯片,表明了 CYP9 亚族在抗性品系中高度表达。Daborn 等(2007)利用 GAL4/UAS 系统研究表明果蝇 P450 *CYP6G1*、*CYP6G2* 和 *CYP12D1* 基因的过量表达导致了其对 DDT、烯啶虫胺、环虫腈、二嗪哝的抗性。Le Goff 等(2006)利用微阵列技术对 86 个果蝇 P450 基因的表达差异研究,发现苯巴比妥或莠去津可以诱导 *CYP6A2*、*CYP6W1* 和 *CYP12D1* 基因过量表达。

21.1 棉铃虫 RNA 的提取、扩增、标记以及芯片杂交

将 0.2% 2-十三烷酮长期诱导的棉铃虫六龄幼虫解剖,分别取出中肠和脂肪体,用 Trizol (Invitrogen,Gaithersburg,MD,USA)一步法提取棉铃虫中肠和脂肪体的总 RNA。经过反转录合成 1st-strand cDNA、合成 2nd-strand cDNA、体外转录合成 cRNA、随机引物反转录、用 KLENOW 酶标记 cDNA 得到反转录产物。将标记的 DNA 溶于 80 μL 杂交液中(3×SSC,0.2%SDS,5×Denhart's,25%甲酰胺),于 42℃ 杂交过夜。所用芯片为 23K Silkworm Genome Array 芯片(即家蚕基因组芯片)。杂交结束后,先在 42℃左右含 0.2% SDS,2×SSC 的液体中洗 5 min,而后在 0.2×SSC 中室温洗 5 min。玻片甩干后即可用于扫描。

21.2 数据扫描和分析

用 LuxScan 10K-A 双通道激光共聚焦扫描仪对芯片进行扫描，经过数据提取、校正、归一化处理后绘制散点图，挑选差异基因。

21.2.1 中肠差异基因

差异表达基因筛选标准：q-value(%)控制在 5%以内(样本数≥3)，同时差异倍数(Ratio＝YM/CM)为 2 倍以上，差异表达基因共有 92 个，YM 代表诱导组中肠，CM 代表对照组中肠，下同。

如图 21.1 所示，92 个差异表达基因全部为上调控基因，其中上调倍数 Ratio>5 的基因 8 个，5>Ratio>3 的基因 24 个，其余 60 个均为 3>Ratio>2 的基因。Ratio>5 的基因 ratio 值偏高的原因是多方面的。由于实验分别用随机分成 3 组的 90 头虫子进行了 3 次重复实验，所以 3 组之间必然存在一些差异。加之在解剖、提取 RNA、标记及杂交过程中的一些误差，导致了 3 个重复间可能存在较大的差异。例如，ratio 值居于前 3 位的 3 个基因 KIAA0982 蛋白(gi|40789008|)，信号肽复合体 2 亚基(gi|87248409|)及分裂及聚腺苷酸化特异因子(gi|9794908|)，3 个重复中 ratio 值最大值与最小值的比例分别达到 9.75，10.30，12.90 倍，实验重复性差。因此并不能单凭平均上调倍数判断一个基因是否是显著上调的基因。而 3>Ratio>2 的基因大部分 3 次重复实验所得结果相对 q 值在 0.05 以内，属于实验重复性较好的上调基因。2>Ratio>1 的基因中有 25 个基因 2>Ratio>1.5。这些基因虽然上调倍数略小于 2，但是重复性非常好，且 Pathway 分析(代谢途径分析)结果显示这部分基因调控的代谢途径比较单一，主要为氧化磷酸化(oxidative phosphorylation)和核糖体(ribosome)合成。由此推测这部分基因也应该属于上调基因，只是表达差异不显著而已。

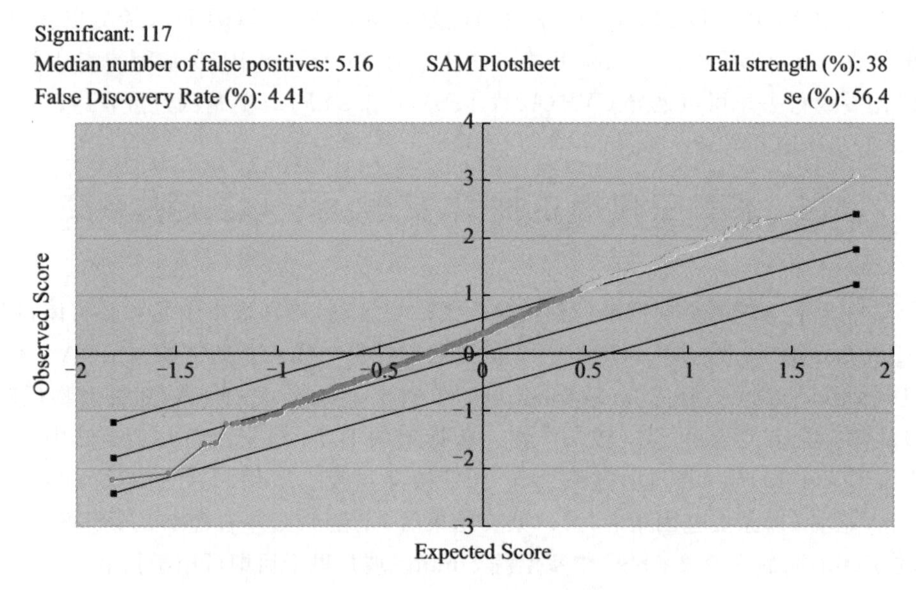

图 21.1 YM＋CM SAM 散点图

Pathway 分析进一步显示(表 21.1),中肠受到诱导后出现表达差异的基因共调控了 39 条代谢途径(其中 $p \leqslant 0.05$ 的途径有 21 条),每条途径受到诱导而出现上调的基因个数也存在差异。其中调控氧化磷酸化途径的基因中上调的数量最多,达到 10 个;柠檬油精和松萜降解(limonene and pinene degradation)及赖氨酸降解(lysine degradation)途径中分别有 3 个基因上调;1-和 2-甲基萘降解(1-and 2-methylnaphthalene degradation)等 10 条代谢途径分别有 2 个基因上调;*D*-谷氨酰胺和 *D*-谷氨酸盐代谢(*D*-Gluta mine and *D*-glutamate metabolism)等 25 条途径分别只有 1 个基因上调。

表 21.1　中肠差异基因调控的部分代谢途径

代谢途径	Total	*P* 值	*Q* 值
Oxidative phosphorylation	10	0.0	0.0
Limonene and pinene degradation	3	4.16E-4	0.0
Lysine degradation	3	5.48E-4	0.0
1-and 2-Methylnaphthalene degradation	2	0.00166	0.0
Ubiquinone biosynthesis	2	0.002858	0.0
beta-Alanine metabolism	2	0.003206	0.0
Bile acid biosynthesis	2	0.003572	0.0
Propanoate metabolism	2	0.00522	0.0
Benzoate degradation via CoA ligation	2	0.005678	0.0
Pyruvate metabolism	2	0.009363	0.0

GO 分析(基因功能聚类分析)的结果如图 21.2(彩图 21.2)所示,占比例最大的 3 个基因功能分别是生理过程(physiological process),催化活性(catalytic activity)和细胞过程(cell processes)。

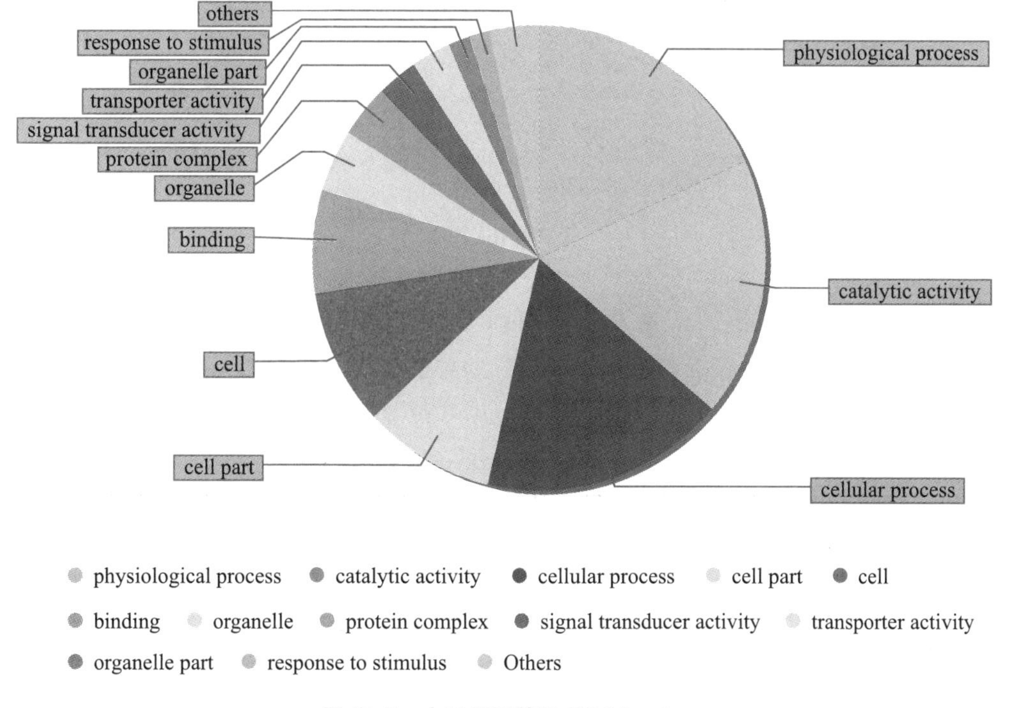

图 21.2　中肠差异基因 GO Mapping

21.2.2 脂肪体差异基因

差异表达基因筛选标准：q-value(%)控制在5%以内(样本数≥3)，同时差异倍数(Ratio=YF/CF)为2倍以上或小于0.5倍，差异表达基因共有48个，YF代表诱导组脂肪体，CF代表对照组脂肪体，下同。

如图21.3所示，这48个差异基因中有15个是上调控基因，其余33个为下调控基因。上调控基因的ratio值在2～10之间不等，下调控基因ratio值在0.01～0.5之间不等。脂肪体诱导和敏感品系表达差异芯片的3次试验重复性整体上好于前面中肠组的实验结果。大部分的差异基因3次重复的q值小于0.05，上调的15个基因的重复性略优于下调基因。Pathway分析结果显示，脂肪体受到诱导后出现表达差异的基因共调控了25条代谢途径，其中$P \leqslant 0.05$的途径有18个(表21.2)。调节氧化磷酸化和柠檬油精和松萜降解两条途径的基因中分别有上调基因3个；β-丙氨酸代谢(beta-Alanine metabolism)等8条代谢途径中分别有2个基因上调；乙苯降解(ethylbenzene degradation)等15条代谢途径中分别有1个基因上调。

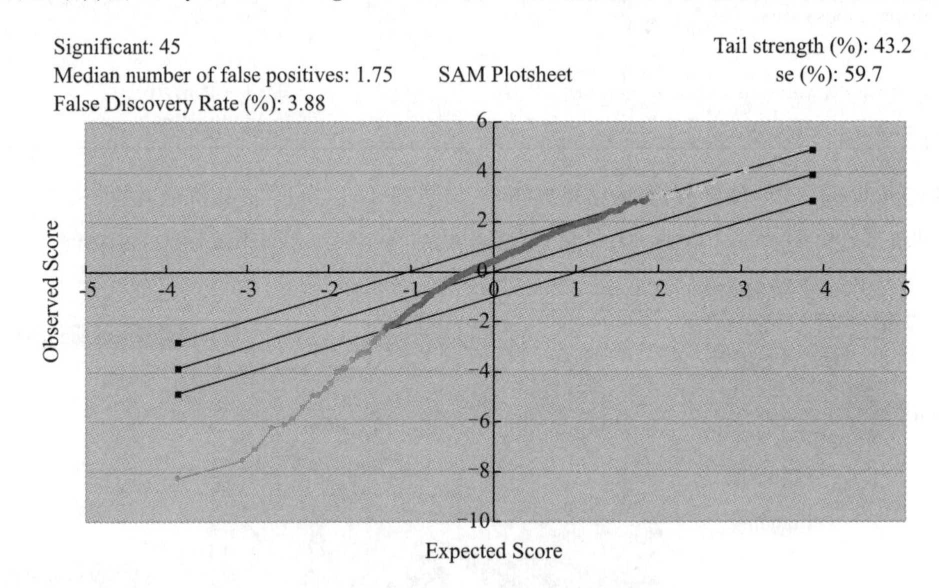

图21.3 **YF+CF SAM散点图**

GO分析的结果如图21.4(彩图21.4)所示，与中肠一样占比例最大的3个基因功能仍然是细胞过程(cell processes)，生理过程(physiological process)和催化活性(catalytic activity)。

表21.2 **脂肪体差异基因调控的部分代谢途径**

代谢途径	Total	P值	Q值
Limonene and pinene degradation	3	3.6E-5	0.0
beta-Alanine metabolism	2	6.29E-4	0.0
Oxidative phosphorylation	3	6.34E-4	0.0
Propanoate metabolism	2	0.001033	0.0
Benzoate degradation via CoA ligation	2	0.001125	0.0
Lysine degradation	2	0.002257	0.0
Valine,leucine and isoleucine degradation	2	0.00239	0.0

续表 21.2

代谢途径	Total	P 值	Q 值
Butanoate metabolism	2	0.003268	0.0
Fatty acid metabolism	2	0.003427	0.0
Tryptophan metabolism	2	0.004098	0.0

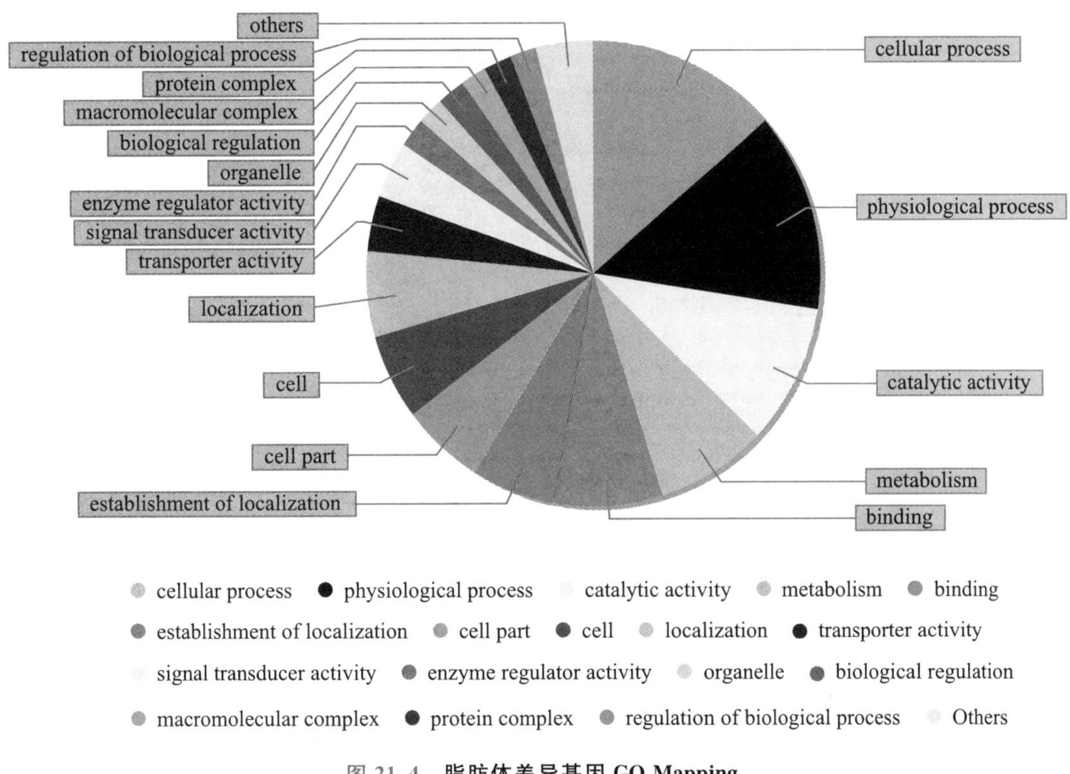

图 21.4 脂肪体差异基因 GO Mapping

21.2.3 中肠和脂肪体差异基因的聚类分析

图 21.5(彩图 21.5)为利用 cluster 进行聚类分析得到的差异基因聚类分析图。YF1＋CF1，YF2＋CF2，YF3＋CF3，YM1＋CM1，YM2＋CM2，YM3＋CM3，6 张芯片中的 ratio 值被取以 2 为底的对数值，分别对应不同红绿色度来显示差异倍数的大小。图中显示了 6 张芯片中具有一定程度表达差异的基因的聚类结果。从聚类图中纵向排列的 6 张芯片之间的聚类结果来看，6 张芯片明显分为两支，YF1＋CF1，YF2＋CF2，YF3＋CF3 3 张脂肪体芯片为一支，YM1＋CM1，YM2＋CM2，YM3＋CM3 3 张中肠芯片为一支。从这两大支的基因差异结果看，中肠中基因上调的趋势更明显，脂肪体中有一部分下调基因。脂肪体芯片中 YF1＋CF1，YF2＋CF2 在 3 张芯片中结果较为相似，YF3＋CF3 与这两张存在一定差异。YM1＋CM1，YM2＋CM2 在 3 张中肠芯片中结果较为相似，YM3＋CM3 与它们存在一定差异。从 6 张芯片中的各个基因显示的结果看出，YF3＋CF3 的差异倍数明显大于 YF1＋CF1，YF2＋CF2；YM3＋CM3 的差异倍数明显小于 YM1＋CM1，YM2＋CM2。横向排列的各个基因之间的聚

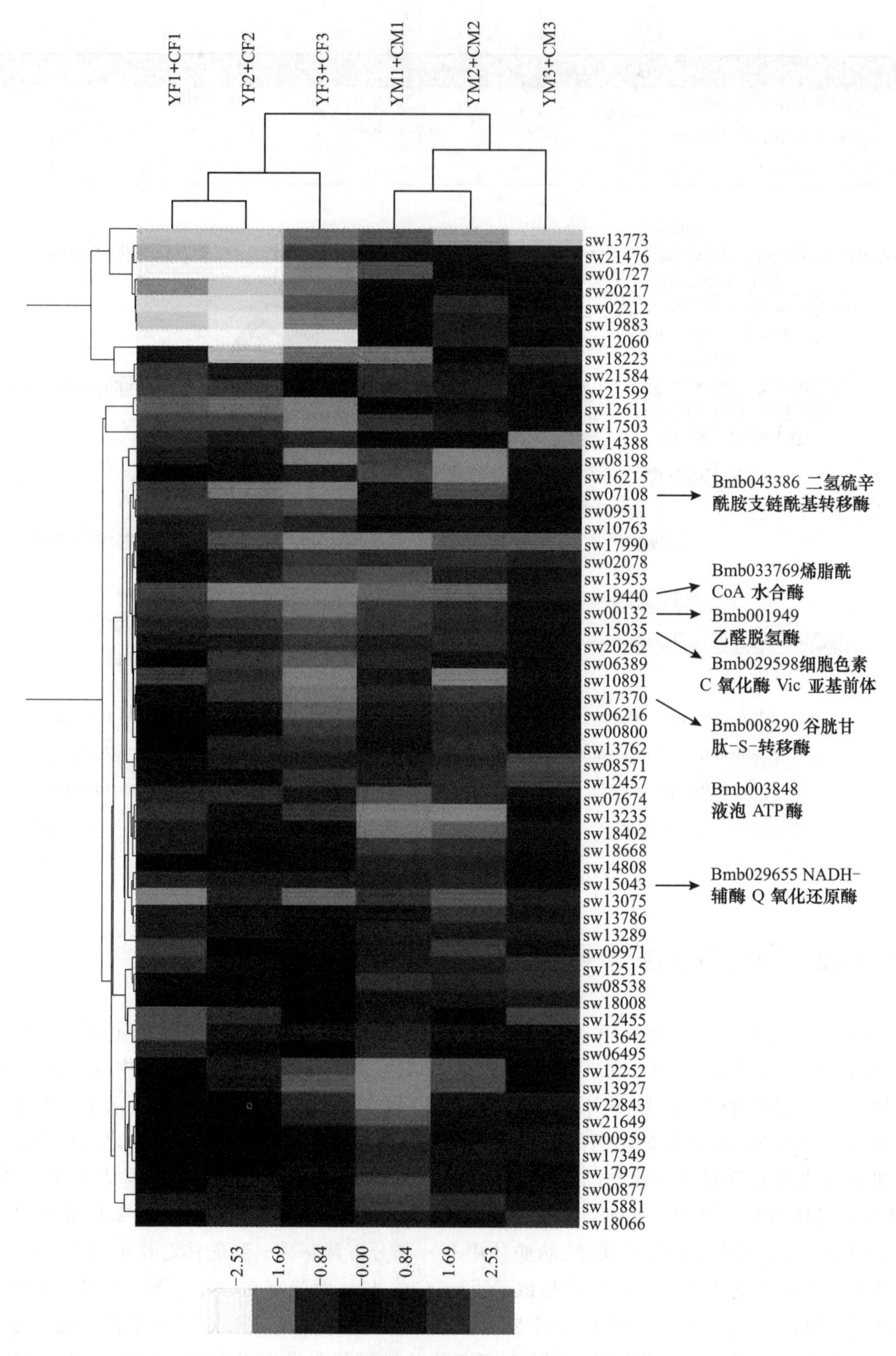

图 21.5　中肠和脂肪体差异基因聚类分析图

类结果显示，共有59个基因显示在聚类图中。这59个基因分为两大支，一支是位于聚类图上部的sw13773至sw21599 10个基因，这一支基因在脂肪体中的表达为下调，而在中肠中为较微弱的上调。这10个基因均未搜索到参与过代谢途径的调控，且大多没有明确的基因功能。除去这10个基因外的49个基因组成了另外一大支，这一支的基因在6张芯片中大部分呈现出表达上调。这一大支也分化出多个不同的小支，首先分出的是由sw12611，sw17503，sw14388组成的一支。这三个基因在中肠中的ratio值明显低于脂肪体中的ratio值。这三个基因的名称分别为胰蛋白酶(serpin-6)，细胞质动力蛋白重链和CTP绑定蛋白。被分出的另一支基因为在聚类图最下方的sw12252至sw18066 10个基因。这10个基因在脂肪体中的ratio值低于中肠中的ratio值。在PATHWAY分析中对众多代谢途径具有调控作用的几个基因在聚类分析图中已经标注出来。这几个基因的共同特点就是在中肠和脂肪体中都呈表达上调。其中Bmb033769烯脂酰CoA水合酶，Bmb001949乙醛脱氢酶和Bmb029598细胞色素C氧化酶Vic亚基前体三个基因在聚类分析中被分到了一支。说明这三个基因几次重复实验的ratio值都比较一致，在上调倍数方面有很大相似性。

21.3　中肠和脂肪体差异基因比较

21.3.1　差异基因

分别以在中肠或脂肪体表达差异芯片上杂交呈阳性的基因的ratio值为横、纵坐标作图(图21.6)。由图可得，大部分基因的ratio值分布在$0.5<x<2$且$0.5<y<2$范围内，这部分基因由于表达差异不显著而未被划分到典型的差异基因中去。也有大量的基因只在中肠或只在脂肪体表达差异芯片杂交实验中呈阳性。图中显示的ratio值只是3次实验的平均值，如果以3次实验的q值≤5%为标准再次进行筛选，那么由于3次实验的重复性较差，将有大量的基因被淘汰。所有符合ratio>2或<0.5且q值<5%条件的基因再次筛选，在中肠和脂肪体中同时上调的基因只有6个(图21.7)。它们分别是编号为Bmb033769(gi|87248109|)的烯脂酰CoA水合酶，编号为Bmb043386(gi|62858811|)的二氢硫辛酰胺支链酰基转移酶，编号为Bmb001949(gi|17552910|)的乙醛脱氢酶，编号为Bmb029598(gi|33285263|)的细胞色素C氧化酶Vic亚基前体，编号为Bmb003848(gi|9731|)的液泡ATP酶，编号为Bmb029655(gi|66558730|)的NADH-辅酶Q氧化还原酶。它们的ratio除液泡ATP酶以外，其余5个基因在脂肪体中的上调倍数ratio值均高于中肠的上调倍数。6个基因在脂肪体中的ratio值平均为4.5，在中肠中的ratio值平均为2.8。

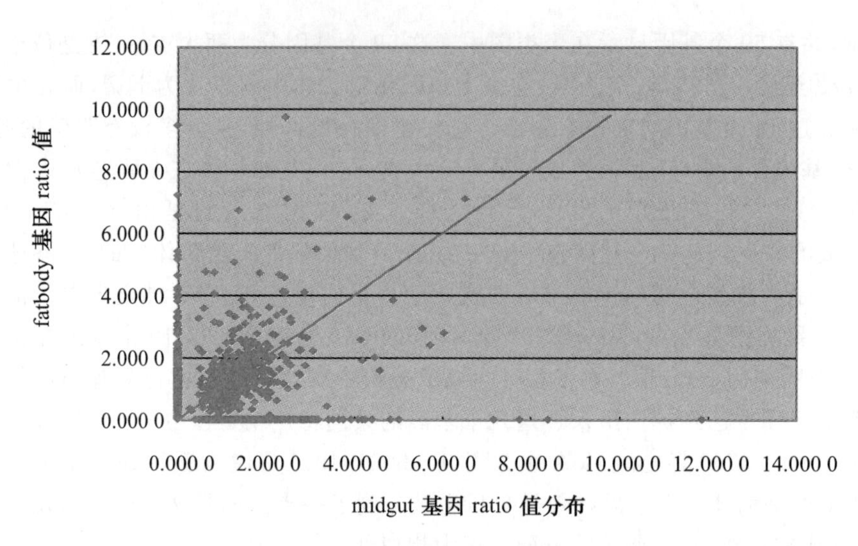

图 21.6 阳性基因 ratio 值分布

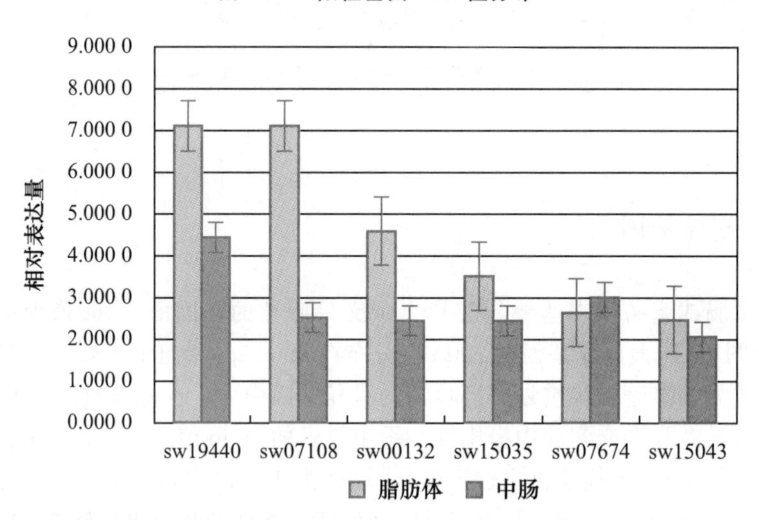

图 21.7 中肠和脂肪体上调 ratio 值

21.3.2 Pathway 分析

中肠差异基因所调控的代谢途径共有 39 条，脂肪体差异基因调控的代谢途径共有 25 条。中肠差异基因涉及的途径明显多于差异基因在脂肪体中的代谢途径，两个部位受到调控的代谢途径大部分是相同的，只是同一途径上调的基因个数和基因上调的倍数存在差异。表 21.3 对中肠和脂肪体中 P 值最小的 10 条代谢途径进行了对比。中肠和脂肪体差异基因各自 10 条最可能相关的代谢途径中有 6 条是相同的，分别是氧化磷酸化(oxidative phosphorylation)，赖氨酸降解(lysine degradation)，柠檬油精和松萜降解(limonene and pinene degradation)，丙酸代谢(propanoate metabolism)，β-丙氨酸代谢(beta-Alanine metabolism)，苯甲酸盐降解(benzoate degradation via CoA ligation)。

表 21.3　中肠和脂肪体代谢途径对比

中肠代谢途径	Total	P 值	脂肪体代谢途径	Total	P 值
Oxidative phosphorylation	10	0.0	Limonene and pinene degradation	3	3.6E-5
Limonene and pinene degradation	3	4.16E-4	beta-Alanine metabolism	2	6.29E-4
Lysine degradation	3	5.48E-4	Oxidative phosphorylation	3	6.34E-4
1-and 2-Methylnaphthalene degradation	2	0.00 166	Propanoate metabolism	2	0.001 033
Ubiquinone biosynthesis	2	0.002 858	Benzoate degradation via CoA ligation	2	0.001 125
beta-Alanine metabolism	2	0.003 206	Lysine degradation	2	0.002 257
Bile acid biosynthesis	2	0.003 572	Valine, leucine and isoleucine degradation	2	0.002 39
Propanoate metabolism	2	0.00 522	Butanoate metabolism	2	0.003 268
Benzoate degradation via CoA ligation	2	0.00 5678	Fatty acid metabolism	2	0.003 427
Pyruvate metabolism	2	0.009 363	Tryptophan metabolism	2	0.004098

氧化磷酸化是中肠中上调基因最多且 P 值最小的一条途径，在脂肪体中也是上调基因最多且 P 值较小的途径之一。脂肪体上调基因中调控氧化磷酸化的差异基因个数为 3 个，中肠上调基因中调控氧化磷酸化的差异基因除和脂肪体相同的 3 个基因外，还有 7 个脂肪体中没有表现出上调的基因，共有 10 个。调节氧化磷酸化途径的基因如细胞色素 C 氧化酶亚基 Vic 前体、液泡 ATP 酶、NADH-辅酶 Q 氧化还原酶等，大多只调控这一条途径。氧化磷酸化在两个部位受到的调控示意图如图 21.8 和图 21.9(彩图 21.8 和彩图 21.9)所示。

柠檬油精和松萜降解(limonene and pinene degradation)途径是实验结果显示的另一个重要的代谢途径。柠檬油精和松萜降解途径在中肠和脂肪体中都属于上调基因最多且 P 值最小的途径之一。在中肠和脂肪体上调基因中调控此途径的差异基因是相同的 3 个基因(图 21.10)。它们分别是 Bmb033769 烯脂酰 CoA 水合酶，Bmb043386 二氢硫辛酰胺支链酰基转移酶和 Bmb001949 乙醛脱氢酶。调节柠檬油精和松萜降解途径的 3 个基因不只调控这条代谢途径，它们分别调控 10,8,15 个代谢途径。这 3 个基因是在众多代谢途径中具有广泛调控作用的基因。柠檬油精和松萜降解在两个部位受到的调控示意图如图 21.10 所示。

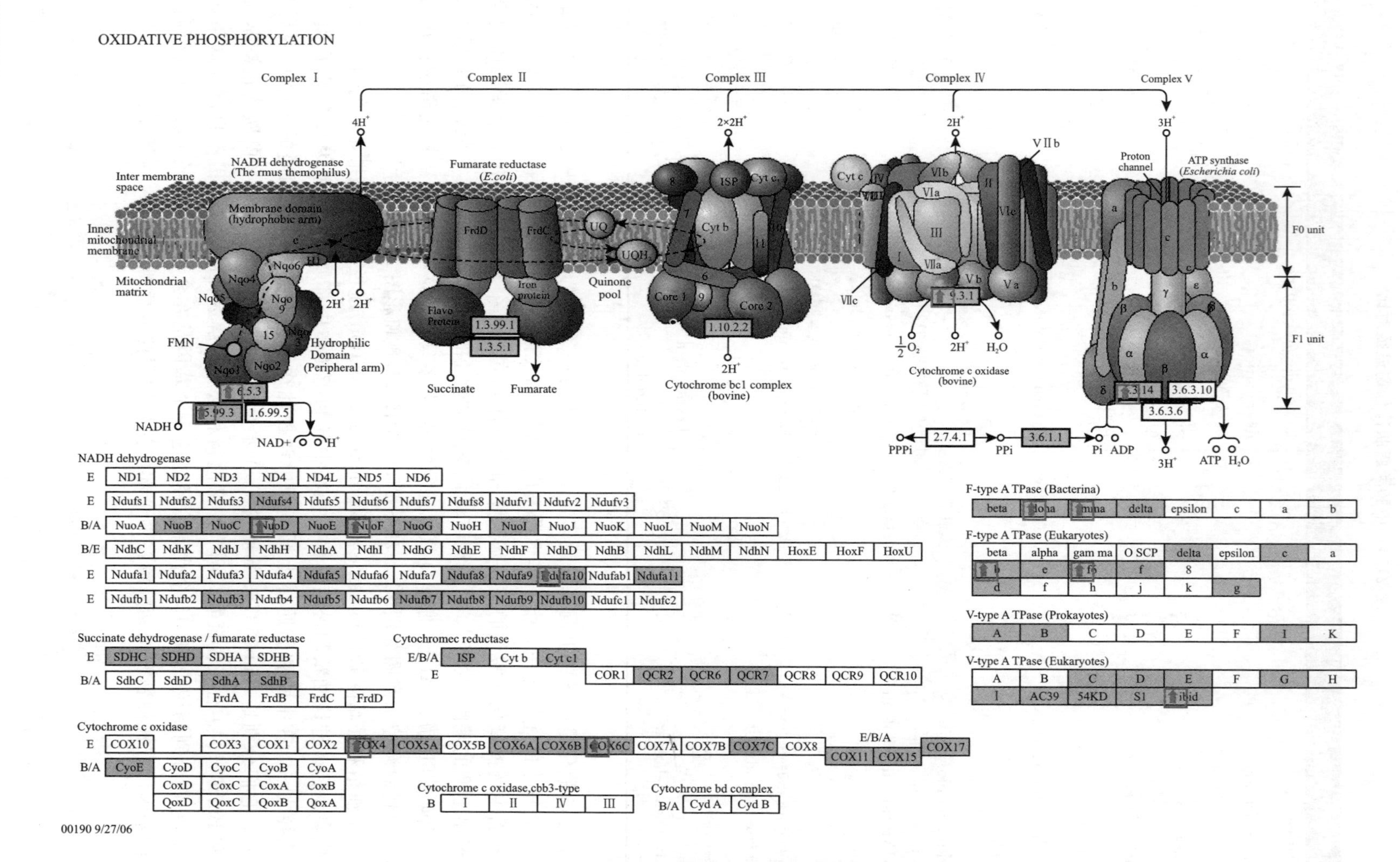

图21.8 中肠氧化磷酸化代谢途径调控图

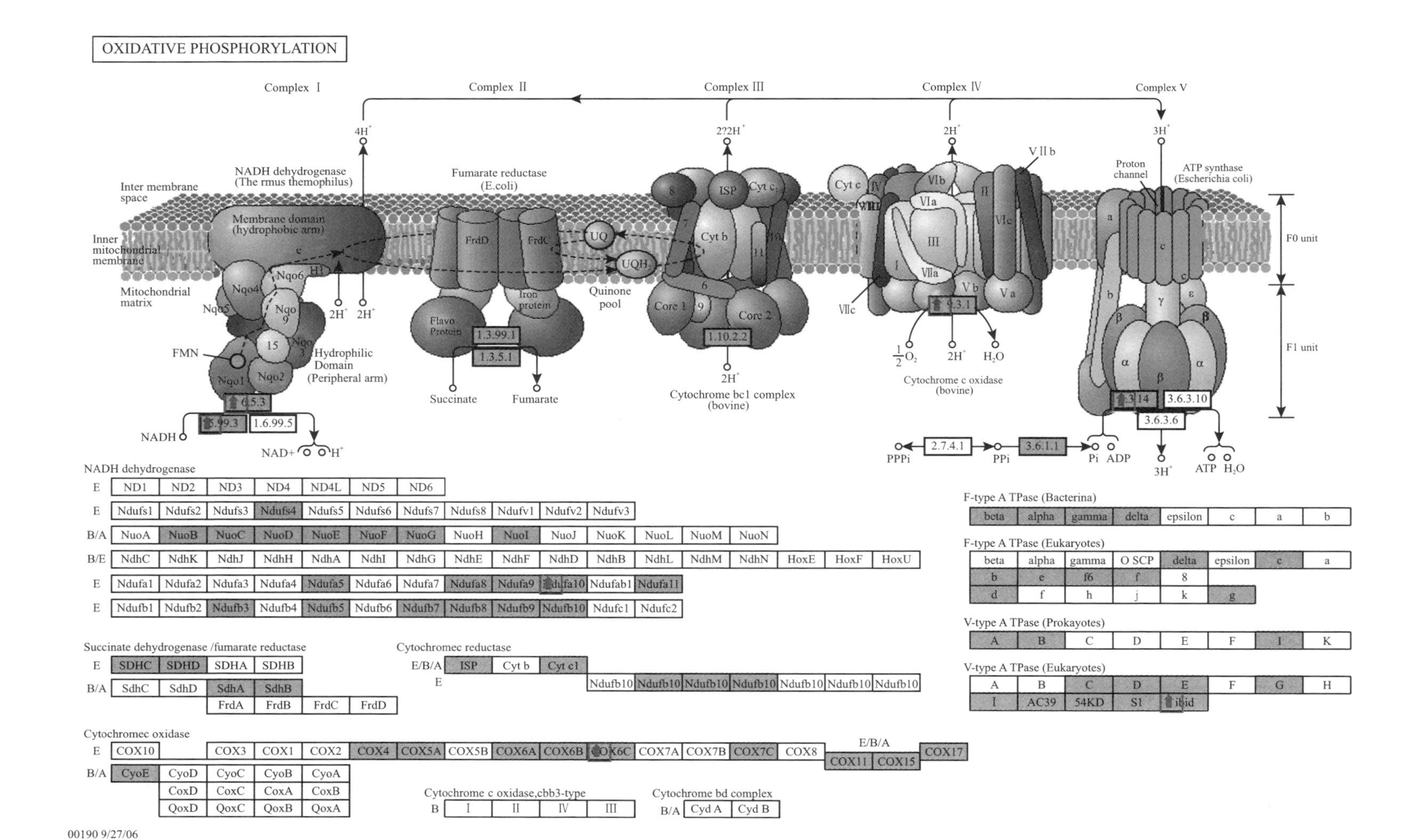

图21.9 脂肪体氧化磷酸化代谢途径调控图

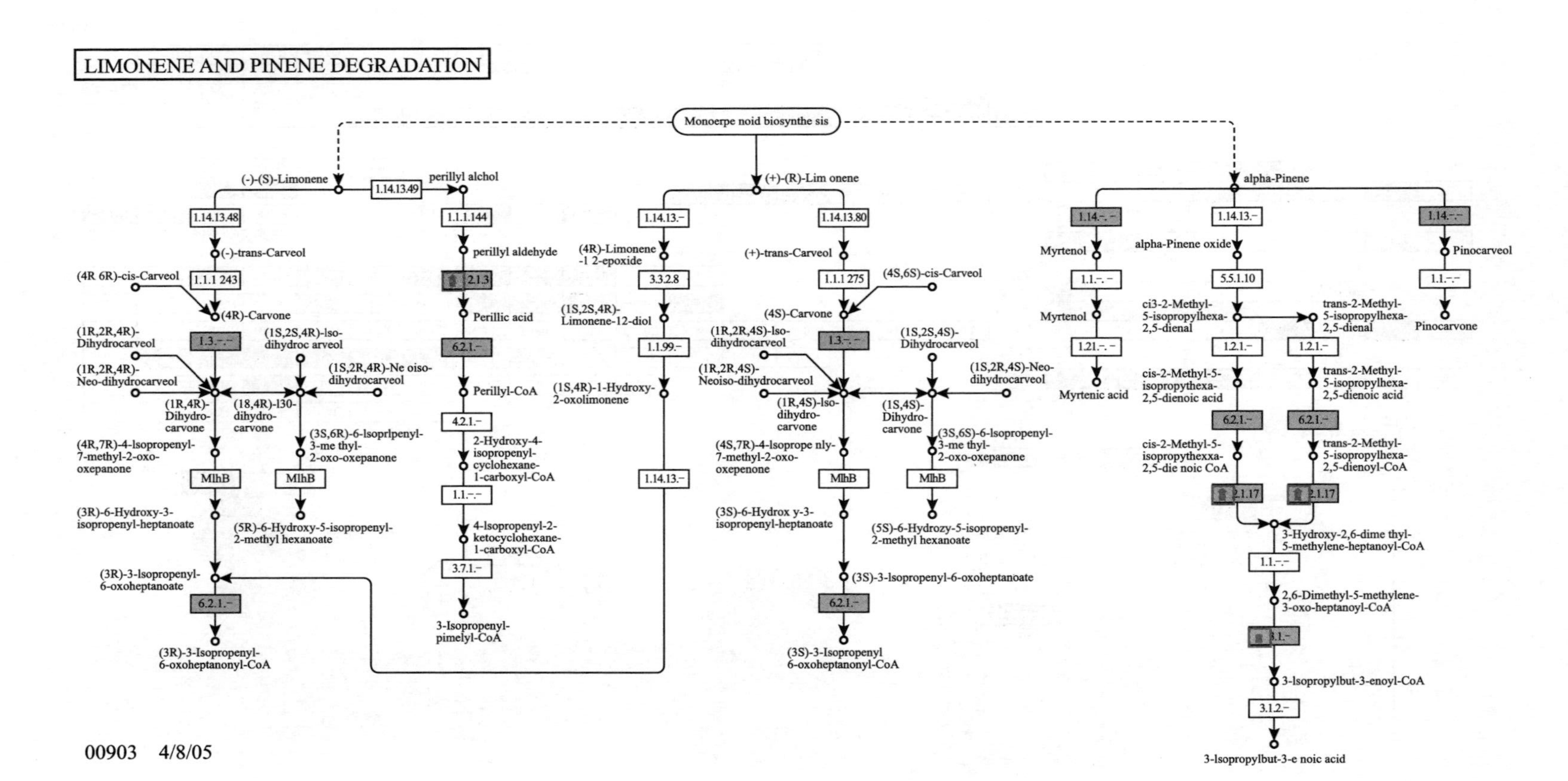

图21.10 中肠和脂肪体柠檬油精和松萜降解代谢途径调控图

21.4　家蚕基因与棉铃虫基因差异

21.4.1　P450

郭亭亭(2009)通过序列比对得出，*CYP6B7* 等棉铃虫 *CYP6* 家族基因和家蚕 *CYP6B29* 序列相似性最大，*CYP9A14* 等棉铃虫 *CYP9* 家族基因和家蚕 *CYP9A22* 序列相似性最大。分别将这两组基因进行序列比对结果见图 21.11 和图 21.12：

①*B. mori-CYP6B29* 和 *H. armigera-CYP6B7* DNAMAN 序列比对结果显示，两基因的核苷酸序列一致性为 59.54%，低于基因芯片 70%以上一致性才能够杂交成功的最低要求。

```
FILE:Multiple_Sequence_Alig nment
PROJECT:
NUMBER:2
MAXLENGTH:1572
NAMES:B. moriCYP6B29 H. armigeraCYP6B7
MAXNAMELEN:16
FEATURES
ORIGIN
B. moriCYP6B29      ........................................   0
H. armigeraCYP6B7   tcataacaaggtcatcaacggttgtgtaaacagctcctca  40

B. moriCYP6B29      ..ATGGCAATTATCTATATTTTGTTAGCCTCCGTAGTTTT  38
H. armigeraCYP6B7   aa---tggg-ct-a----c-acc-gc--tgctatc---gc-  80

B. moriCYP6B29      ACCGCTTCTCCTCTATCTTTATTTCACAAGACATTTCAAC  78
H. armigeraCYP6B7   -atcg--ac---t---t-a------t------aca--t---  120

B. moriCYP6B29      TATTGGAAGAAACGAAATGTCCCCGGGCCCAAACCCGTAC  118
H. armigeraCYP6B7   ----------------------t-gt------gg----aactg  160

B. moriCYP6B29      CGCTTTTCGGGAACTTAATGGAATCGGCACTGCGGAAGAA  158
H. armigeraCYP6B7   tat-c-------------g-a---t--aa-c--t--c------  200

B. moriCYP6B29      GAACATTGGTATCGTGTTCAAAGAATTATATGAAAACTTT  198
H. armigeraCYP6B7   a--t--a--a--a---a-gg-----a-t--ca-cc-g---  240

B. moriCYP6B29      CCAAATGAGAAGGTCGTTGGAATTTACCGCATGACAACAC  238
H. armigeraCYP6B7   --gg----a-----g---------g--ta-a------c----  280
```

B. moriCYP6B29 CCTGTTTGTTGATACGGGACCAGGATGTCATCAAAAATAT 278

H. armigeraCYP6B7 - - - - cc - ac - - g - - - - t - - ttt - - - - - - g - - t - - - c - - - - 320

B. moriCYP6B29 AATGATTAAAGATTTCGATGTGTTTGTCGATCGAGGAGTT 318

H. armigeraCYP6B7 c - - - - - - - - - - - c - - t - - a - c - - - ccgt - - - - - t - - c - - g 360

B. moriCYP6B29 GAACTAAGCAAAAGTGGTTTGGGCGCTAATCTTTTTCATG 358

H. armigeraCYP6B7 - - - t - c - - t - - ggaa - - a - - - - - acaa - - ct - g - - c - - c - 400

B. moriCYP6B29 CAGATGGGGACACTTGGCGTGTACTTCGTAATCGATTCAC 398

H. armigeraCYP6B7 -t - - c - - a - - a - - g - - - a - a - c - t - aa - a - - ca - - - - t - - 440

B. moriCYP6B29 GCCACTCTTCACTTCAGGAAAGTTAAAGAATATGCTTCAT 438

H. armigeraCYP6B7 a - - ta - t - - - - - a - - t - - t - - a - - g - - a - - c - - - t - - t - - 480

B. moriCYP6B29 CTTATGATTGAGCGCGCCAACAAGTATATAGAACACGTCG 478

H. armigeraCYP6B7 - - - - - - ca - - - ag - t - - tg - t - - c - t - - - t - - c - - - - - - ga 520

B. moriCYP6B29 AAATGTTATGCGACCACCAACCGGAGCAGGATATTCATAC 518

H. armigeraCYP6B7 gc - aagag - - t - - aa - aa - - - aa - - - ttt - - ag - - - - ct - 560

B. moriCYP6B29 GCTTGTCCAGAAATACACGATGGCCACCATTGCGGCTTGT 558

H. armigeraCYP6B7 c - - - c - - - - - - - cg - - - - - c - c - t - t - - g - - ct - at - a - - - 600

B. moriCYP6B29 GCTTTTGGTTTAGATATCGACACGACGGATCCAAACAAAG 598

H. armigeraCYP6B7 - - - - - c - - ag - gag - tata - - - gc - t . . . . - - gc - 631

B. moriCYP6B29 ATCAACTGAAAACGTCAGAAGAAATCGACAGGCTGTCACT 638

H. armigeraCYP6B7 - - a - - g - tc - g - - tct - - - - attg - a - - - - - a - a - catttc 671

B. moriCYP6B29 AACTGCAAACTTTGCTTTTGAATTGGACATGATGTATCCG 678

H. armigeraCYP6B7 - gaac - - - gt - ac - - - a - a - - - - - - - - - ttat - - - - - - - - - t 711

B. moriCYP6B29 GGTGTTTTGAAAAAGTTGAACAGTACATTGTTTCCGGGAT 718

H. armigeraCYP6B7 aaat - a - - - gc - - - ac - c - - tct - t - - a - ta - c - - - actc 751

B. moriCYP6B29 TTGTGTCTAGGTTCTTCAAAGATGTAGTCAAAACTATTAT 758

H. armigeraCYP6B7 c - - - acaacat - - - - - - - - - - ag - c - t - - gg - c - ac - - - - - 791

B. moriCYP6B29 CGAGCAAAGGAACGGTAAGCCCACAGACTGGAATGACTTT 798

H. armigeraCYP6B7 tagc - - - - - - - - t - - c - - a - - tg - - - g - c - c - - c - - t - - - 831

B. moriCYP6B29 ATGGATCTCATTTTGGCTCTGAGACAATTGGGTGATATCC 838

H. armigeraCYP6B7	- - - - - - - - - - - - ac - c - ag - - cc - t - - - a - - - - a - - gg - . .	869
B. moriCYP6B29	A AGCAACAAAGAGAAACTCGGAAGACAAGGAATACAGTAT	878
H. armigeraCYP6B7	- - ct - gt - - ca - at - t - - t - atg - - gt - ac - tc - - . . . . . -	905
B. moriCYP6B29	TGAATTGACGGATGAATTAATAGAGGCTCAAGCCTTTGTG	918
H. armigeraCYP6B7	- - - - a - t - - t - - c - - - g - t - - - tgt - - c - - - - - - t - - - - - a	945
B. moriCYP6B29	TTCTATATAGCAGGATATGAAACCAGTGCCACTACAATGA	958
H. armigeraCYP6B7	- - t - - cg - t - - t - - - - - - - - - - - - - - - - - - a - - - - - - - - - - t	985
B. moriCYP6B29	CCTTCATGCTGTATCAGTTAGCTTTAAATCCTGACATTCA	998
H. armigeraCYP6B7	- - - att - - a - a - - c - - ac - ct - ac - t - - - - aa - - - g - c - -	1025
B. moriCYP6B29	AGACAAAGTTATAGCTGAAATTGATCAAGGTCTAAAAGAA	1038
H. armigeraCYP6B7	- a - - - - gt - g - - - - - - - - - - g - a - - - g - - - caa - - - - - - ct	1065
B. moriCYP6B29	TCCAAAGGGGAAGTCACCTACGAGATGCTTCAGAATTTAA	1078
H. armigeraCYP6B7	ag - g - t - - aa - - - - a - - a - - - - - c - ccg - ga - - g - aa - g -	1105
B. moriCYP6B29	CGTATTTCGAAAAAGCATCTAATGAGACCTTGCGTATGTA	1118
H. armigeraCYP6B7	ga - - c - - ga - c - - - - tc - t - g - c - - a - - - c - t - - - - - - - -	1145
B. moriCYP6B29	CTCGATAGTGGAACCTCTGCAAAGAAATGCAAAGATAGAT	1158
H. armigeraCYP6B7	- - - t - - - - - a - - - - - - - - - - - - - - - - - - - a - - t - ca - g - - - c	1185
B. moriCYP6B29	TGTAAGATACCTGATACGGACATAGTTATTGAGAAAGGAA	1198
H. armigeraCYP6B7	- acc - a - - t - - - - ga - - t - - tg - c - - - c - - - - - - a - - g - at -	1225
B. moriCYP6B29	CAACAGTTTTATTCTCGCCCTTAGGGATACATCACGACGA	1238
H. armigeraCYP6B7	- c - tg - - - - - - - a - a - - t - - aag - - - c - - t - - ct - t - - - cc	1265
B. moriCYP6B29	GAAGTATTATCCCAATCCAAGTAAATTTGACCCTGAGAGA	1278
H. armigeraCYP6B7	- - - a - - - - - - cga - - - c - - t - aac - - - - ca - - - - - - - - t - - -	1305
B. moriCYP6B29	TTTTCTCCAGCTAATATCAGCGCGAGGCATCCTTGTGCTC	1318
H. armigeraCYP6B7	- - cga - g - g - agg - ag - gg - - aaac - t - - c - - g - - c - - gt	1345
B. moriCYP6B29	ACATACCGTTCGGCACTGGTCCACGTAATTGCATTGGGAT	1358
H. armigeraCYP6B7	- - t - - - - a - - - - - - act - - - a - a - a - g - - - - - - - - - a - - c - -	1385
B. moriCYP6B29	GCGGTTTGCGAAAATTCAAAGCAGAGTGTGTATGGTGAAA	1398
H. armigeraCYP6B7	- - - - - - - - - gc - g - c - - - - - - tctct - c - a - - c - - cac - - - g	1425

B. moriCYP6B29 ATGTTCTCAAAATTTCGTTTTGAATTAGCAAAGAATACGC 1438
H. armigeraCYP6B7 - - t - - a - - c - - g - - ca - aa - a - - gcc - t - g - - a - - - - - cg 1465

B. moriCYP6B29 CTAGAAATTTGGATATCGATCCTACAAGGCTACTTCTCGG 1478
H. armigeraCYP6B7 ac - - - - - c - - ac - ag - t - - a - - acgcc - tg - ta - - a - t - - 1505

B. moriCYP6B29 CCCAAAGGGTGGCATTCCTTTGAAAATTG. . . . TAAGGCG 1514
H. armigeraCYP6B7 a - - g - - a - - a - - a - - a - g - g - - - - c - - - - tccc - - g - aa - 1545

B. moriCYP6B29 ATGA. 1518
H. armigeraCYP6B7 --tgtatcttaa 1557

图 21.11 家蚕 *CYP6B29* 和棉铃虫 *CYP6B7* 序列比较

②*B. mori-CYP9A22* 和 *H. armigera-CYP9A14* DNAMAN 序列比对结果显示，两基因的核苷酸序列一致性为 49.09%，也远远低于基因芯片 70% 以上一致性才能够杂交成功的最低要求。

FILE: Multiple _Sequence _Alig nment
PROJECT:
NUMBER: 2
MAXLENGTH: 2141
NAMES: *B. moriCYP9A22 H. armigerCYP9A14*
MAXNAMELEN: 16
FEATURES
ORIGIN

B. moriCYP9A22 0
H. armigerCYP9A14 g a g t a t c t a t c g t g t t t t c a g c c g t g a g t c t c g t t t t t a c 40

B. moriCYP9A22 0
H. armigerCYP9A14 a t t t t g t g t t g t a a t t a a g a t a a a g a g a a t t t c t t t a t g t 80

B. moriCYP9A22 0
H. armigerCYP9A14 a a t t a t a a a t t a a t a g t c a t g t a t t a g t g a t a a g g t t a t a 120

B. moriCYP9A22 0
H. armigerCYP9A14 c t t c a a t g a a c t t g c a g t a t t g t c a t c a t g t g t a t t t t g a 160

B. moriCYP9A22 0
H. armigerCYP9A14 c g a t g a t t c t g c g a a a c t a c t g g a a a a g a t c g t t g g a g a c 200

B. moriCYP9A22 .ATGATCACTTTAATCTGGTTGGGTGTACTTCTGGTGACA 39
H. armigerCYP9A14 a - - - - - ag - cc - - c - a - - - c - - - cg - - - - - cg - c - cag - t 240

B. moriCYP9A22 CTGACGTTACACCTCAGGAAGGTGTACTCAAGGTTCAAGG 79

H. armigerCYP9A14 - - - - - - c - gt - - - - ac - cc - a - - c - - - - - c - - - - - - - - gcc 280

B. moriCYP9A22 ATTATGGCGTGAACCACTTCACGCCGATCCCGGTGTTAGG 119
H. armigerCYP9A14 gc - tc - - a - - c - - g - - - - - - ga - - - ag - - - - - c - - g - g - - 320

B. moriCYP9A22 AAACGCTGGTCCAATAACAGTGCGACTTCGGCACGTGGCT 159
H. armigerCYP9A14 c - - - ctga - ca - cg - gctga - - - - caaggca - - t - ctt - - 360

B. moriCYP9A22 GAGGACTTCGATATGGTGTATAAAGCTTTTCCAGAGGACA 199
H. armigerCYP9A14 - - - - - - - - - a - c - att - - - - cc - g - - - - - - - - - t - ga - - g - 400

B. moriCYP9A22 GGTTCACAGGCAGATTTGACTTGCTGCGGCCCACGGTTAT 239
H. armigerCYP9A14 - - - - - gtg - - - c - c - a - - - g - - tt - - a - - aa - - tc - - g - - 440

B. moriCYP9A22 CATCAAAGATTTAGACCTCATAAAGCAGATCACTATAAAA 279
H. armigerCYP9A14 g - - tcgt - - c - - g - - g - - gg - g - - - agc - - - - - ag - c - - g 480

B. moriCYP9A22 GACTTTGAGCATTTCCTGGACCACAGAGCTTTGGTTGATG 319
H. armigerCYP9A14 - - - - - c - - a - - c - - - a - c - - t - - - c - catg - - a - c - - - - - 520

B. moriCYP9A22 ACACCGCTGACCCGTTCTTTGGCAGAAACCTATTTTCTTT 359
H. armigerCYP9A14 ctga - - t - - - g - - tc - g - - c - - - - - g - - - - - g - - c - - c - - 560

B. moriCYP9A22 GAGAGGTCAAGAATGGAAAGACATGCGGTCCACGTTGAGT 399
H. armigerCYP9A14 a- - - - - g - - t - - - - - - - - g - - g - - - - - t - - - - - ac - - - - - 600

B. moriCYP9A22 CCTGCTTTCACCAGCTCCAAGATGCGTGGAATGGTCCCTT 439
H. armigerCYP9A14 - - a - - g - - - - - - - - - - - - - - - - - - aag - cg - - - - - g - - - - 640

B. moriCYP9A22 TTATGGTGGAAGTTAATAACCAGATGATTGATATGATTAA 479
H. armigerCYP9A14 - c - - - a - - - - - - - c - gcg - g - - - t - - - - ca - ct - ct - g - - 680

B. moriCYP9A22 AAAAAAAATTGTGGCTAATGCGGATGGCTACCTCGACTGT 519
H. armigerCYP9A14 - - tgc - g - - caa - - agtc - - ga - gaaagc - tgca - - - at - 720

B. moriCYP9A22 GAAGGTAAAGACCTGACCACTCGCTACGCTAATGACGTCA 559
H. armigerCYP9A14 - - - t - c - - - - - - - - - - - tg - - - - - g - - t - - - - - - - - t - - g - 760

B. moriCYP9A22 TAGCATCCTGTGCATTCGGCGTCAAGGTGGACTCCCATAC 599
H. armigerCYP9A14 - - - - c - - - - - - - - - c - - - - - - tc - g - - - - - a - - - - - - a - - c - a 800

B. moriCYP9A22 CAATGAGGAAAATCAGTTCTATCTTATGGGTAGGGACATG 639
H. armigerCYP9A14 tg - - aga - - - - - cg - - - - - - - - ctcc - - c - - c - ct - - a - ct 840

```
B. moriCYP9A22      GCGGATTTTGGATTCCGAAAGATTATGGTATTTCTCGGTT   679
H. armigerCYP9A14   --ta-c----at---aag-----gc----ga-ct-t--g-   880

B. moriCYP9A22      ACTCTTCGTTCCCGAAATTAATGAAGAAATTCAACGCCAA   719
H. armigerCYP9A14   -tg---gc--t--tgcta--------------------tg--   920

B. moriCYP9A22      ACTTCTGTCTGATGAGACTGGACATTTCTTCACCGATTTA   759
H. armigerCYP9A14   -a-gt-t--g--actc-ta-t-a---------aaa--a-c   960

B. moriCYP9A22      GTTCTCAGAACGATGGAAGACCGTGAGGTTAAAGAAATTG   799
H. armigerCYP9A14   --ca--g-t--t---agga-----c-aaag--ta-t--ct   1000

B. moriCYP9A22      TGAGACCTGATATGATTCATTTACTGATGGAGGCAAAACA   839
H. armigerCYP9A14   -a--------c-----a--cc-c--c----ta--c---a-   1040

B. moriCYP9A22      AGGCAAACTTTCTTATGATGAAAAAAGTACTAAAGAGGCT   879
H. armigerCYP9A14   ---a-----aa-gc----a--g---gt-g--g---...-c   1077

B. moriCYP9A22      GACACTGGATTTGCAACAGTCGAAGAATCCGATGTCGGAA   919
H. armigerCYP9A14   a-------g-----------a--------t--ca-t--g-   1117

B. moriCYP9A22      AAAAGACTATCAATAGAATCTGGTCCAACACCGATTTGAT   959
H. armigerCYP9A14   --gtt---g----a-a-gaa---a-ag-agat--c----c   1157

B. moriCYP9A22      TGCCCAAGCAACCCTCTTCTTCGTGGCTGGCTTTGAGACT   999
H. armigerCYP9A14   g--t-----ggta--g--------t-------ac--a--c   1197

B. moriCYP9A22      ATTTCGTCGGCGATGTCGTTTGCACTTCACGAGTTGGCTC   1039
H. armigerCYP9A14   --a--a--a--a---g-c--ctta-ct-t---c-----ag   1237

B. moriCYP9A22      TAAACCCTGAAATTCAGGACCGTCTGGTGCAAGAGATCAA   1079
H. armigerCYP9A14   --c-------gg-a-----gaaa----c-a-g-----t-g   1277

B. moriCYP9A22      GGAAAACTACGCGAAGACTGGGGGAAATTCGATTTTAAC   1119
H. armigerCYP9A14   ----c-tg-t--c----ac--c--c--g--t--c--c---   1317

B. moriCYP9A22      TGTATTCAAGATTTGACTTACATGGATATGTTTGTGTCGG   1159
H. armigerCYP9A14   -cc--a--ga-ca--c-----t--------g--a-t--a-   1357

B. moriCYP9A22      AGGTACTTAGATTGTGGACTCCGGTAGTCGGCATGGATCG   1199
H. armigerCYP9A14   ----g--g-----a---c-g--a-c------t----ca-   1397

B. moriCYP9A22      TCTCTGCGTCAAAGATTACAATCTGGGAAGAGCGAACAAA   1239
```

H. armigerCYP9A14	agaa - - - tca - - - - - - - - - - - - - - t - - - - - - - a - c - t - - tg - c	1437
B. moriCYP9A22	AACGCCACTAAAGACTTTATCCTCCGCAAAGGCGAAGGAT	1279
H. armigerCYP9A14	- - a - - agag - - g - - t - ac - - - - - - - - - - - - - - - - - t - - g - ct -	1477
B. moriCYP9A22	TGTCTATCCCGACCTGGTCAATCCATCACAATCCTGAATA	1319
H. armigerCYP9A14	- - gtg - - - - - - gtg - - - - - t - - - - - c - - - g - c - - - - - - - -	1517
B. moriCYP9A22	CTACCCCGAACCCTATAAATTTGACCCAGAGCGCTTCTCC	1359
H. armigerCYP9A14	- - t - - - a - - c - - - - - c - - g - - - - - t - - t - - - a - a - - - - - g	1557
B. moriCYP9A22	GAGGAAAACAAACGGAACATCAAACCGTTCACTTATCTAC	1399
H. armigerCYP9A14	- - - - - g - - - - - g - ac - - a - - - c - g - - a - - - - g - - - - a - g -	1597
B. moriCYP9A22	CATTCGGGACGGGTCCGAGGAATTGTATCGGTTCAAGGTT	1439
H. armigerCYP9A14	- t - - t - - actt - - c - - c - - a - - - - - - - - - t - - a - - g - - a - -	1637
B. moriCYP9A22	TGCTCTTTGCGAGGTGAAAGTCATGTTATACCAGCTCCTG	1479
H. armigerCYP9A14	c - - - - - g - - t - - a - - c - - g - - - - - - gc - - - - - - - - - - - a - c	1677
B. moriCYP9A22	CAGCAGATCGAAGTTCTTCCGAGCGACAAGACTAAGGTTC	1519
H. armigerCYP9A14	- - - - - - - - g - - gc - gtc - - - - t - - - - g - - - - - - tcca - a -	1717
B. moriCYP9A22	GAGCGAAATTGGCGAAGGATACCTTCAACGTCAAGATCGA	1559
H. armigerCYP9A14	cc - - tgt - c - - - - t - - - - - - - - - - - - - - - - c - g - - - g - g - -	1757
B. moriCYP9A22	AGGAGGCCACTGGATCAGACTCAAGCTTAGGGATTAG...	1596
H. armigerCYP9A14	- - - g - - a - - t - at - - t - - gg - - - - - - - - gc - cc - g - - agga	1797
B. moriCYP9A22	....	1596
H. armigerCYP9A14	gtttgaaataggttaaaatgttatgtcttggtaagggtga	1837
B. moriCYP9A22	....	1596
H. armigerCYP9A14	tttaagaatattatataattgtatataaaattgttagtgt	1877
B. moriCYP9A22	....	1596
H. armigerCYP9A14	acatattattttgtttttaattatgtaaaaaagaaaagaa	1917
B. moriCYP9A22	....	1596
H. armigerCYP9A14	aaaaagaacaacggagttccggttaaggtgtatcgaaatt	1957
B. moriCYP9A22	....	1596
H. armigerCYP9A14	aaaaaatatttttttaaatacttatgtttttttttcacga	1997

B. moriCYP9A22 1596
H. armigerCYP9A14 a c g t a c g t g a t t t t t t t c a a t a a g t t t t g g t t c c a t t t a a 2037

B. moriCYP9A22 1596
H. armigerCYP9A14 t t t a a g t t a t a t t g t t a g a t g a c g a a g a c a a t t t t g a a a c 2077

B. moriCYP9A22 1596
H. armigerCYP9A14 a t t t t c t a c a g a c a g g a a t a a a t a a a t t t t t g t c t c g a a a 2117

B. moriCYP9A22 1596
H. armigerCYP9A14 aaaaaaaaaaaaaaaaaaaaa 2138

图 21.12 家蚕 *CYP9A22* 和棉铃虫 *CYP9A14* 序列比较

基因芯片实验结果显示，中肠表达差异芯片 3 次重复均未检测到有 P450 基因呈阳性。脂肪体芯片检测到两个呈阳性的 P450 基因。这两个基因的 ratio 值分别为 0.93 和 1.04，因为 q 值为负数所以属于下调基因。但由于两个基因的表达差异不显著，ratio 值约等于 1，且 q-value 的绝对值过大，所以这两个基因并未被划分到差异基因中去。这两个基因的 ratio 值约等于 1 意味着这两个基因可能在棉铃虫受到 2-十三烷酮诱导后并未产生超量表达，也可能由于棉铃虫 P450 基因和家蚕 P450 基因同源性较低而无法充分杂交产生足够强的荧光信号。以根据家蚕 *CYP4G25* 基因为模版设计的探针为提交序列进行 BLAST 的结果显示，与此探针序列相似性大于 70%的基因大部分来自于果蝇、埃及伊蚊、冈比亚按蚊等双翅目昆虫，并没有发现与之同源性较高的棉铃虫基因。证明已知的棉铃虫基因没有与此探针相匹配的片段。另一个杂交结果呈阳性的 P450 基因进行 BLAST 的结果也显示，同源性较高的基因均来自果蝇、埃及伊蚊、冈比亚按蚊等，没有已克隆的棉铃虫基因与之同源。推测与这两段探针序列杂交的基因可能是一个或几个未被发现的 P450 基因，且 2-十三烷酮对其无明显诱导作用。

21.4.2 谷胱甘肽-S-转移酶

谷胱甘肽-S-转移酶(glutathione S-transferases，GSTs)也属于昆虫三大解毒酶系之一。GSTs 可被多种植物次生性物质诱导。高希武等(1997)用饲喂芸香苷、2-十三烷酮和槲皮素的方式对棉铃虫进行诱导，发现棉铃虫幼虫 GSTs 活性提高 4～18 倍。汤方等(2005)的研究结果表明，2-十三烷酮和槲皮素均对棉铃虫中肠以及脂肪体 GSTs 有明显的诱导作用。植物次生性物质诱导棉铃虫 GSTs 活性增高的机制主要是通过提高 GSTs mRNA 的转录水平来实现的。GSTs 分为三类，Ⅰ类、Ⅱ类和Ⅲ类，其中Ⅰ类和Ⅲ类是昆虫特有的(陈凤菊等，2005)。在同一类之间 GSTs 氨基酸序列相似性在 50%以上。

GSTs 在诱导机制以及序列相似性方面的特性意味着在本实验条件下，棉铃虫 GSTs 基因很可能与作为探针的家蚕 GSTs 基因有较高的同源性而杂交成功显示阳性。基因芯片实验结果显示，中肠芯片 YM＋CM 和脂肪体芯片 YF＋CF 均检测到同一个 GSTs 基因(*Bmb008290*)。这个 GSTs 基因无论在中肠还是在脂肪体中都是上调基因，在中肠中的平均

ratio 值为 2.46，在脂肪体中的平均 ratio 值为 4.09。虽然该 GSTs 基因在脂肪体中的上调倍数大于在中肠中的上调倍数，但由于其在脂肪体中的三次重复实验 q 值略大于 5%，因此并未将此基因划分到脂肪体典型的上调基因中去。还有另一个 GSTs 基因也同时在中肠和脂肪体中被检测到。这个基因在中肠中的平均 ratio 值为 1.21，在脂肪体中的平均 ratio 值为 1.09。该基因 ratio 值小于 2，上调不明显所以未被划分到上调基因中。

以根据第一个 GSTs 基因为模版设计的探针提交到 NCBI 进行 BLAST，结果显示棉铃虫 GSTsx01 基因与探针有 84%一致性，因此判断与探针杂交的基因就是棉铃虫 GSTsx01 基因。此基因在脂肪体中肠中的上调倍数 ratio 值均大于 2，证明此基因可被 2-十三烷酮诱导。此基因调节的两个代谢途径分别是细胞色素 P450 代谢异源物质(metabolism of xenobiotics by cytochrome P450)和(glutathione metabolism)。

以根据第二个 GSTs 基因为模版设计的探针提交到 NCBI 进行 BLAST，结果显示没有棉铃虫基因与该探针有同源性。推测与这段探针杂交的基因可能是一个或几个未被发现的谷胱甘肽-S-转移酶基因。且 2-十三烷酮对其无明显诱导作用。

参考文献

[1]陈凤菊，昆虫谷胱甘肽-S-转移酶的基因结构及其表达调控．昆虫学报，2005，48(4)：600-608.

[2]高希武，董向丽，郑炳宗，等．棉铃虫谷胱甘肽-S-转移酶(GSTs)：杀虫药剂和植物次生性物质的诱导与 GSTs 对杀虫药剂的代谢. 昆虫学报，1997，40(2)：122-127.

[3]郭亭亭．2-十三烷酮诱导棉铃虫耐药性及利用芯片技术检测棉铃虫基因表达．硕士学位论文．北京：中国农业大学，2009

[4]汤方，梁沛，高希武．2-十三烷酮和槲皮素诱导棉铃虫谷胱甘肽-S-转移酶组织特异性表达，2005，15：805-810.

[5]吴兴海，陈长法，张云霞，郑媛．基因芯片技术及其在植物检疫工作中应用前景．植物检疫，2006，20(2)：108-111.

[6]严春光，陈钧辉，王新昌．基因芯片及其应用．中国生化药物杂志，2006，27(5)：321-323.

[7]Daborn P J，Lumb C，Boey A，Wong W，Blasetti A，ffrench-Constant R H，Batterham P. Evaluating the insecticide resistance potential of eight *Drosophila melanogaster* cytochrome P450 genes by transgenic over-expression. Insect Biochem，Mol Biol，2007，37：512-519.

[8]David J P，Strode C，Vontas J，Nikou D，Vaughan A，Pignatelli P M，Louis C，He mingway J，Ranson H. The *Anopheles gambiae* detoxification chip：a highly specific microarray to study metabolic-based insecticide resistance in malaria vectors. Proc Natl Acad Sci USA，2005，102：4080-4084.

[9]Le Goff G，Hilliou F，Siegfried B D，Boundy S，Wajnberg E，Sofer L，Audant P，ffrench-Constant RH，Feyereisen R. Xenobiotic response in Drosophila melanogaster：sex dependence of P450 and GST gene induction. Insect Biochem Mol Biol，2006，36：674-682.

[10]Strode C，Steen K，Ortelli F，Ranson H. Differential expression of the detoxification

genes in the different life stages of the malaria vector *Anopheles gambiae*. Insect Mol Biol,2006,15(4):523-530.

[11]Strode C,Wondji CS,David J P,Hawkes NJ,Lumjuan N,Nelson D R,Drane D R,Karunaratne S H,He mingway J,Black W C 4th,Ranson H. Genomic analysis of detoxification genes in the mosquito *Aedes aegypti*. Insect Biochem Mol Biol, 2008, 38 (1): 113-123.

[12]Vontas J,Blass C,Koutsos A C,David J P,Kafatos F C,Louis C,He mingway J,Christophides G K,Ranson H Gene expression in insecticide resistant and susceptible *Anopheles gambiae* strains constitutively or after insecticide exposure. Insect Mol Biol,2005,14: 509-521.

[13]Willoughby L,Choug H,Lumb C,Robin C,Batterham P,Daborn P J. A comparison of Drosophila melanogaster detoxification gene induction responses for six insecticides,caffeine and Phenobarbital. Insect Biochem Mol Biol,2006,36:934-942.

第22章

2-十三烷酮诱导对棉铃虫对虫螨腈、毒死蜱氧化代谢的影响

农药在生物体内经历的初级代谢主要有氧化代谢和水解代谢。农药在昆虫体内的氧化代谢主要由细胞色素P450单加氧酶介导。农药在生物体内的代谢不只是解毒过程,有很多活化代谢的例子,其中最典型的就是P450介导的硫代磷酸酯杀虫剂中P═S到P═O的转化(Mansuy,1998;Feyereisen,2005)。一般来说,昆虫等生物体接触到大量的非极性的外源性化合物,这些外源性化合物因为极性小,容易在体内蓄积而很难排出体外,因而毒性更大。昆虫等生物体内的细胞色素P450的主要功能就是将接触到的低极性的外源性化合物转化成极性更大的代谢产物,从而更容易排出体外(Brattsten等,1977)。典型的细胞色素P450蛋白的分子质量为45~55 ku,能够催化生物体内至少60多种不同的反应,其中最重要的是单加氧反应。昆虫中肠的P450含量最高,昆虫P450介导了很多杀虫剂的解毒与活化。细胞色素P450活性的提高是昆虫对杀虫剂产生抗药性,以及对植物次生性物质产生耐受性的一个重要机制(Amichot等,1998;Scott等,1998)。

细胞色素P450的一个重要特征就是能够被许多外源性化合物所诱导,诱导的过程就是在外源性化合物的刺激下,P450过量表达从而提高了P450的代谢活性(Terriere,1984)。有关植物次生性物质对昆虫P450基因的诱导进行了广泛的研究(Li等,2002)。细胞色素P450的诱导效应一般是应用模式底物通过测定P450的总活性来表征的。因为细胞色素P450底物的广泛性和特异性,需要测定对不同底物的代谢活性,如艾氏剂的环氧化,对硝基苯甲醚的O-脱甲基,烷氧基香豆素和烷氧基试卤灵的氧-脱烷基,苄非他明(benzpheta mine)的N-脱甲基,甲拌磷(phorate)的硫氧化,苯并芘(benzopyrene)和月桂酸的羟基化(Lee和Scott,1989;Rose等,1991;Amichot等,1998;Guzov等,1998b;Yang等,2004)。除了模式底物,杀虫剂有时也被用作底物来表征P450的代谢活性,如测定同位素标记的杀虫剂的代谢(Riskallah等,1986a;Yoon等,2002),或利用色谱测定杀虫剂底物的减少量来表征代谢酶的活性(Li等,2000)。据我们所知,应用色谱分离分析的方法直接测定杀虫剂的代谢产物来表征植物次生性物质对昆虫细胞色素P450代谢活性的影响的报道非常少见。有关植物次生性物质对昆虫细胞色素P450的诱导效应研究很多,报道主要集中于三至六龄的昆虫取食寄主植物或植物次生性物质几至几十小时的诱导效应,也有报道研究了昆虫连续多代接触植物次生性物质后的P450活性的变化,但其诱导处理为低龄的幼虫接触次生性物质3~5 d后正常饲养。目

前未见昆虫连续多代从初孵幼虫到末龄幼虫接触次生性物质对 P450 活性诱导效应的报道。

虫螨腈(chlorfenapyr,CFP)是一种广谱的杀虫杀螨剂,主要用于蔬菜、棉花、果树、大豆等作物上防治对常用的氨基甲酸酯、有机磷、拟除虫菊酯等杀虫剂产生抗性的昆虫及螨类(Rand, 2004)。虫螨腈是一个前农药(proinsecticide),需要在昆虫或螨类的中肠中经过 P450 介导的脱 N-乙氧基甲基作用,而生成活化的代谢产物 tralopyril(Black 等,1994)(图 22.1)。虫螨腈的活化代谢产物通过氧化磷酸化的解偶联而抑制能量的生成(Treacy 等,1994)。目前,还没有有关应用 HPLC 或 GC 测定虫螨腈在细胞色素 P450 的介导下定量转变为活性代谢产物 tralopyril 的报道。

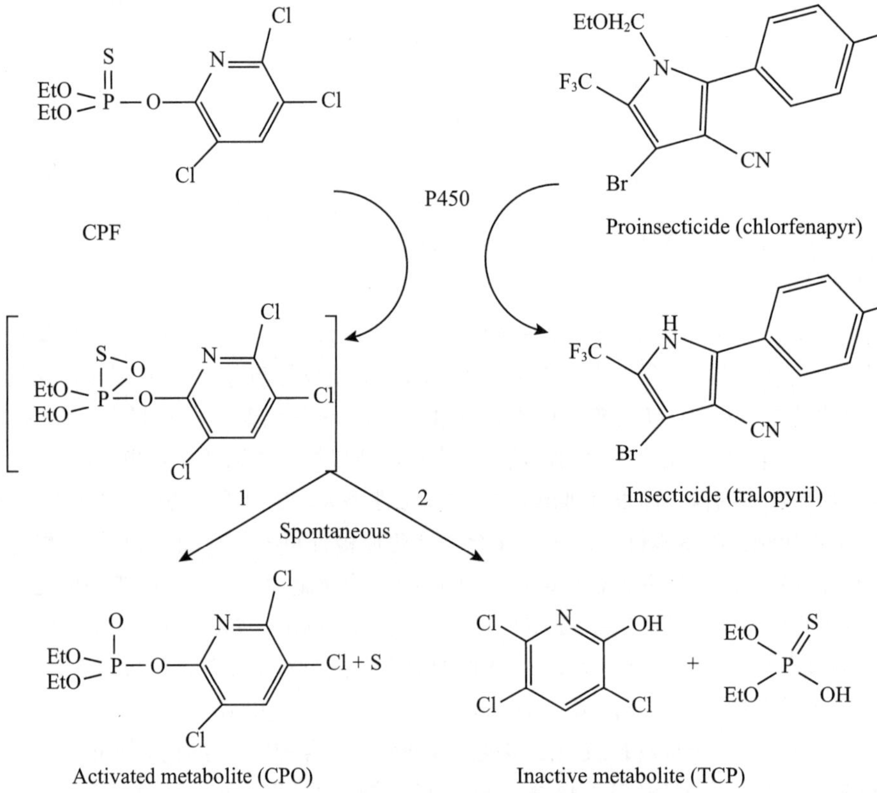

图 22.1 细胞色素 P450 介导的虫螨腈和毒死蜱的代谢

毒死蜱(chlorpyrifos,CPF)是一种二乙基硫代磷酸酯杀虫剂,广泛应用于农业害虫防治和室内传媒害虫防治。毒死蜱需要在昆虫体内经过生物活化生成氧化毒死蜱而发挥更大的毒效(Buratti 等,2006)。硫代磷酸酯有机磷杀虫剂经生物体内经生物活化生成相应的氧化产物(P ═S转变为 P ═O),这种转变长期以来被认为是细胞色素 P450 介导的。同时,P450 能够介导氧化性的酯键断裂导致硫代磷酸酯有机磷杀虫剂的解毒(Poet 等,2003;Mutch 等,2003a),如毒死蜱在生成氧化毒死蜱(CPO)的同时生成 3,5,6-三氯吡啶-2-醇(TCP)(图 22.1)。

本研究的目的是建立一种高效液相色谱分析方法,来表征棉铃虫中肠细胞色素 P450 单加氧酶对杀虫剂虫螨腈、毒死蜱的代谢活性,并研究了 2-十三烷酮对棉铃虫中肠 P450 代谢活性的诱导效应。为此,我们应用两种杀虫剂,即虫螨腈及毒死蜱,以及常用的底物 7-乙氧基香豆素(7-ethoxycoumarin)三种化合物作为底物,研究了棉铃虫经 2-十三烷酮长期、短期诱导对棉铃虫中肠代谢活性的影响。

22.1 代谢产物的结构鉴定

22.1.1 虫螨腈代谢产物的结构鉴定

根据(M-H)$^-$离子的丰度,保留时间以及串联质谱分析,确定代谢产物的结构。具有特定的同位素离子 m/z 347,349,351 以及同位素相对强度比 3∶4∶1(图 22.2a)(表明分子中含 1 个氯和 1 个溴);分子离子 m/z 347,碎片离子 m/z 268,157,131,111,79(图 22.2b),最大紫外吸收波长 262 nm,根据这些特征,该代谢产物被鉴定为 Tralopyril。Tralopyril 的碰撞诱导断裂反应如图 22.3 所示。毒死蜱经酶促反应后,其代谢产物为 Tralopyril,而未发现其他的代谢产物。

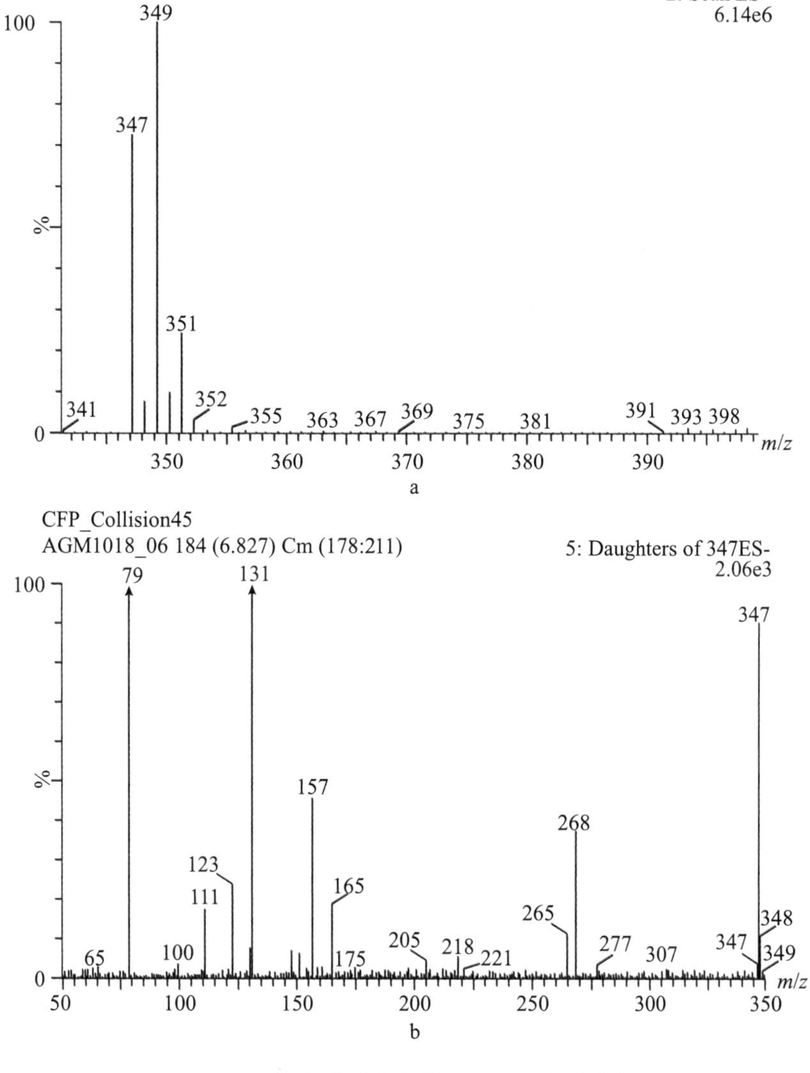

图 22.2 虫螨腈代谢产物的负离子电喷雾质谱图

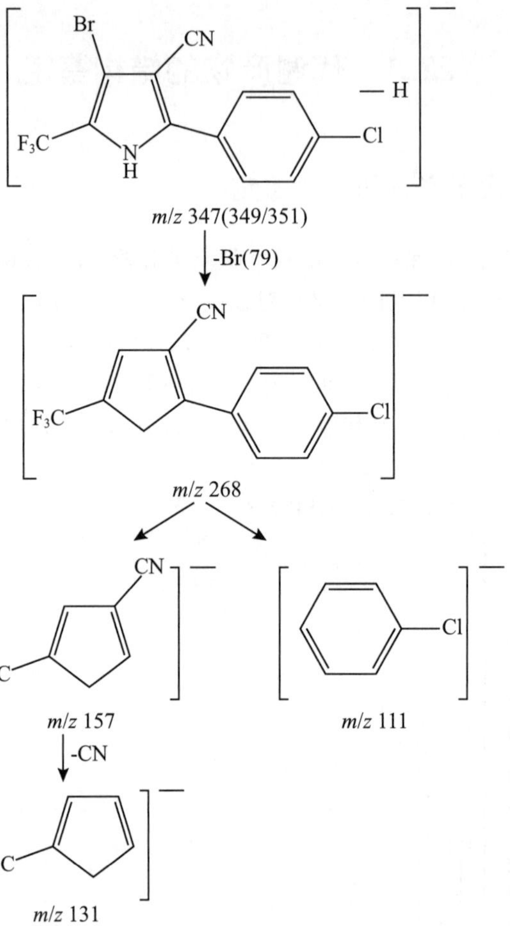

图 22.3 代谢产物 Tralopyril 的诱导断裂反应

22.1.2 毒死蜱代谢产物的结构鉴定

在优化的标准色谱分离条件下，通过与标准品比对，根据紫外吸收光谱、保留时间，确定保留时间为 7.7 min 和 11.0 min 的代谢产物分别为 TCP 和 CPO，未发现其他的代谢产物(图 22.4)。

22.2 虫螨腈、毒死蜱及其代谢产物的 HPLC 分离分析

本研究建立的高效液相色谱分析方法中，毒死蜱与其代谢产物及其基质(图 22.4)，虫螨腈与其代谢产物及其基质(图 22.5)均能达到良好的分离，并通过该分离分析方法，发现并鉴定了棉铃虫中肠对杀虫剂虫螨腈、毒死蜱的代谢产物。

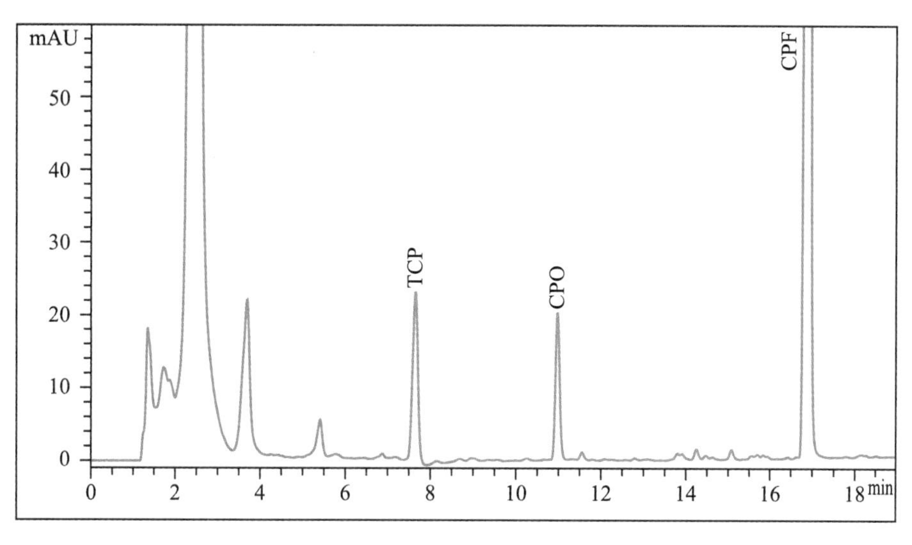

图 22.4 毒死蜱及其代谢产物 TCP,CPO 的 HPLC 分离分析

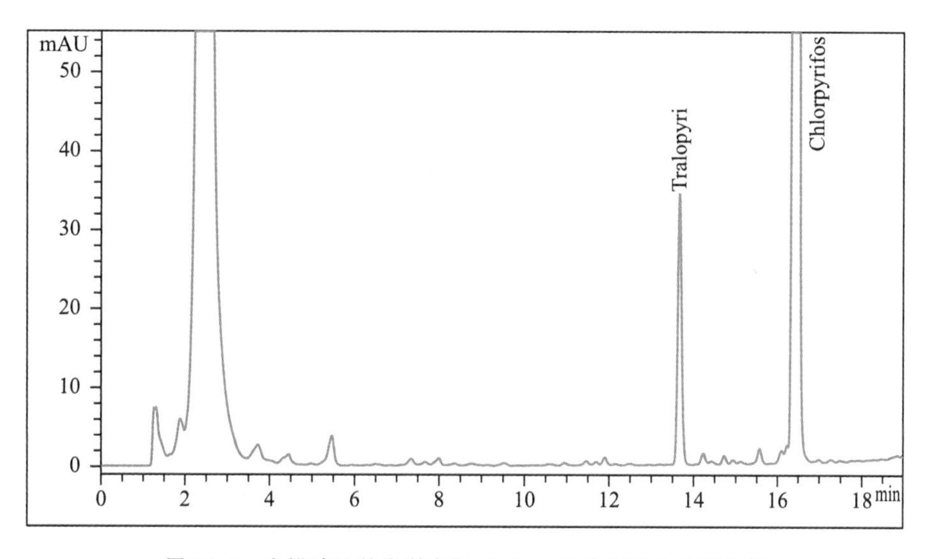

图 22.5 虫螨腈及其代谢产物 Tralopyril 的 HPLC 分离分析

22.2.1 标准曲线

根据实际测定的需要,以及方法的灵敏度,TCP(300 nm)和 CPO(290 nm),其线性范围分别确定为 9.2～920.0 ng 和 1.94～646.72 ng。其线性回归方程以及相关系数(R^2)计算如下:TCP,y(Area)＝1.670 7x(ng)－1.605 5,1.000 0(图 22.6);CPO,y(Area)＝1.055 5x(ng)－0.365 3,1.000 0(图 22.7)。结果表明,该高效液相色谱分离分析方法对于峰面积与进样量间有很好的线性关系。

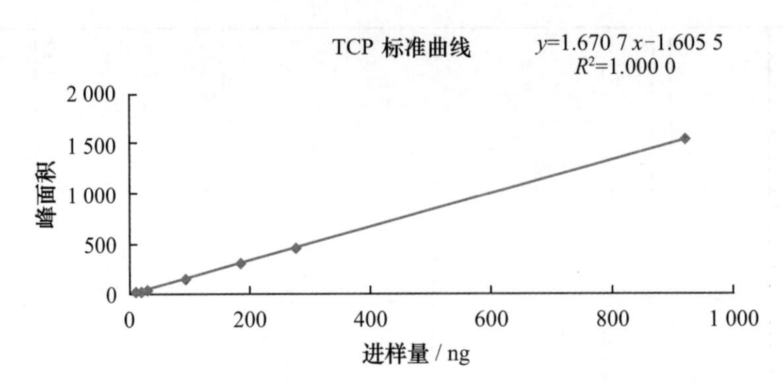

图 22.6 代谢产物 TCP 的标准曲线

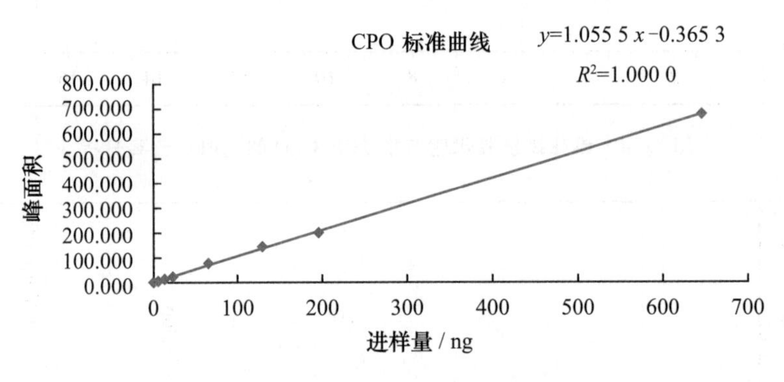

图 22.7 代谢产物 CPO 的标准曲线

22.2.2 代谢产物 TCP 和 CPO 的添加回收率

分别通过代谢产物标准品 TCP 和 CPO 的三个添加水平的添加回收率的测定来考察分析方法的准确度。TCP 的添加回收率在 81.41%～88.34%之间，添加回收率的相对标准偏差在 3.23%～4.94%(表 22.2)；CPO 的添加回收率在 75.62%～80.02%之间，添加回收率的相对标准偏差在 4.18%～5.58%(表 22.1)，能够符合分析的需要。

表 22.1 代谢产物 TCP 和 CPO 的添加回收率

标样	添加量/ng	回收($n=3$)	
		平均值/%	RSD/%
TCP	2 760.12	81.41	4.94
	276.012	86.71	4.46
	138.006	88.34	3.23
CPO	1 940.16	75.62	5.58
	194.016	80.02	4.39
	97.008	78.57	4.18

22.2.3 最低检测限

以信噪比的3倍作为检测限，毒死蜱代谢产物TCP和CPO在本方法中的最低检测限均为0.3 ng。

22.3 ECOD活性测定中7-羟基香豆素的标准曲线

按照酶活测定的程序，以产物7-羟基香豆素取代底物7-乙氧基香豆素，产物在19.5～144.3 nmol/L范围内，与荧光强度成良好线性关系(图22.8)。

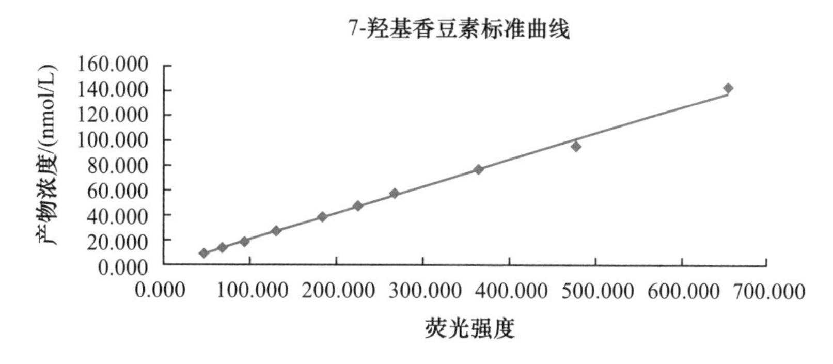

图22.8 荧光产物7-羟基香豆素标准曲线

22.4 2-十三烷酮对虫螨腈、毒死蜱及7-乙氧基香豆素代谢活性的诱导

棉铃虫中肠对杀虫剂虫螨腈、毒死蜱、常用模式底物7-乙氧基香豆素的氧化代谢活性，以及2-十三烷酮对上述三种底物氧化代谢活性的诱导效果见表22.2。

表22.2 2-十三烷酮诱导对虫螨腈、毒死蜱及7-乙氧基香豆素的代谢

幼虫	Tralopyril /[峰面积/(mg 蛋白·h)]		ECOD活性 /[pmol/(mg 蛋白·min)]		TCP /[pmol/(mg 蛋白·min)]		CPO /[pmol/(mg 蛋白·min)]		脱硫/脱芳基
	平均数±SE	比值	平均数±SE	比值	平均数±SE	比值	平均数±SE	比值	
对照幼虫	20.69±0.70 c	1.00	5.83±0.12 c	1.00	11.08±0.91 c	1.00	4.50±0.25 c	1.00	0.4078 ±0.0113 c
诱导幼虫	32.41±1.22 b	1.57	17.37±0.29 b	2.98	20.80±0.43 b	1.88	9.31±0.21 b	2.07	0.4475 ±0.0010 b
抗性幼虫	98.73±2.92 a	4.77	51.81±1.20 a	8.89	25.34±0.96 a	2.29	12.61±0.35 a	2.80	0.4982 ±0.0051 a

注：不同字母表示有显著差异($p<0.05$)。

棉铃虫中肠细胞色素 P450 的活性可以被植物次生性物质所诱导，当以 7-乙氧基香豆素为底物时，2-十三烷酮短期诱导幼虫（诱导幼虫）的 7-乙氧基香豆素 O-脱乙基活性（ECOD 活性）明显提高，诱导幼虫的 ECOD 活性是对照幼虫的 2.98 倍，2-十三烷酮长期诱导幼虫（抗性幼虫）的 ECOD 活性是对照幼虫的 8.89 倍，表明 2-十三烷酮能明显诱导棉铃虫中肠对模式底物 7-乙氧基香豆素的氧化代谢，且长期诱导的效果高于短期诱导的效果。

杀虫剂虫螨腈作为一种前农药（proinsecticide），需要昆虫细胞色素 P450 的活化，其活化代谢产物为 Tralopyril。本研究中，棉铃虫中肠粗酶液催化虫螨腈代谢的产物只有 Tralopyril。其代谢活性能被 2-十三烷酮诱导，诱导幼虫的代谢活性是对照幼虫的 1.57 倍，而抗性幼虫的代谢活性是对照的 4.77 倍。

毒死蜱是一种典型的硫代磷酸酯类有机磷杀虫剂，在生物体内可同时经历解毒代谢与活化代谢，其活化代谢的产物对昆虫的乙酰胆碱酯酶有更强的抑制作用，从而毒性更强。2-十三烷酮对毒死蜱的活化代谢与解毒代谢均有明显的诱导作用，且长期诱导的效果好于短期诱导的效果。从解毒代谢看，其代谢产物为 TCP，诱导幼虫的代谢活性是对照幼虫的 1.88 倍，而抗性幼虫的代谢活性是对照幼虫的 2.29 倍；从活化代谢看，其代谢产物为氧化毒死蜱（CPO），诱导幼虫的代谢活性是对照幼虫的 2.07 倍，而抗性幼虫的代谢活性是对照幼虫的 2.80 倍。从活化代谢与解毒代谢的比率看，离体条件下，棉铃虫中肠对毒死蜱的代谢主要是解毒代谢，对照幼虫活化代谢与解毒代谢之比为 0.407 8，诱导幼虫与抗性幼虫的活化代谢与解毒代谢之比分别为 0.447 5 和 0.498 2，均高于对照幼虫的比率，表明 2-十三烷酮对活化代谢的诱导效应大于对解毒代谢的诱导效应，且长期诱导的效果好于短期诱导的效果。

22.5 PBO 对虫螨腈、毒死蜱代谢的抑制

对虫螨腈代谢的抑制：PBO 对虫螨腈的代谢有明显的抑制作用，产物 Tralopyril 的生产量明显降低。对于对照幼虫，PBO 的抑制效果为 73.70%；而对于诱导幼虫和抗性幼虫，PBO 对虫螨腈的抑制效果分别达 76.52%和 87.58%（表 22.3）。表明细胞色素 P450 在棉铃虫中肠对虫螨腈的代谢中起了重要的作用。

表 22.3 PBO 对虫螨腈及毒死蜱代谢的抑制

幼虫	Tralopyri /[峰面积/(mg 蛋白 · h)]		TCP /[pmol/(mg 蛋白 · min)]		CPO /[pmol/(mg 蛋白 · min)]	
	5×10^{-4} M PBO 平均数±SE	抑制率/%	5×10^{-4} M PBO 平均数±SE	抑制率/%	5×10^{-4} M PBC 平均数±SE	抑制率/%
对照幼虫	5.44±0.34	73.70±1.63	8.71±1.41	21.41±5.70	4.62±0.44	—
诱导幼虫	7.61±0.32	76.52±0.99	4.88±0.62	76.53±3.00	4.15±0.39	55.36±4.17
抗性幼虫	12.46±1.96	87.58±1.98	5.47±0.35	78.43±1.53	4.34±0.34	65.56±2.66

对毒死蜱代谢的抑制：对于对照幼虫，PBO 对毒死蜱代谢的抑制效应不明显，其中对解毒代谢（生成 TCP）的抑制率只有 21.41%，而对活化代谢（生成 CPO）没有抑制作用；而对于诱导幼虫与抗性幼虫，PBO 对毒死蜱代谢的抑制作用较为明显。对于诱导幼虫，PBO 对毒死蜱

解毒代谢与活化代谢的抑制率分别为76.53%和55.36%;对于抗性幼虫,PBO对毒死蜱解毒代谢与活化代谢的抑制率分别为78.43%和65.56%(表22.3)。表明细胞色素P450在棉铃虫中肠对毒死蜱的代谢中起了很大的作用。

在本研究中,PBO对虫螨腈与毒死蜱代谢的抑制效应是不同的,表明是不同的细胞色素P450分别介导了棉铃虫对虫螨腈和毒死蜱的代谢。因而相同浓度的抑制剂条件下,PBO对虫螨腈的代谢有显著的抑制效果,而对毒死蜱的抑制效果一般。这可能是介导毒死蜱代谢的P450比介导虫螨腈代谢的P450对PBO更敏感,而要达到更高的抑制效果,需要加大抑制剂PBO的浓度。

22.6 讨论

细胞色素P450(多功能氧化酶)在保护植食性昆虫免受植物次生性物质影响,提高对次生性物质的耐受性方面起着重要的作用。其原理是植物次生性物质在昆虫体内,在昆虫细胞色素P450的催化下,植物次生性物质能被转变成极性更大的化合物,从而更容易排出昆虫体外(Brattsten等,1977)。除了植物次生性物质,其他的外源性化合物如农药、有机溶剂、医药等,均是细胞色素P450的底物,昆虫在接触这些外源性化合物后,能够通过细胞色素P450介导的氧化、还原、过氧化、去饱和、异构化以及单加氧等反应而提高对外源性化合物的适应性(Mansuy,1998;Feyereisen,2005)。细胞色素P450能催化至少60多种化学反应,其中最重要的是单加氧反应,如羟基化,N,O-脱烷基,环氧化,硫代磷酸酯有机磷杀虫剂的脱硫氧化等,由于细胞色素P450介导的单加氧反应,昆虫产生对植物次生性物质的耐受性和对农药的抗药性(Amichot等,1998;Scott等,1998)。有关植物次生性物质对昆虫P450代谢活性诱导作用的报道很多,主要集中于昆虫取食含次生性物质的寄主植物或含次生性物质的人工饲料一定时间后的诱导效应(短期诱导)(Brattsten等,1977;Riskallah等,1986a;Rose等,1991;Van Pottelberge等,2008)。也有连续多代接触次生性物质后的诱导效应报道,但文献报道的处理为初孵幼虫接触次生性物质3～5 d后正常饲养(Rose等,1991)。由于低龄幼虫的食量小,文献报道的处理中,最终昆虫接触到的次生性物质的量是有限的。因而与短期诱导相比,诱导效果不明显。

杀虫剂虫螨腈和毒死蜱在昆虫体内的活化代谢,长期以来被认为是昆虫细胞色素P450介导的反应(Black等,1994;Poet等,2003;Mutch等,2003b)。我们以常用的P450的模式底物7-乙氧基香豆素进行测定,发现2-十三烷酮短期诱导能明显提高棉铃虫中肠细胞色素P450的O-脱乙基活性。而长期诱导能显著提高棉铃虫中肠P450介导的O-脱乙基活性,长期诱导的抗性幼虫对7-乙氧基香豆素的代谢活性是短期诱导的3倍。2-十三烷酮是常用的昆虫P450的诱导剂,能明显诱导昆虫对P450模式底物的代谢(Rose等,1991)。而有关2-十三烷酮及其他植物次生性物质诱导昆虫P450对杀虫剂的直接代谢的报道很少。为此,我们研究了2-十三烷酮短期诱导与长期诱导对棉铃虫中肠代谢杀虫剂虫螨腈、毒死蜱的诱导效应。

PBO抑制试验表明,棉铃虫中肠对杀虫剂虫螨腈的代谢是由细胞色素P450介导的,而毒死蜱的代谢相对来说要复杂,因为从理论上来说,昆虫对毒死蜱的活化代谢(生成CPO)是由细胞色素 P450 介导的；而解毒代谢生成 TCP，可由细胞色素 P450（Feyereisen，2005）、磷酸三酯酶（PTES）（Sogorb 和 Vilanova，2002）所介导。PBO 抑制试验表明，细胞色素 P450 在毒死蜱的代谢中起了重要作用。昆虫体内磷酸三酯酶的活性一般较低，所以我们认为主要是细胞色素 P450 介导了毒死蜱的代谢。

在以前的研究中，我们发现以模式底物表征代谢酶活性时，该活性并不能代表对实际杀虫剂的代谢活性，只是因为制备的粗酶液中含有的是各种异构酶或同工酶的混合体，每一种酶与其各自的底物特异性。如果要表征昆虫对杀虫剂的代谢活性时，最好使用杀虫剂作为底物进行代谢试验，因为由此得到的结论更有说服力（Feyereisen，2005）。

本研究建立了棉铃虫对虫螨腈、毒死蜱代谢的高效液相色谱分析方法。可用于考察棉铃虫对虫螨腈的活化代谢，以及对毒死蜱活化代谢与解毒代谢，特别是在阐述抗性昆虫的代谢机制中有重要应用意义。

参考文献

[1]Amichot M, Brun A, Cuany A, De Souza G, Le Mouel T, Bride J M, Babault M, Salaun J P, Rahmani R and Berge J B. Induction of cytochrome P450 activities in Drosophila melanogaster strains susceptible or resistant to insecticides. Comp Biochem Physiol, Part C: Pharmacol, Toxicol Endocrinol, 1998, 121C: 311-319.

[2]Black B C, Hollingworth R M, Ahammadsahib K I, Kukel C D and Donovan S. Insecticidal action and mitochondrial uncoupling activity of AC-303, 630 and related halogenated pyrroles. Pesticide Biochemistry and Physiology, 1994, 50: 115-128.

[3]Bradway D E and Shafik T M. Malathion exposure studies. Deter mination of mono-and dicarboxylic acids and alkyl phosphates in urine. J Agric Food Chem, 1977, 25: 1342-1344.

[4]Brattsten L B, Wilkinson C F and Eisner T. Herbivore-plant interactions: mixed-function oxidases and secondary plant substances. Science (Washington, DC, United States), 1977, 196: 1349-1352.

[5]Buratti F M, Leoni C and Testai E. The human metabolism of organophosphorothionate pesticides: consequences for toxicological risk assessment. Journal fuer Verbraucherschutz und Lebensmittelsicherheit, 2006, 2: 37-44.

[6]Feyereisen R. Insect Cytochrome P450 in: Comprehensive Molecular. Insect Science. 2005, 4: 1-77. (ed. L. I. Gilbert, K. Iatrou & S. S. Gill) Elsevier.

[7]Guzov V M, Unnithan G C, Chernogolov A A and Feyereisen R. CYP12A1, a mitochondrial cytochrome P450 from the house fly. Archives of Biochemistry and Biophysics, 1998b, 359: 231-240.

[8]Lee S S and Scott J G. An improved method for preparation, stabilization, and storage of house fly (Diptera: Muscidae) microsomes. J Econ Entomol, 1989, 82: 1559-1563.

[9]Li X, Berenbaum M R and Schuler M A. Plant allelochemicals differentially regulate Helicoverpa zea cytochrome P450 genes. Insect Molecular Biology, 2002, 11: 343-351.

[10]Li X, Zangerl A R, Schuler M A and Berenbaum M R. Cross-resistance to a-cypermethrin after xanthotoxin ingestion in Helicoverpa zea(Lepidoptera:Noctuidae). Journal of Economic Entomology, 2000, 93:18-25.

[11]Mansuy D. The great diversity of reactions catalyzed by cytochromes P450. Comparative Biochemistry and Physiology, Part C:Pharmacology, Toxicology & Endocrinology, 1998, 121C:5-14.

[12]Mutch E, Daly A K, Leathart J B S, Blain P G and Williams F M. Do multiple cytochrome P450 isoforms contribute to parathion metabolism in man? Arch Toxicol, 2003a, 77:313-320.

[13]Mutch E, Daly A K, Leathart J B S, Blain P G and Williams F M. Do multiple cytochrome P450 isoforms contribute to parathion metabolism in man? Arch Toxicol, 2003b, 77:313-320.

[14]Poet T S, Wu H, Kousba A A and Timchalk C. In vitro rat hepatic and intestinal metabolism of the organophosphate pesticides chlorpyrifos and diazinon. Toxicological Sciences, 2003, 72:193-200.

[15]Rand G M. Fate and effects of the insecticide-miticide chlorfenapyr in outdoor aquatic microcosms. Ecotoxicology and Enviro nmental Safety, 2004, 58:50-60.

[16]Riskallah M R, Dauterman W C and Hodgson E. Host plant induction of microsomal monooxygenase activity in relation to diazinon metabolism and toxicity in larvae of the tobacco budworm Heliothis virescens (F.). Pesticide Biochemistry and Physiology, 1986a, 25:233-247.

[17]Rose R L, Gould F, Levi P E and Hodgson E. Differences in cytochrome P450 activities in tobacco budworm larvae as influenced by resistance to host plant allelochemicals and induction. Comparative Biochemistry and Physiology, Part B:Biochemistry & Molecular Biology, 1991, 99B:535-540.

[18]Scott J G, Liu N and Wen Z. Insect cytochromes P450:diversity, insecticide resistance and tolerance to plant toxins. Comp Biochem Physiol, Part C:Pharmacol, Toxicol Endocrinol, 1998, 121C:147-155.

[19]Sogorb M A and Vilanova E. Enzymes involved in the detoxification of organophosphorus, carbamate and pyrethroid insecticides through hydrolysis. Toxicology Letters, 128:215-228.

[20]Terriere L C. Induction of detoxication enzymes in insects. Annual Review of Entomology, 1984, 29:71-88.

[21]Treacy M, Miller T, Black B, Gard I, Hunt D and Hollingworth R M. Uncoupling activity and pesticidal properties of pyrroles. Biochem Soc Trans, 1994, 22:244-247.

[22]Van Pottelberge S, Van Leeuwen T, Van Amermaet K and Tirry L. Induction of cytochrome P450 monooxygenase activity in the two-spotted spider mite Tetranychus urticae and its influence on acaricide toxicity. Pesticide Biochemistry and Physiology, 2008, 91:128-133.

[23]Yang Y,Wu Y,Chen S,Devine G J,Denholm I,Jewess P and Moores G D. The involvement of microsomal oxidases in pyrethroid resistance in Helicoverpa armigera from Asia. Insect Biochemistry and Molecular Biology,2004,34:763-773.

[24]Yoon K S,Nelson J O and Marshall Clark J. Selective induction of abamectin metabolism by dexamethasone,3-methylcholanthrene,and phenobarbital in Colorado potato beetle,Leptinotarsa decemlineata(Say). Pestic Biochem Physiol,2002,73:74-86.

第23章

害虫的化学防治与作物抗虫性

化学防治和作物抗虫品种的应用在害虫综合治理中占有重要的地位。近年来由于多从单一角度考虑化学防治或作物抗虫品种的作用,而忽视化学防治、作物抗虫品种与害虫之间的相互制约的关系,致使某些害虫猖獗为害。利用植物体内的某些次生性物质作为作物品种的抗虫因子虽是重要手段之一(Arimura 等,2009;Zhou 等,2006),但这些物质常又是杀虫药剂解毒酶系的诱导剂,从而影响了化学防治的有效性。反之,杀虫药剂的选择作用可使昆虫产生抗药性,而造成害虫抗药性的解毒酶系又能代谢植物次生性物质,导致作物品种抗虫性降低甚至于丧失。同时,杀虫药剂又可以影响植物次生性物质的产生。因此,研究抗虫品种、昆虫与杀虫药剂间的相互关系具有重要的理论意义和实践价值。

23.1 通过抗虫育种破坏植食性害虫对寄主植物的适应性

动物在一生当中,取食对自身安全的食物是其最基本的本能,对于每一个物种,在形态学、生理学、生态学以及行为学等方面都已进化出了许多适合于获取食物和利用食物的特征。动物界中,昆虫显示出了最多样性的取食习性,植物次生性物质是决定昆虫能否取食某种植物的主要因子之一。如果昆虫在进化过程中,能够克服植物次生性物质的不良影响,则该种植物就有可能成为其寄主,这时植物所含的这种次生性物质又有可能成为引诱昆虫取食的标记物。例如,十字花科植物所含的芥子苷具有杀虫活性,但是菜粉蝶、小菜蛾等不但不受芥子苷的影响,反而受这种物质的引诱,促进取食或诱导产卵。实际上,对于任意一种植物,不能取食它的昆虫种群要比能取食的多得多。同样,任意一种昆虫不能取食的植物要比能取食的多得多(杨本文,1978)。说明一种昆虫只能够克服少数植物的防御,使之作为食物。这种昆虫与植物间的特殊的组合也正是农作物与害虫间的关系,抗虫育种的目的就是打破这种关系。例如,可以通过育种使野生品种中的能够控制产生影响昆虫行为、感觉生理、代谢或内分泌的植物次生性物质的基因转移到栽培品种上,使之对昆虫具有抵抗能力。表 23.1 列出了一些植物次生性物质及其有关的昆虫。

表 23.1　一些植物次生性物质及其有关的昆虫

植物种类	活性物质	昆虫种类
山核桃	胡桃醌	欧洲榆小蠹
桑属	β-谷留醇、异槲皮苷、柠檬醛、芳樟醇、乙酸、萜烯酯、3-已烯醇	家蚕
蓼属	草酸	酸模叶甲
木防己属	木防己叶碱(异菠尔定)	斜纹夜蛾
三桠乌药	单醋酸三桠乌药二醇酯、双醋酸三桠乌药二醇酯	卫矛尺蠖
乌头属	乌头碱	斜纹叶蛾、马铃薯甲虫
木樨草科	芥子苷	甘蓝蚜
萝卜属	芥子油(芥子苷)	桃蚜、北美黑凤蝶
芸薹属	已烯醇、烷基硫氰酸酯、芳基硫氰酸酯、葡萄糖	萝卜蝇、小菜蛾、蔬菜象甲、菜粉蝶、菜大粉蝶、甘蓝蚜、辣根猿叶
草木樨	芥子苷	豌豆蚜
百草香木樨	香豆素	豆蚜
金雀花	无叶豆碱	草木樨根瘤象甲
棉豆	棉豆素	蔬菜象甲
紫苜蓿	腺嘌呤、腺嘌呤核苷、茴香苯甲酸类、乙酸苯酯、磷酯类	墨西哥豆瓢甲、苜蓿叶象甲
野百合属	双稠吡啶类	新斑蝶亚科、斑蝶亚科、灯蛾科
扁桃	苦杏片苷、丙酸苯酯、2-金合欢烯	稠李叶蜂、脐橙螟
苹果	根皮苷	桃蚜
楝	印苦楝素	沙漠蝗
苦楝	甘楝三醇、异茴芹内酯、花椒霉内酯	沙漠蝗、斜纹夜蛾
百鲜属	甲基壬基甲酮、爰草脑、大茴香脑	金凤蝶、北美黑凤
无患子科	百竖木醇	*Serrodes partita*
棉属	三甲胺、2-蒎烯、柠檬烯、β-没药醇、β-丁香酮、棉酚、槲皮黄素、山奈黄素、芸香苷、棉黄苷、棉紫素等	野棉象甲

续表 23.1

植物名称	活性物质	昆虫种类
猕猴桃属、	马塔他二醇、5-氧代二氧马塔他二醇、金丝桃素	丽草蛉、叶甲
茴香属	爱草脑、大茴香脑、大茴香霞、大茴香、基丙酮	凤蝶类
芹和兰芹、胡萝卜属	柏木内酯、甲基壬基甲酮	金凤蝶
芹属	对伞花醇	蔬菜象甲
胡萝卜属	L-香芹酮	
天胡荽属	葑酮(小茴香酮)	
水芹属	d-拧橡烯	
珊瑚菜属	1-芳樟醇	
欧防风属	大茴香醛	
当归属	异茴芹内酯、花椒毒内酯	斜纹夜蛾
森林匙羹藤	匙羹藤酸	南方黏虫
夹竹桃科(同心结属)	双稠吡咯啶类	新斑蝶亚科、斑蝶亚科、灯蛾科
葫芦科	葫芦素类	黄瓜十一星叶甲
蒿属	爱草脑、大茴香脑	北美黑凤蝶
泽兰属(山兰千里光)	双稠吡咯啶类	新斑蝶亚科、斑蝶亚科、灯蛾科
紫草科	双稠吡咯啶类	新斑螺亚科、斑蝶亚科、灯蛾科
马鞭草科	海棠山苷类、2-甲基-2-甲氧基甲酰蒽醌	斜纹夜蛾、玉米螟、毒蛾
紫葳科(梓属)	梓苷	梓天蛾
马铃薯类	葡萄糖苷类、磷酯类、正酰乙醛、绿原酸、己醛、己烯醇类	马铃薯甲虫、斑瓢虫
烟草属	葡萄糖普类	*Protoparoe sexta*
烟草属	烟碱	马铃薯甲虫
假酸浆属	假酸浆酬茄碱类	家蝇、马铃薯甲虫
六月禾	茴香酰胺类、苯甲酰胺、酸戊酯、磷酯类	双带蝗、赤足蝗类
玉蜀黍	2,4 二羟基-7-甲氧基-1,4-苯并噁嗪-3-酮葡萄糖苷	玉米螟
稻属	米谷酮、水杨酸	二化螟、稻褐飞虱
葱属	烯丙硫醇、烯丙基-硫及二硫	洋葱蝇
兰科	倍半萜烃类及醇类	地蜂属、曲土蜂顶蜂属

续表 23.1

植物名称	活性物质	昆虫种类
松科	乙烷、苯甲酸、α 及 β 蒎烯、油酸甲酯、亚油酸甲酯、*D*-柠檬烯、*D*,*L*-莰烯、甲基黑椒酚	*Monochanus alternalis*、松纵抗切梢小蠹、黄色梢小蠹、松象甲、巨颈小蠹、沟小蠹、黄衫小蠹

注：* 据杨本文(1978)改编。

23.2 植物次生性物质和杀虫药剂受到相同酶系的降解

23.2.1 植物次生性物质对昆虫体内解毒酶系的诱导作用

昆虫体内的解毒酶水平与其取食习性密切相关。一般多食性昆虫体内的解毒酶水平高于寡食性和单食性昆虫，同一种昆虫取食期高于其他时期。例如，鳞翅目昆虫中幼虫期明显高于成虫期。造成这种现象的主要原因就是昆虫在取食的同时，也要动用大量的酶系来消除随同取食摄入的植物次生性物质以及其他附着于植物表面的有毒物质的危害。许多事实证明，植物次生性物质对昆虫体内的解毒酶系水平有明显的诱导作用(LeGoff 等，2006；Haig，2008)。昆虫对植物次生性物质和其他外源性化合物代谢的重要酶系有氧化酶、水解酶、转移酶和还原酶等(表 23.2)(Ahmad 等，1986)。

多功能氧化酶(MFO)是昆虫体内最重要的解毒代谢酶系，它的酶水平可以通过许多化合物诱导增加，该酶的诱导合成不是对已存在酶的活化，也不是阻止该酶的失活，而是酶蛋白的全程合成过程一种化合物可以诱导该酶不同类型的同工酶，这些同工酶可以降解不同于诱导化合物(即诱导剂)类型的化合物。也就是说，植物次生性物质诱导的 MFO 的同工酶可以降解杀虫药剂，杀虫药剂诱导的 MFO 的同工酶也可以降解植物次生性物质。前者加强了害虫的抗药性，后者使品种的抗性降低或丧失。

表 23.2 昆虫体内参与植物次生性物质及其他外源性化合物代谢的主要酶系

氧化酶	多功能氧化酶(MFO). E. C1. 14. 14. 1. 又称非专一性单氧加氧酶、多底物单氧加氧酶 CPSMm 等
水解酶	羧酸酯酶 . E. C. 3. 1. 1. 1，又称脂族酯酶、B-酯酶、羧酸酯水解酶、芳基酯酶 E. C. 3. 1. 1. 2，又称 A-酯酶，环氧化物水解酶 E. C. 3. 3. 2. 3，又称环氧化物水化酶、芳烃氧化物水解酶
转移酶	谷胱甘肽转移酶 E. C. 2. 5. 1. 18；UDP 葡萄糖转移酶 E. C. 2. 4. 1. 35. 又称酚 β-葡萄糖转移酶
还原酶	羰基还原酶，E. C. 1. 1. 1. 184. 又称 AK 还原酶

Brattsten 等(1977)首先发现了当饲料中含有(＋)-α-蒎烯、黑芥子硫苷酸钾、反-2-己醛时，可以诱导亚热带黏虫(*Spodoptera eridania*)中肠 MFO 的活性增加。杂色地老虎(*Peridroma saucia*)幼虫中肠的 MFO 活性可以因单萜类化合物的存在使 MFO 的艾氏剂环氧化活性增加 24 倍，细胞色素 P-450 含量增加 6 倍。薄荷叶片中含有高浓度的单萜类化合物，取食

薄荷叶片的幼虫 MFO 活性比取食其他饲料的高 45 倍(Yu 等,1986)。不同寄主植物或不同品种由于含有的植物次生性物质的种类和数量不同,对昆虫的影响也有所不同。据报道,草地黏虫(*Spodoptera frugiperda*)幼虫取食玉米和棉花后,其中肠中 MFO 的环氧化、坦基化、脱甲基化、脱硫氧化以及亚砜化的活性明显高于取食大豆、花生和人工饲料的幼虫。寄主植物对昆虫体内的解毒酶系的影响,主要是由于寄主植物体内含有的次生性物质造成的,表 23.3 列出了一些研究的实例。

表 23.3 寄主植物及其次生性物质诱导昆虫 MFO 增加的实例

虫种	植物次生性物质
亚热带黏虫 *Spodoptera eridania*	(+)-α-蒎烯、黑芥子硫苷酸钾、反-2-己醛
杂色地老虎 *Peridroma saucia*	薄荷叶(含单萜、(−)-薄荷醇、1-薄荷酮、(+)-α-蒎烯、(−)-β-蒎烯)
首稽丫纹夜蛾 *Autographa californica*	(同上)
粉纹黏虫 *Trichoplusia ni*	(同上)
亚热带黏虫 *Spodoptera eridania*	α-蒎烯、β-蒎烯、1,8-萜 1,8-二烯(萱烯)、萜二醇(萜品)
草地黏虫 *Spodoptera frugiperda*	各种单萜、(+)-α-蒎烯、(−)-α-蒎烯、(+)-1,8-萜二烯、(−)-薄荷醇、吲哚-3-甲醇、吲哚 3-乙腈、黄酮
黎豆夜蛾 *Anticarsia gemmatalis*	寄主植物、吲哚-3-甲醇、(−)-薄荷醇、吲哚-3-乙腈
日本丽金龟 *Popillia japonica*	寄主植物
棉红蜘蛛 *Tetranychus urticae*	寄主植物
美洲棉铃虫 *Heliothis zea*	十三烷酮
苹淡褐卷叶蛾 *Epiphyas postvittana*	寄主植物
烟芽夜蛾 *Heliothis virescens*	寄主植物

寄主植物及其次生性物质对谷胱甘肽(GSH)转移酶(GST)也具有明显的诱导作用。Yu(1984,1982)用草地夜蛾(*Spodoptera frugiperda*)试验表明,对 GST 的诱导能力是:欧洲防风>香芹菜>芥菜>芫菁>萝卜>豇豆>甘蓝>大白菜>花生>棉花。和取食人工饲料的幼虫相比,欧洲防风可以使 GST 活性增加 39 倍。但是大豆、高粱、粟、玉米、马铃薯、黄瓜、胡萝卜和花椰菜对 GST 却无影响。杂食性的草地黏虫和美洲棉铃虫(*Heliothis zea*)的 GST 分别有 6 个和 4 个同工酶,而非杂食性的烟芽夜蛾(*Heliothis virescens*)、粉纹夜蛾(*Trichopusia ni*)和黎豆夜蛾(*Anticarsia gemmatalis*)仅有一个单一的 GST(Yu,1992)。吲哚-3-甲醇、吲哚-3-乙腈、黄酮和黑芥子硫苷酸钾对亚热带黏虫幼虫 GST 有明显的诱导作用(Yu,1983)。但是,单萜类化合物对 GST 却无诱导作用,尽管这类化合物是 MFO 的诱导剂(Yu,1982)。寄主植物及其次生性物质对 GST 的诱导作用与 MFO 不同,不同诱导剂诱导产生的 GST 对模式底物的专一性没有明显的改变的。

羧酸酯酶是杀虫药剂代谢的主要酶系之一,对它的诱导和 MFO 一样,也是酶蛋白的全程合成过程。Dowd 等(1983)报道了大豆抗性品种叶片的抽提液可以使大豆尺夜蛾(*Pseudoplusia includens*)幼虫体内羧酸酯酶活性降低,诱导粉纹夜蛾(*Trichopusia ni*)幼虫体内的羧酸酯酶活性提高。寄主植物的不同,可以使二点叶螨体内的羧酸酯酶活性相差 2.4 倍(Mullin 和 Croft,1983)。一般来讲,单萜类化合物以及倍半萜烯山道年内酶可以使酯酶活性增加

35%～65%；吲哚-3-甲醇、吲哚-3-乙腈、类黄酮、β-萘黄酮和金鸡纳碱使酯酶增加 35%～114%（Yu，1986）。不同寄主植物对棉野体内羧酸酯酶的活性也有明显的影响，取食茄子和马铃薯的棉野具有比较低的酯酶活性，而取食西瓜的种群酯酶活性则比较高（Hama 和 Hosoda，1988；Saito，1993）。不同棉花品种对棉蚜羧酸酯酶也具有明显的影响，在试验的 7 个棉花品种中，取食中棉 12 的种群酯酶活性是取食泾阳鸡脚棉的 6 倍，不同寄主植物对棉蚜羧酸酯酶的底物专一性也具有明显的影响（高希武，1992）。

23.2.2 寄主植物对昆虫抗药性的影响

寄主植物及其次生性物质诱导的解毒酶系与杀虫药剂的代谢酶系相同或相近，使得取食含有高浓度次生性物质的植物的昆虫对杀虫药剂的解毒代谢增加，从而耐药性或抗药性增加。抗虫育种往往是使一些对昆虫有影响的植物次生性物质的基因集中，从而导致对昆虫的抗性增加。因此，抗虫品种对害虫耐药性或抗药性也会由此产生影响。

Kennedy 等（1987）将美洲棉铃虫卵放在含有 2-十三烷酮的植物叶片上培养，新孵化的幼虫对西维因的耐药性水平提高，同时证明 2-十三烷酮的蒸汽可以作为卵期的诱导因子。耐药性提高的原因是由于 2-十三烷酮诱导 MFO 增加所致。用红绿豆、孟加拉绿豆、野豆和番茄饲养棉铃虫连续 2 代，发现取食红绿豆的幼虫对硫丹、久效磷、毒死蜱、溴氰菊酯的耐药性最强，取食番茄的最敏感，而寄主植物对灭多威的毒性则没有明显的影响（Loganathan 和 Gopalan，1985）。Robertson 等（1990）证明，苹淡褐卷叶蛾（*Epiphyas postvittana*）的抗性品系和敏感品系的幼虫对谷硫磷的反应明显依赖于幼虫取食的饲料。取食黑莓的抗性幼虫和取食人工饲料的敏感幼虫对药剂的反应是类似的，取食人工饲料的敏感品系的幼虫比取食其他天然饲料的耐药性更高，而取食黑莓的抗性幼虫的抗药性明显低于取食其他饲料的抗性幼虫。其原因主要是由于食料影响了酯酶活性而不是 MFO。苹果树叶片中的根皮背可以降低 *Platynota idaeusalis*（Walker）三龄幼虫对谷硫磷的耐药性，与 GST、酯酶和 MFO 的受抑制有关。而取食含有根皮苷饲料的抗性品系的初孵幼虫对高浓度的谷硫磷具有更高的耐药性，根皮苷抑制抗性品系幼虫体内 GST 活性，使醋酶活性增加，说明抗性品系的初孵幼虫对谷硫磷耐药性的提高是由于根皮苷诱导醋酶活性增加所致（Hunter，1994）。

Sparks（Sparks，1992）报道，和感虫的大豆品系（Bragg）相比，抗虫的品系（PI227687）可以改变大豆尺夜蛾（*Pseudoplusia includens*）和美洲亵夜蛾对甲胺磷的敏感度，同时使酯酶、GST 和 MFO 活性提高。拟雌内酯是使 PI227687 具有抗虫性的主要化学物质，它可以加强氧戊菊酶的毒性而降低灭多威的毒性。

23.3 杀虫药剂对寄主植物的影响

化学防治在一般情况下能够使作物免受害虫危害，减少产量损失。但是，由于过多的施药破坏了作物的正常生理，反而使作物的抗虫能力降低，甚至使作物减产。

用 33 种农药对一年生的苹果树苗试验表明，其中 8 种药剂使光合作用降低 6%～73%。另一个试验用了 37 种药剂，其中 25 种对苹果树的光合作用有影响，二嗪哝、三氯杀螨醇、克螨特等使光合作用降低13%～27%。对核桃、柑橘、花卉、蔬菜等的试验也均得到了类似的结果(高希武,1993)。使用农药防治害虫的同时,农药本身对作物的产量也会产生影响,最典型的例子就是施药过多的莴苣,产量反而下降。有试验表明,在甘蓝上也得到了类似的结果,施药4～9次的甘蓝产量比施药3次或3次以下的地块降低约18%(高希武,1993)。

有机氯杀虫剂可以降低细胞的分裂,有时可以通过抑制有丝分裂产生多倍体。两种氨基甲酸酯类农药——呋喃丹和沸灭威施用后,使甘蓝根细胞有丝分裂指数增加别。由于杀虫剂的施用使植物产生多倍体,有可能改变包括抗虫性在内的一些遗传性状。

植物的营养价值可以通过施用杀虫剂加以改变,从而影响到作物的抗虫性。植物幼期的防御性次生性物质是以碳为基础,后期是以氮为基础,而甲拌磷可以使棉花的碳水化合物含量增加,含氮量下降(杨本文,1978)。因此,有可能影响到棉花防御性次生性物质的产生。寄主植物营养价值和生长状况的改变,对于控制害虫种群的发展起着重要的作用。用溴氰菊酯和甲基对硫磷处理水稻后,由于改变了植株的生长状况,对褐稻虱的诱集作用加大,呋喃丹使水稻植株中钙和碳水化合物含量降低,氮增加,导致细胞壁变薄,使水稻对刺吸式口器的昆虫抗性降低。

总之,作物—昆虫—杀虫药剂之间的相互关系是比较复杂的,不同组合,其影响的方式及程度会有不同。而这种关系又是害虫综合治理中的关键一环,因此,应加强作物昆虫杀虫药剂相互关系的基础性研究,为作物抗虫育种、害虫化学防治及两者的协调提供依据,这对组建综合治理的技术体系,提高综合治理的技术水平有重要意义。在棉花、水稻等用药较多的作物系统,有些试验已经证明农药对其次生性物质的代谢具有明显的影响,不同作物品种对害虫的抗药性也具有显著的影响。但是,这些问题在国内尚乏系统的研究。

参考文献

[1]柴田承二,等．生物活性天然物质．杨本文译．北京:人民卫生出版社,1978.

[2]高希武．寄主植物对棉蚜羧酸酯酶活性的影响．昆虫学报,1992,35:267-272.

[3]张福锁．植物营养-生态生理学和遗传学．北京:中国科学技术出版社,1993.

[4]Ahmad S,Brattsten L B,Mullin C A,Yu S J. Enzymes involved in the metabolism of plant allelochemicals. In:Brattsten L B. Ahmad S,eds. Molecular Aspects of Insect-Plant Associations. New York,London:Plenum Press,1986.

[5]Brattsten L B,Wilkinson C F,Eisner T. Herbivore-plant interactions:mixed-function oxidases and secondary plant substances. Science,1977,196:1349-1352.

[6]Dowd P F,Smith C M,Sparks T C. Influence of soybean leaf extract cleavage in cabbage and soybean loopers(Lepidoptera:Noctuidae). J Econ Entomol,1983a,76:700-703.

[7]Gen-ichiro Arimura,Kenji Matsui,Junji Takabayashi. Chemical and Molecular Ecology of Herbivore-Induced Plant Volatiles:Proximate Factors and Their Ultimate Functions Plant Cell Physiol,2009,50(5):911-923.

[8] Hama H, Hosoda A. Individual variation of aliesterase activity in field populations of *Aphis* gossypii Glover (*Homottera* :Aρ. hididae). Appl Ent Zool,1988,23:109-112.

[9]Hunter M D,Biddinger D J,Carlini E J,Mcpheron B A,Hull L A. Effects of apple leaf al-

lelochemistry on tufted apple bud moth (*Lepidottera, Tortricidae*) resistance to azinphos-methyl. J Econ Entomol, 1994, 87: 1423-1429.

[10]Kennedy G G, Farrar R R, Riskallah M R. Induced tolerance of neonate Heliothis zea to host plant allelochemicals and carbaryl following incubation of eggs on foliage of Lycoersicon hirsutum f glabratum Oecologia, 1987, 73: 615-620.

[11]LeGoff G, Hilliou F, Siegfried B D, Boundy S, Wajnberg E, Sofer L, Audant P, ffrench-Constant R H and Feyereisen R. Xenobiotic response in Drosophila melanogaster: sex dependence of P450 and GST gene induction. Insect Biochem MolBiol, 2006, 36: 674-682.

[12]Loganathan M, Gopalan M. Effect of host plants on the susceptibility of *Heliothis armigera* Hubner to insecticides. Indian J of Plant Protection, 1985, 13: 1-4.

[13]Mullin C A, Croft B A. Host-related alteration of detoxication enzymes in *Tetranychus urticae* (Acari: Tetranychidae). Environ Entomol, 1983, 12: 1278-1281.

[14]Robertson J L, Armstrong K F, Suckling D M. Preisler H K. Effects of host plants on the toxicity of azinphosmetllyl to susceptible and resistant light brown apple moth (Lepidotera, Tortricidae). J Econ Entomol, 1990, 83: 2124-2129.

[15]Saito T. Insecticide resistance of the cotton aphid. *Athis gossytii* Glover (*Homoptera, Aphididae*) VI. Qualitative variations of aliesterase activity. Appl Entomol Zool, 1993, 28: 263-265.

[16]Sparks T C. The Biochemistry. physiology and toxicology of insect control agents. Criss CD-Rom, 1992.

[17]Yu S J, Berry R E, Terriere L C. Host plant stimulation of detoxifying enzymes in a phytophagous insect. Pestic Biochem Physiol, 1979, 12: 280-284.

[18]Yu S J. Host plant induction of glutathione s-transferase in the fall armyworm. Pestic Biochem Physiol, 1982b, 18: 101-106.

[19]Yu S J. Host plant induction of microsomal monooxygenases to organophosphate activation in fall armyworm larvae. Florida Entomol, 1986, 69: 579-587.

[20]Yu S J. Induction of detoxifying enzymes by allelochemicals and host. plants in the fall armyworm. Pestic Biochem Physiol, 1983, 19: 330-336.

[21]Yu S J. Interactions of allelochemicals with detoxication enzymes of insecticide-susceptible and resistant fall armyworms. Pestic Biochem Physiol, 1984, 22: 60-68.

[22]Yu S J. Toxicology of Agricultural important insect pests of Florida. Cris CD-Rom, 1992

[23]Zhou Y H, YU J Q. Allelochemicals and Photosynthesis. In: Allelopathy: A Physiological Process with Ecological Implications, 2006: 127-139.

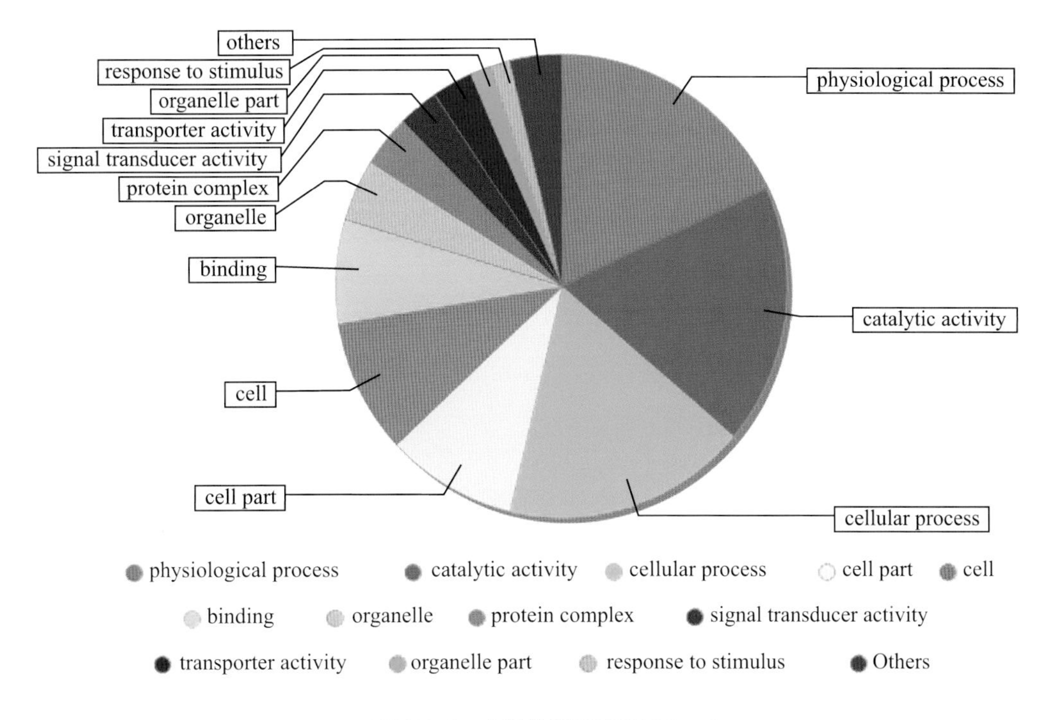

彩图21.2　中肠差异基因GO Mapping

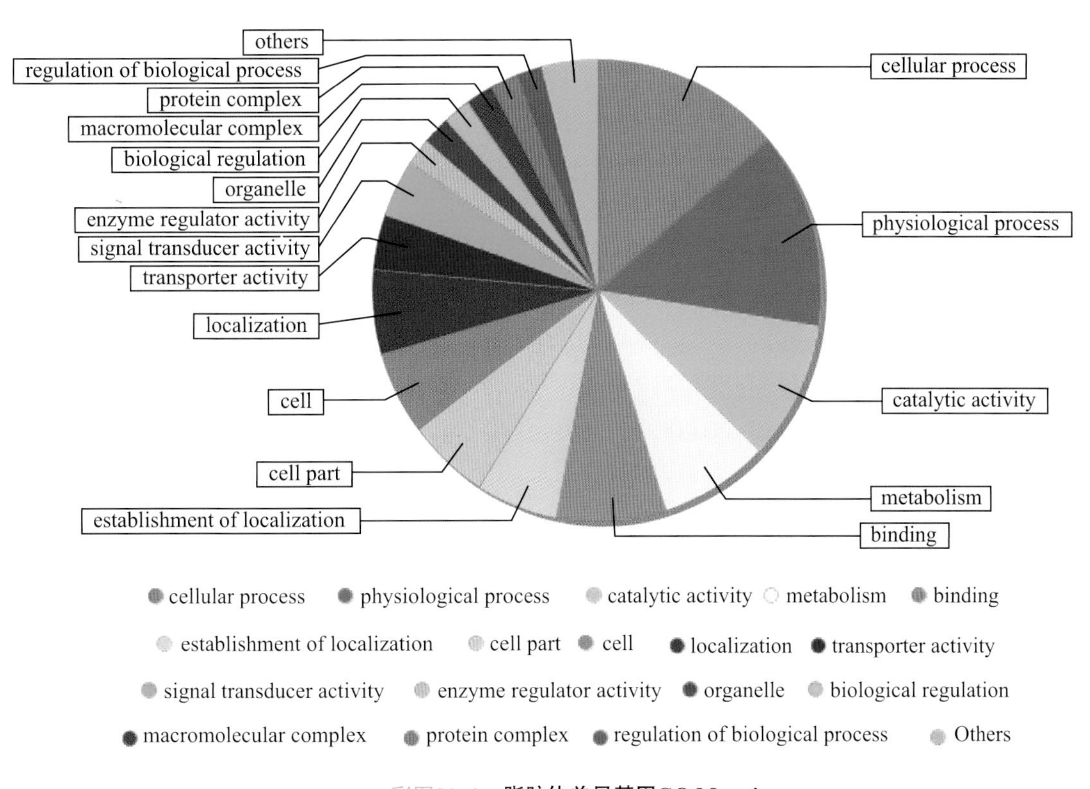

彩图21.4　脂肪体差异基因GO Mapping

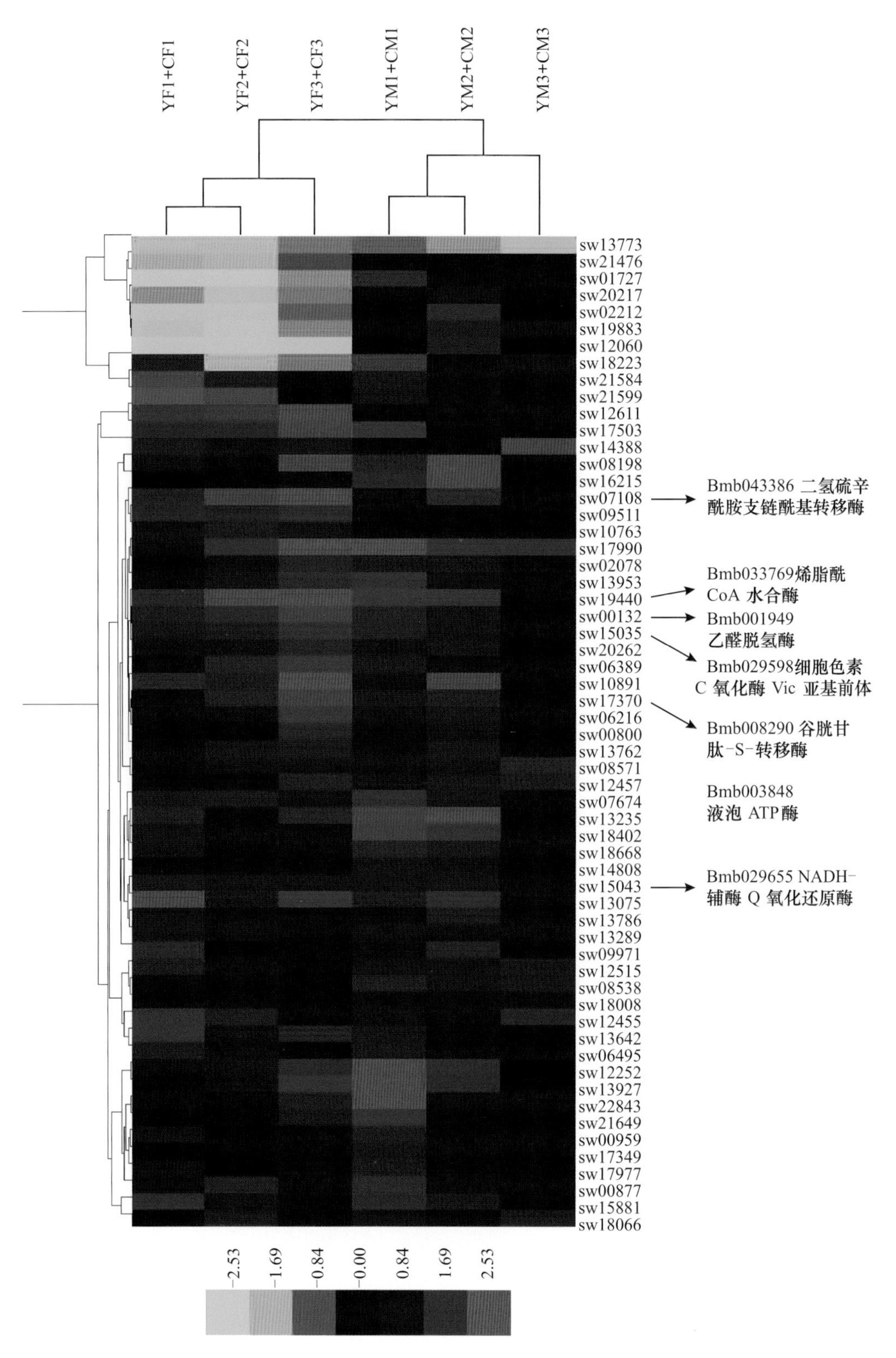

彩图 21.5　中肠和脂肪体差异基因聚类分析图

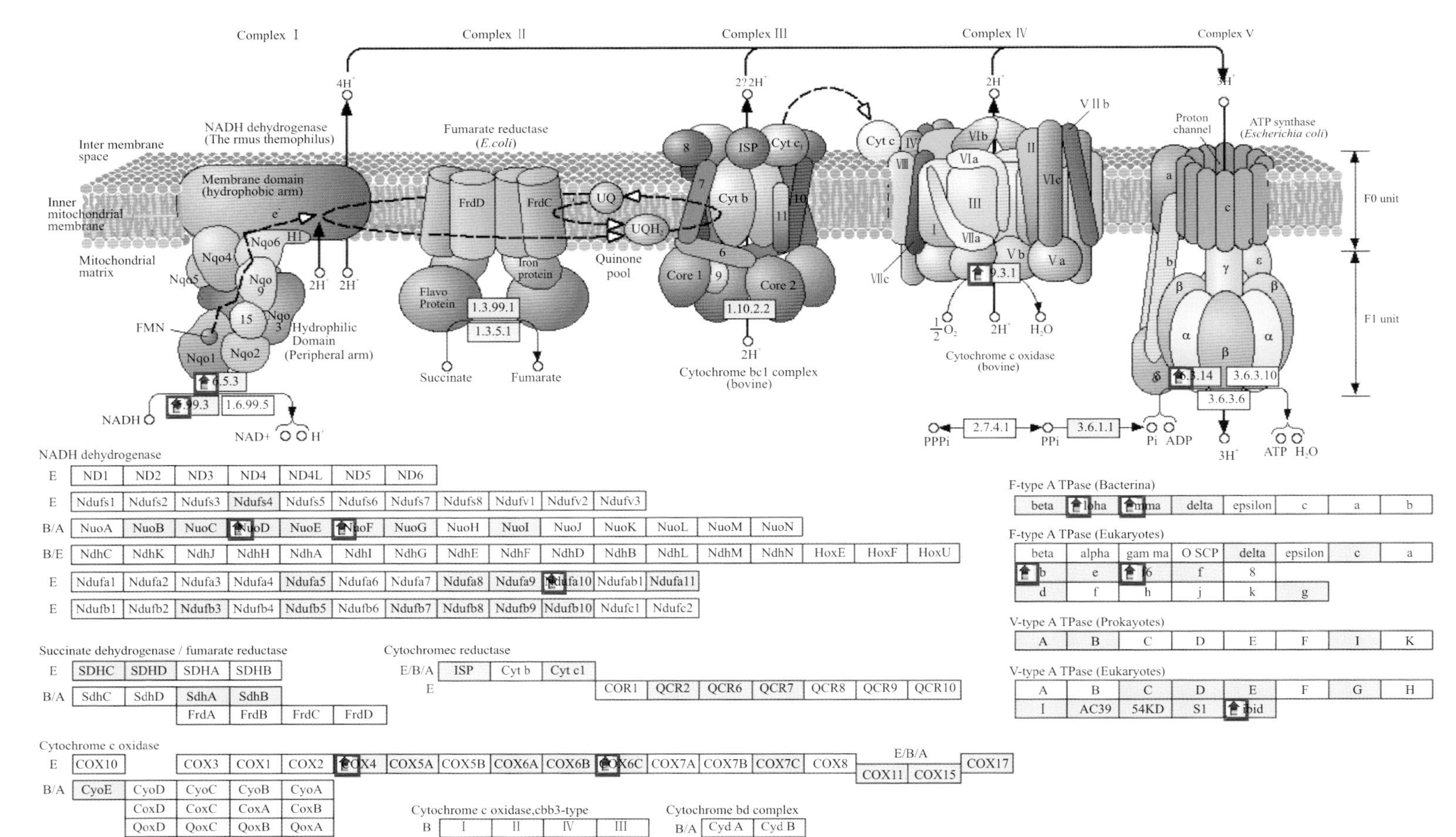

彩图21.8　中肠氧化磷酸化代谢途径调控图

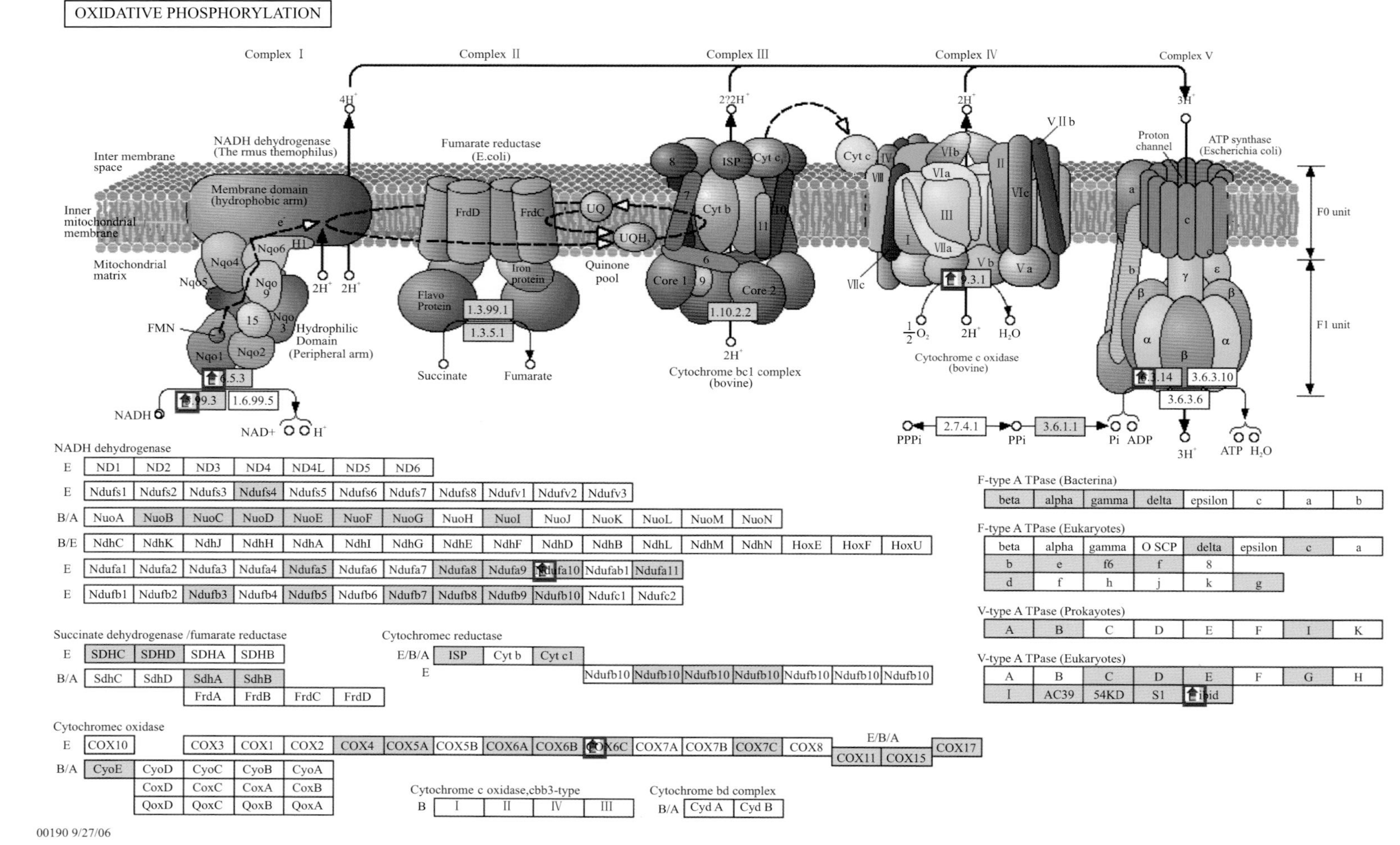

彩图21.9　脂肪体氧化磷酸化代谢途径调控图